普通高等学校土木工程专业"十三五"规划系列教材

土木工程实验教程

主 编 高 潮 周 永

华中科技大学出版社
中国·武汉

内 容 提 要

全书共分为 10 章,包括土木工程材料实验、工程测量实验、力学实验、土力学实验、水力学实验、建筑 CAD 实训、工程地质实验、水处理微生物实验、水质工程学实验和工程测量实习。

本书可作为高等院校土木工程等相关专业的教材,也可供建设系统工程施工、检测、科研和监理等专业技术人员学习参考。

图书在版编目(CIP)数据

土木工程实验教程/高潮,周永主编.—武汉:华中科技大学出版社,2015.8(2024.8重印)
普通高等学校土木工程专业"十三五"规划系列教材
ISBN 978-7-5609-8291-5

Ⅰ.①土… Ⅱ.①高… ②周… Ⅲ.①土木工程-实验-高等学校-教材 Ⅳ.TU-33

中国版本图书馆 CIP 数据核字(2015)第 218025 号

土木工程实验教程   高潮　周永　主编

策划编辑:万亚军
责任编辑:刘　飞
封面设计:原色设计
责任校对:张　琳
责任监印:张正林
出版发行:华中科技大学出版社(中国·武汉)　　　电话:(027)81321913
　　　　　武汉市东湖新技术开发区华工科技园　　　邮编:430223
录　　排:武汉三月禾文化传播有限公司
印　　刷:武汉邮科印务有限公司
开　　本:787mm×1092mm　1/16
印　　张:14.5
字　　数:365 千字
版　　次:2024 年 8 月第 1 版第 3 次印刷
定　　价:45.00 元

前　言

　　土木工程类专业是一个应用性较强的理论型与实践型相结合的专业,随着科技的发展和教学改革的深入,社会对土木工程类专业学生的工程素质、实践能力和创新意识提出了更高、更严格的要求。高校作为人才培养的重要基地之一,应将培养学生的实践能力和创新精神作为其教学工作的出发点和立足点。土木工程类专业实验教学是培养高素质专业人才实践教学环节中的重要部分,是知识与能力、理论与实践相结合的必备的教学环节,有利于学生全面掌握所学理论知识、锻炼应用技能、培养科学态度、开发创新精神、塑造坚强品格。

　　土木工程类专业实验教学是一门综合的实验学科,具有涉及理论知识面广、实验过程复杂且耗时长、实用性较强等特点。该类实验所需要的理论知识除基本专业理论之外,还包含电工学、检测学、数学、数据分析与处理等方面的理论。同时,土木工程类专业实验课应突出其专业特性,紧跟行业发展的步伐,不断进行改革与创新,以适应时代发展的要求。

　　本书根据最新的国标、部标来阐述实验要求与步骤,及时更新过去实验教材中过时的教学内容,既培养学生遵守标准、规范的意识,又有利于训练学生掌握新观点、新技能、新知识、新方法,为培养土木工程类专业高素质创新型人才服务。

　　本书由大连海洋大学的高潮、周永担任主编,高少霞、高玮、巩晓东、于海洋、宛立、吴立之、刘峰、王晶担任副主编,马广东、张殿光、刘晶茹、张琦、张宏伟、刘宪杰、周东旭参编。本书由高少霞编写第 1 章,巩晓东编写第 2、7、9 章,吴立之、高潮编写第 3 章,高潮、刘峰编写第 4 章,高玮编写第 5 章、于海洋编写第 6 章,宛立编写第 8 章,王晶编写第 9 章,周永对本书进行了认真的审阅。

　　由于编者水平有限,书中难免有不妥之处,恳请专家和读者给予批评指正。

编　者

2015 年 5 月 2 日

目 录

第1章 土木工程材料实验

(1) 熟悉土木工程材料实验的基本方法,加深学生对土木工程材料性能的理解,培养学生的实验技能。

(2) 培养综合设计实验的能力和创新能力,为从事科技工作打好基础。学生可在教师指导下根据所学内容和专业方向做选择,也可以自己根据所学内容设计相关的综合设计实验。建议学生在了解所给出的工程和原材料条件要求后,认真思考相关的问题,自行设计相关的实验方法步骤。

1.1 实验一 水泥技术性能实验

1.1.1 实验目的及依据

测定水泥的细度、标准稠度用水量、凝结时间、安定性及胶砂强度等主要技术性质,作为评定水泥强度等级的主要依据。

本实验根据 GB/T 1346—2011《水泥标准稠度用水量、凝结时间、安定性检验方法》和 GB/T 17671—1999《水泥胶砂强度检验方法(ISO 法)》进行。

1.1.2 水泥实验的一般规定

(1) 同一实验用的水泥应在同一水泥厂出产的同品种、同强度等级、同编号的水泥中取样。

(2) 当实验水泥从取样至实验要保持 24 h 以上时,应把它在气密的容器里装满。容器应不与水泥发生反应。

(3) 水泥试样应充分拌匀,且用 0.9 mm 方孔筛过筛。

(4) 实验时温度应保持在(20±2)℃,相对湿度应不低于 50%。养护箱温度为(20±1)℃,相对湿度不低于 90%。试体养护池水温度应在(20±1)℃范围内。

(5) 实验用水必须是洁净的淡水。水泥试样、标准砂、拌和用水及试模等的温度应与实验室温度相同。

1.1.3 水泥标准稠度用水量测定(标准法)

1. 主要仪器设备

水泥净浆搅拌机,维卡仪(见图1.1),量水器和天平等。

2. 实验步骤

(1) 实验前必须做到:维卡仪的金属棒能自由滑动;调整维卡仪的金属棒至试杆接触玻

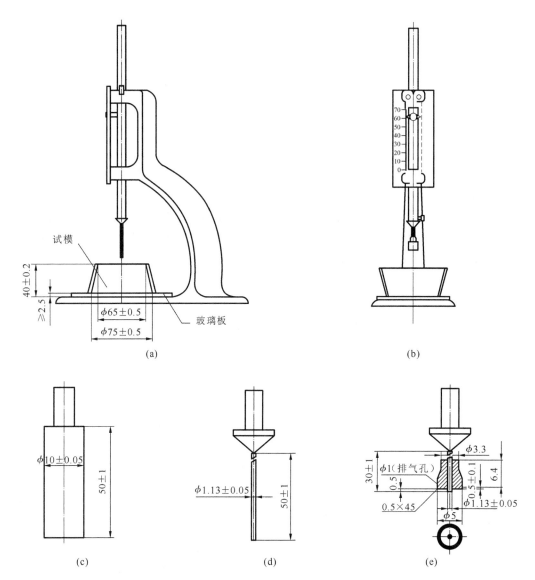

图 1.1　测定水泥标准稠度和凝结时间用的维卡仪

（a）初凝时间测定用立式试模的侧视图　（b）终凝时间测定用反转试模的前视图

（c）标准稠度试杆　（d）初凝用试针　（e）终凝用试针

璃板时指针对准零点;搅拌机运转正常等。

（2）水泥浆的拌制。用水泥净浆搅拌机搅拌,搅拌锅和搅拌叶片先用湿布擦过。将拌和水倒入搅拌锅内,然后在 5～10 s 内将称好的 500 g 水泥小心加入水中,防止水和水泥溅出。拌和时,先将锅放到搅拌机锅座上,升至搅拌位置,启动搅拌机,低速搅拌 120 s,停拌 15 s,同时将叶片和锅壁上的水泥浆刮入锅中间,接着高速搅拌 120 s,停机。

（3）标准稠度用水量的测定。拌和结束后,立即将拌好的净浆装入锥模内,用小刀插捣、轻轻振动数次,刮去多余的净浆。抹平后迅速将试模和底板移到维卡仪上,并将其中心定在试杆下,降低试杆直至与水泥净浆表面接触为止。拧紧螺丝 1～2 s 后,突然放松,使试杆垂直自由地沉入净浆中。在试杆停止沉入或释放试杆 30 s 时记录试杆距底板之间的距离。升起试杆后,立即擦净;整个操作应在搅拌后 1.5 min 内完成。

(4)实验结果判定。以试杆沉入净浆并距底板 6 mm±1 mm 的水泥净浆为标准稠度净浆。其拌和水量为该水泥的标准稠度用水量(P),按水泥质量的质量分数计。

1.1.4　水泥凝结时间测定

1. 主要仪器设备

水泥净浆搅拌机,维卡仪,试针和圆模,量水器,天平。

2. 实验步骤

(1)测定前准备工作:调整凝结时间测定仪的试针接触玻璃板时,刻度指针对准零点。

(2)试件的制备:以标准稠度用水量按标准稠度用水量实验相同的方法制成标准稠度净浆,并立即一次装满试模,振动数次后刮平,立即放入湿气养护箱内,记录水泥全部加入水的时间为凝结时间的起始时间。

(3)初凝时间的测定。试件在湿气养护箱中养护至加水后 30 min 时进行第一次测定。测定时,从湿气养护箱中取出试模放到维卡仪的试针下,降低试针与水泥净浆面接触。拧紧螺丝 1~2 s 后,突然放松,试针垂直自由沉入净浆,观察试针停止下沉或释放试杆 30 s 时指针的读数。当试针沉至距底板 4 mm±1 mm 时,为水泥达到初凝状态。由水泥全部加入水至初凝状态的时间为水泥的初凝时间,用"min"表示。

(4)终凝时间的测定。为了准确观测试针沉入的状况,在终凝针上安装了一个环形附件(见图 1.1)。在完成初凝时间测定后,立即将试模连同浆体以平移的方式从玻璃板上取下,翻转 180°,试模大端向上,小端向下放在玻璃板上,再放入湿气养护箱中继续养护。临近终凝时间时每隔 15 min 测定一次,当试针沉入试体 0.5 mm 时,即环形附件开始不能在试件上留下痕迹时,为水泥达到终凝状态。由水泥全部加入水至终凝状态的时间为水泥的终凝时间,用"min"表示。

(5)测定时应注意的事项。

① 在最初测定操作时应轻轻扶持金属棒,使其徐徐下降,以防试针撞弯,但测定结果以自由下落为准。

② 在整个测试过程中,试针沉入的位置至少要距试模内壁 10 mm。

③ 临近初凝时,每隔 5 min 测定一次,到达初凝或终凝状态时应立即重复一次,当两次结论相同时,才能定为到达初凝或终凝状态。

④ 每次测定不得让试针落入原针孔,每次测试完毕须将试针擦净,并将试模放回湿气养护箱内,整个测定过程中要防止圆模受振。

1.1.5　安定性实验

安定性实验可以用标准法(雷氏法)和代用法(试饼法),有争议时以标准法为准。标准法可以测定水泥净浆在雷氏夹中沸煮后的膨胀值。代用法通过观察水泥净浆试饼沸煮后的外形变化来检验水泥的体积安定性。

1. 主要仪器设备

水泥净浆搅拌机,沸煮箱,雷氏夹(见图 1.2a),雷氏夹膨胀值测定仪(标尺最小刻度为 1 mm,见图 1.2b),量水器,天平。

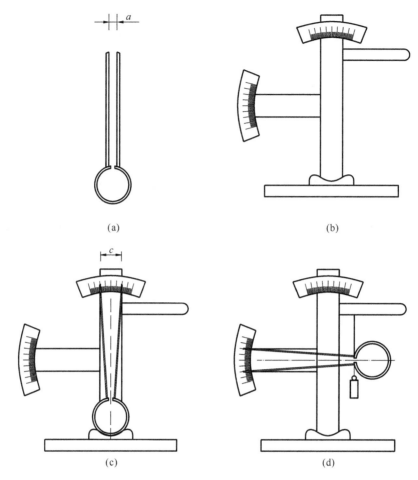

(a)   (b)

(c)   (d)

图 1.2　雷氏夹膨胀值测定

(a)雷氏夹　(b)雷氏夹膨胀测定仪　(c)膨胀值测定　(d)雷氏夹校准

2.标准法(雷氏法)实验步骤

1)测定前的准备工作

实验前按图 1.2d 所示方法检查雷氏夹的质量是否符合要求。

每个试样需成形两个试件,每个雷氏夹需配备两个边长或直径约 80 mm、厚度 4～5 mm 的玻璃板两块,凡与水泥净浆接触的玻璃板和雷氏夹内表面都要稍稍涂上一层油。

2)水泥标准稠度净浆的制备

与凝结时间实验的相同。

3)雷氏夹试件的成形

将预先准备好的雷氏夹放在已稍擦油的玻璃板上,并立刻将已制好的标准稠度净浆装满雷氏夹;装浆时一只手轻轻扶持雷氏夹,另一只手用宽约 25 mm 的直边刀插捣 3 次,然后抹平,盖上稍涂油的玻璃板,立即将试模移至养护箱内养护 24 h±2 h。

4)沸煮

调整好沸煮箱内的水位,使水位在整个沸煮过程中都能超过试件,不需要中途添补实验用水,同时能保证在 30 min±5 min 内加热至恒沸。

去除玻璃板取下试件,先测量雷氏夹指针尖端间的距离 a,精确到 0.5 mm(见图 1.2a)。

接着将试件放入沸煮箱的试件架上,指针朝上,然后在 30 min±5 min 内加热至沸,并恒温 180 min±5 min。

5) 结果判别

沸煮结束后,放掉沸煮箱中的热水,打开箱盖,待箱体冷却至室温后,取出试件进行判别(见图 1.2c)。测量雷氏夹指针尖端距离 c,准确至 0.5 mm,当两个试件沸煮后增加距离 $c-a$ 的平均值不大于 5.0 mm 时,即认为该水泥安定性合格,当两个试件的 $c-a$ 值超过 5.0 mm 时,应用同一水泥立即重做一次实验。再如此,则认为该水泥为安定性不合格。

3. 代用法(试饼法)实验步骤

1) 测定前的准备工作

每个样品需准备两块约 100 mm 玻璃板,凡与水泥净浆接触的玻璃板都要稍稍涂上一层油。

2) 试饼的成形方法

(1) 将制好的标准稠度净浆取出一部分分成两等份,使之成球形,放在预先准备好的玻璃板上。

(2) 轻轻振动玻璃板并用湿布擦过的小刀由边缘向中央抹,做成直径 70～80 mm、中心厚约 10 mm、边缘渐薄、表面光滑的试饼。

(3) 接着将试饼放入湿气养护箱内养护 24 h±2 h。

3) 沸煮

(1) 调整好沸煮箱内的水位,使水位在整个沸煮过程中都能超过试件,不需要中途添补实验用水,同时以能保证在 30 min±5 min 内加热至恒沸。

(2) 去除玻璃板取下试饼,在试饼无缺陷的情况下,将试饼放在沸煮箱的篦板上,然后在 30 min±5 min 内加热至沸,并恒沸 180 min±5 min。

4) 结果判别

沸煮结束后,放掉沸煮箱中的热水,打开箱盖,待箱体冷却至室温,取出试件进行判别。目测试饼未发现裂缝,用直尺检查也没有弯曲(使钢直尺和试饼底部紧靠,以两者间不透光为不弯曲)的试饼为安定性合格的试饼,反之为不合格。当两个试饼判别结果有矛盾时,该水泥的安定性也为不合格。

1.1.6　水泥胶砂强度实验

1. 适用范围和主要仪器设备

实验标准适用于硅酸盐水泥、普通硅酸盐水泥、矿渣硅酸盐水泥、粉煤灰硅酸盐水泥、复合硅酸盐水泥以及石灰石硅酸盐水泥的抗折与抗压强度的检验。其他水泥采用本标准时必须探讨该标准规定的适用性。

主要仪器设备包括试验筛(金属丝网试验筛应符合 GB/T 6003.1—2012 要求),水泥胶砂搅拌机,水泥胶振实台,抗折强度试验机,抗压试验机,试模等。

2. 水泥胶砂的制备

1) 配料

水泥胶砂实验用材料的质量配合比应为

$$水泥:标准砂:水=1:3:0.5$$

一锅胶砂成形三条试体,每锅用料量为:水泥 450 g±2 g,标准砂 1350 g±5 g,拌和用水量 225 g±1 g。按每锅用料量称好各材料。

2)搅拌

使搅拌机处于待工作状态,然后按以下的程序进行操作。

(1)将水加入搅拌锅里,再加入水泥,把锅放在固定架上,上升至固定位置。

(2)立即开动机器,低速搅拌 30 s 后,在第二个 30 s 开始的同时均匀地将砂子加入。各级砂是按粒级分装的,从最粗粒级开始,依次将所需的每级砂加完。把机器转至高速再搅拌 30 s。

(3)停拌 90 s,在停拌的第一个 15 s 内用一胶皮刮具将叶片锅壁上的胶砂刮入锅中间,然后在高速下搅拌 60 s。各个搅拌阶段的时间误差应在 1 s 以内。

3. 试件的制备

试件尺寸应是 40 mm×40 mm×160 mm 的棱柱体。试件可用振实台成形或用振动台成形。

1)振实台成形

(1)胶砂制备后立即进行成形。

(2)将空试模和模套固定在振实台上,用一个适当勺子直接从搅拌锅里将胶砂分两层装入试模。

(3)装第一层时,每个槽里约放 300 g 胶砂,用大播料器竖直架在模套顶部沿每个模槽来回一次将料层播平,接着振实 60 次。

(4)装第二层胶砂,用小播料器播平,再振实 60 次。

(5)移走模套,从振实台上取下试模,用一金属刮平尺以近乎 90°的角度架在试模模顶的一端,然后沿试模长度方向以横向锯割动作慢慢向另一端移动,一次将超过试模部分的胶砂刮去。

(6)用同一直尺以近乎水平移动将试体表面抹平。

(7)在试模上做标记或加字条标明试件编号和试件相对于实物的位置。

2)振动台成形

当使用振动台成形时,操作如下。

(1)在搅拌胶砂的同时将试模和下料漏斗卡紧在振动台的中心。

(2)将搅拌好的全部胶砂均匀地装入下料漏斗中,开动振动台,胶砂通过漏斗流入试模。

(3)振动 1205 s 停止。振动完毕,取下试模,以振实台成形同样的方法将试件表面刮平。

(4)在试模上作标记或用字条表明试件编号。

4. 试件养护

1)脱模前的处理和养护

去掉留在模子四周的胶砂。立即将做好标记的试模放入雾室或湿箱的水平架子上养护,湿空气应能与试模各边接触。养护时不应将试模放在其他试模上。一直养护到规定的脱模时间,取出脱模。脱模前用防水墨汁或颜料笔对试体进行编号和做其他标记,两个龄期以上的试体,在编号时应将同一试模中的三个试体分在两个以上龄期内。

2)脱模

脱模可用塑料锤或橡胶榔头或专门的脱模器来完成。对于 24 h 龄期的,应在破型实验前 20 min 内脱模,对于 24 h 以上龄期的,应在成形后 20~24 h 之间脱模。如经 24 h 养护,会因脱模对强度造成损害时,可以延迟至 24 h 以后脱模,但需注明。已确定作为 24 h 龄期实验(或其他不下水直接做实验)的已脱模试件,应用湿布覆盖至做实验时为止。

3）水中养护

将做好标记的试件立即水平或竖直放在(20±1)℃的水中养护,水平放置时刮平面应朝上。试件放在不易腐烂的篦子上,彼此间保持一定间距,以让水与试件的六个面接触。养护期间,试件之间的间隔以及试体上表面的水深不得小于 5 mm。除 24 h 龄期或延迟至 48 h 脱模的试体外,任何到龄期的试体应在实验(破型)前 15 min 从水中取出。擦去试体表面沉积物,并用湿布覆盖至实验结束为止。

4）强度实验试体的龄期

试体龄期是从水泥加水搅拌开始时算起的。不同龄期强度实验时间应符合表 1.1 的规定。

表 1.1　水泥胶砂强度实验时间

龄期	24 h	48 h	3 d	7 d	>28 d
实验时间	24 h±15 min	48 h±30 min	72 h±45 min	7 d±2 h	>28 d±8 h

5. 强度实验

1）一般规定

用规定的设备以中心加荷法测定抗折强度。

在折断后的棱柱体上进行抗压实验,受压面是试体成形时的两个侧面,面积为 40 mm×40 mm。

当不需要抗折强度数值时,抗折强度实验可以省去。但抗压强度实验应在不使试件受有害应力情况下折断的两截棱柱体上进行。

2）抗折强度实验

将试体的一个侧面放在实验机支撑圆柱上,试体长轴垂直于支撑圆柱,通过加荷圆柱以(50±10)N/s 的速率均匀地将荷载垂直地加在棱柱体相对侧面上,直至折断为止。

保持两个半截棱柱体处于潮湿状态直至抗压实验开始。

抗折强度(R_f)以兆帕(MPa)表示,按下式进行计算(精确至 0.1 MPa):

$$R_f = \frac{1.5F_f L}{b^3} \tag{1.1}$$

式中：　F_f——折断时施加于棱柱体中部的荷载,N;

　　　　L——支撑圆柱之间的距离,mm;

　　　　b——棱柱体正方形截面的边长,mm。

本实验以一组三个棱柱体抗折结果的平均值作为实验结果。当三个强度值中有超出平均值±10%的值时,应将其剔除后再取平均值作为抗折强度实验结果。

3）抗压强度测定

抗压强度实验以规定的仪器,在半截棱柱体的侧面进行。

半截棱柱体中心与压力机压板受压中心差应在 0.5 mm 内,棱柱体露在压板外的部分约有 10 mm。

在整个加荷过程中以 2400 N/s±200 N/s 的速率均匀地加荷,直至试件破坏为止。

抗压强度 R_c 以兆帕(MPa)为单位,按下式计算(精确至 0.1 MPa):

$$R_c = \frac{F_c}{A} \tag{1.2}$$

式中：　F_c——破坏荷载，N；

　　　　A——受压部分面积，mm²（$A = 40$ mm × 40 mm = 1600 mm²）。

以一组三个棱柱体上得到的 6 个抗压强度测定值的算术平均值为实验结果。如 6 个测定值中有一个值超出平均值±10％时，就应剔除这个结果，而以剩下的 5 个值的平均值为结果。如果 5 个测定值中再有数值超过它们平均值±10％时，则此组结果作废。

问题与讨论

（1）水泥技术指标中并没有标准稠度用水量，为什么在水泥性能实验中要求测其标准稠度用水量？

提示：用水量会影响安定性和凝结时间的实验结果。

（2）进行凝结时间测定时，制备好的试件没有放入湿气养护箱中养护，而是暴露在相对湿度为 50％的室内，试分析其对实验结果的影响？

提示：在相对湿度较低的环境中，试件易失水。

（3）某工程所用水泥经上述安定性检验（雷氏法）合格，但一年后构件出现开裂，试分析这是不是由水泥安定性不良引起的？

提示：安定性实验（雷氏法）只可检验出因游离 CaO 过量引起的安定性不良。

（4）判定水泥强度等级时，为何用水泥胶砂强度判定，而不用水泥净浆强度判定？

提示：水泥为胶凝材料。

（5）测定水泥胶砂强度时，为何不用普通砂，而用标准砂？所用标准砂必须有一定的级配要求，为什么？

提示：使实验结果具有可比性；级配好坏会影响实验结果。

1.2　实验二　建筑用砂石实验

1.2.1　实验目的与依据

对建筑用砂、石进行实验，评定其质量，为水泥混凝土配合比设计提供原材料参数。

建筑用砂实验的依据为国家标准 GB/T 14684—2011《建筑用砂》，建筑用石实验的依据为国家标准 GB/T 14685—2011《建筑用卵石、碎石》。

1.2.2　取样与处理

1. 取样

在料堆上取样时，取样部位应均匀分布。取样前，先将取样部位表层除去，然后从不同部位抽取大致等量的砂 8 份或石子 15 份。在皮带运输机或车船上取样需按照标准的有关规定。

砂石单项实验的最少取样数量应按 GB/T 14684—2011《建筑用砂》和 GB/T 14685—2011《建筑用卵石、碎石》规定进行，部分单项实验的最少取样数量见表 1.2 和表 1.3。

表 1.2　部分单项砂实验的最少取样量

实验项目	颗粒级配	表观密度	堆积密度与空隙率	含泥量
最少取样量/kg	4.4	2.6	5.0	4.4

表 1.3　部分单项石子实验的最少取样量

实验项目	最大粒径/mm							
	9.5	16.0	19.0	26.5	31.5	37.5	63.0	75.0
颗粒级配	9.5	16.0	19.0	25.0	31.5	37.5	63.0	80.0
含泥量	8.0	8.0	24.0	24.0	40.0	40.0	80.0	80.0
泥块含量	8.0	8.0	24.0	24.0	40.0	40.0	80.0	80.0
针片状颗粒含量	1.2	4.0	8.0	12.0	20.0	40.0	40.0	40.0
表观密度	8.0	8.0	8.0	8.0	12.0	16.0	24.0	24.0
堆积密度	40.0	40.0	40.0	40.0	80.0	80.0	120.0	120.0

2. 处理

1) 砂试样处理

(1) 分料器法。

将样品在潮湿状态下拌和均匀,然后通过分料器,取接料斗中的其中一份再次通过分料器。重复上述过程,直至把样品缩分到实验所需量为止。

(2) 人工四分法。

将所取样品放在平整洁净的平板上,在潮湿状态下拌和均匀,并摊成厚度约 20 mm 的圆饼,然后沿相互垂直的两条直径把圆饼分成大致相等的 4 份,取其对角的两份重新搅匀,再摊成圆饼。重复上述过程,直至把样品缩分到实验所需量为止。

(3) 堆积密度、人工砂坚固性检验所用试样可不经缩分,在搅匀后直接进行实验。

2) 石试样处理

将样品置于平板上,在自然状态下拌和均匀,并堆成堆体,然后沿相互垂直的两条直径把圆饼分成大致相等的 4 份,取其对角的两份重新搅匀,再摊成堆体。重复上述过程,直至把样品缩分到实验所需量为止。

堆积密度检验所用试样可不经缩分,在拌匀后直接进行实验。

1.2.3　砂的筛分实验

1. 主要仪器设备

鼓风烘箱:能使温度控制在(105±5)℃。

天平:称量 1000 g,感量 1 g。

方孔筛:孔边长为 150 μm、300 μm、600 μm、1.18 mm、2.36 mm、4.75 mm 及 9.50 mm 的筛各一只,并附有筛底和筛盖。

摇筛机。

搪瓷盘,毛刷等。

2. 试样制备

按规定取样,并将试样缩分至约 1100 g,放在烘箱中于(105±5)℃下烘干至恒量,待冷却至室温后,筛除大于 9.50 mm 的颗粒(并算出筛余百分数),分为大致相等的两份备用。

3. 实验步骤

(1) 称取试样 500 g,精确到 1 g。将试样倒入按孔径大小从上到下组合的套筛(附筛底)上,然后进行筛分。

（2）将套筛置于摇筛机上，摇 10 min；取下套筛，按筛孔大小顺序再逐个用手筛，筛至每分钟通过量小于试样总量 0.1% 为止。通过的试样并入下一号筛中，并和下一号筛中的试样一起过筛，这样顺序进行，直至各号筛全部筛完为止。

（3）称出各号筛的筛余量，精确至 1 g，试样在各号筛上的筛余量不得超过按下式计算的量，超过时应用下列方法之一处理。

$$G = \frac{A \times d^{1/2}}{200} \qquad (1.3)$$

式中： G——在一个筛上的筛余量，g；

A——筛面面积，mm²；

d——筛孔尺寸，mm。

① 将该粒级试样分成少于按上式计算出的量，分别筛分，并以筛余量之和作为该号筛的筛余量。

② 将该粒级及以下各粒级的筛余混合均匀，称出其质量，精确至 1 g，再用四分法缩分为大致相等的两份，取其中一份，称出其质量，精确至 1 g，继续筛分。计算该粒级及以下各粒级的分计筛余量时应根据缩分比例进行修正。

4. 实验结果评定

筛分实验结果按下列步骤计算。

（1）计算分计筛余百分数：各号筛上的筛余量与试样总质量之比，计算精确至 0.1%。

（2）计算累计筛余百分数：该号筛的筛余百分数加上该号筛以上各筛余百分数之和，计算精确至 0.1%。筛分后，如每号筛的筛余量与筛底的剩余量之和同原试样质量之差超过 1%，须重新实验。

（3）砂的细度模数 M_X 可按下式计算，精确至 0.01：

$$细度模数(M_X) = \frac{(A_2 + A_3 + A_4 + A_5 + A_6) - 5A_1}{100 - A_1} \qquad (1.4)$$

式中： M_X——细度模数；

A_1、A_2、A_3、A_4、A_5、A_6——4.75 mm、2.36 mm、1.18 mm、600 μm、300 μm、150 μm 筛的累积筛余量。

（4）累计筛余百分数取两次实验结果的算术平均值，精确至 1%。细度模数取两次实验结果的算术平均值，精确至 0.1；如两次实验的细度模数之差大于 0.20 时，须重新实验。

根据累计筛余百分数对照表，确定该砂所属的级配区。

1.2.4 碎石或卵石的筛分析实验

1. 主要仪器设备

鼓风烘箱：能使温度控制在（105±5）℃。

台秤：称量 10 kg，分辨率为 1 g。

方孔筛：孔边长为 2.36 mm、4.75 mm、9.50 mm、16.0 mm、19.0 mm、26.5 mm、31.5 mm、37.5 mm、53.0 mm、63.0 mm、75.0 mm 及 90 mm 的筛各一只，并附有筛底和筛盖（筛框内径为 300 mm）。

摇筛机。

搪瓷盘，毛刷等。

2. 试样制备

从取回试样中用四分法缩取不少于规定的试样数量,经烘干或风干后备用。

3. 实验步骤

(1) 按规定称取试样。

(2) 将套筛置于摇筛机上,摇 10 min;取下套筛,按筛孔大小顺序再逐个用手筛,筛至每分钟通过量小于试样总量 0.1% 为止。通过的试样并入下一号筛的试样中,并和下一号筛中的试样一起过筛,这样顺序进行,直至各号筛全部筛完为止。当筛余颗粒的粒径大于 19.0 mm 时,在筛分过程中,允许用手指拨动颗粒。

(3) 称取各筛筛余的质量,精确至试样总质量的 0.1%。在筛上的所有分计筛余量和筛底剩余的总和与筛分前测定的试样总量相比,其相差不得超过 1%。

4. 实验结果计算

(1) 计算分计筛余百分数:各号筛的筛余量与试样总质量之比,计算精确至 0.1%。

(2) 计算累计筛余百分数:该号筛的筛余百分数加上该号筛以上各分计筛余百分数之和,精确至 1.0%。筛分后,如每号筛的筛余量与筛底的筛余量之和同原试样质量之差超过 1% 时,须重新实验。

(3) 根据各号筛的累计筛余百分数,采用修约值比较法评定该试样的颗粒级配。

1.2.5 砂的表观密度和堆积密度实验

1. 砂的表观密度实验

1) 仪器设备

鼓风烘箱:能使温度控制在 (105±5)℃。

天平:称量 1000 g,分辨率为 0.1 g。

容量瓶:500 mL。

干燥器、搪瓷盘、滴管、毛刷等。

2) 试样制备

试样制备可参照前述的取样与处理方法。并将试样缩分至约 660 g,放在烘箱中于 (105±5)℃下烘干至恒量,待冷却至室温后,分为大致相等的两份备用。

3) 实验步骤

(1) 称取试样 300 g,精确至 1 g。将试样装入容量瓶,注入冷开水至接近 500 mL 的刻度处,用手旋转摇动容量瓶,使砂样充分摇动,排除气泡,塞紧瓶塞,静置 24 h。然后用滴管小心加水至容量瓶 500 mL 的刻度处,塞紧瓶塞,擦干瓶外水分,称出其质量,精确至 1 g。

(2) 倒出瓶内水和试样,洗净容量瓶,再向容量瓶内注水至 500 mL 的刻度处,塞紧瓶塞,擦干瓶外水分,称出其质量,精确至 1 g。

4) 结果计算与评定

砂的表观密度按下式计算,精确至 10 kg/m³:

$$\rho_0 = \left(\frac{G_0}{G_0 + G_2 - G_1}\right) \times \rho_水 \tag{1.5}$$

式中: ρ_0——砂的表观密度,kg/m³;

$\rho_水$——水的密度,$\rho_水 = 1000$ kg/m³;

G_0——烘干试样的质量,g;

G_1——试样、水及容量瓶的总质量,g;

G_2——水及容量瓶的总质量,g。

表观密度取两次实验结果的算术平均值,精确至 10 kg/m³;如两次实验结果之差大于 20 kg/m³,则须重新实验。

2. 砂的堆积密度实验

1) 仪器设备

鼓风烘箱:能使温度控制在(105±5)℃。

天平:称量 10 kg,分辨率为 1 g。

容量筒:圆柱形金属筒,内径 108 mm,净高 109 mm,壁厚 2 mm,筒底厚约 5 mm,容积为 1 L。

方孔筛:孔边长为 4.75 mm 的筛一只。

垫棒:直径 10 mm,长 500 mm 的圆钢。

直尺、漏斗或料勺、搪瓷盘、毛刷等。

2) 试样制备

试样制备可参照前述的取样与处理方法。

3) 实验步骤

(1) 用搪瓷盘装取试样约 3 L,放在烘箱中于(105±5)℃下烘干至恒量,待冷却至室温后,筛除大于 4.75 mm 的颗粒,分为大致相等的两份备用。

(2) 松散堆积密度:取试样一份,用漏斗或料勺从容量筒中心上方 50 mm 处徐徐倒入,让试样以自由落体落下,当容量筒上部试样呈堆体,且容量筒四周溢满时,即停止加料。然后用直尺沿筒口中心线向两边刮平(实验过程应防止触动容量筒),称出试样和容量筒的总质量,精确至 1 g。

(3) 紧密堆积密度:取试样一份分两次装入容量筒。装完第一层后,在筒底垫放一根直径为 10 mm、长 500 mm 的圆钢,将筒按住,左右摆动,然后将筒底交替敲击地面各 25 次。然后装入第二层,第二层装满后用同样的方法颠实(但筒底所垫钢筋的方向与第一层时的方向垂直)后,再加试样直至超过筒口,然后用直尺沿筒口中心向两边刮平,称出试样和容量筒的总质量,精确至 1 g。

4) 结果计算与评定

(1) 松散或紧密堆积密度按下式计算,精确至 10 kg/m³:

$$\rho_1 = \frac{G_1 - G_2}{V} \tag{1.6}$$

式中: ρ_1——松散堆积密度或紧密堆积密度,kg/m³;

G_1——容量筒和试样总质量,g;

G_2——容量筒质量,g;

V——容量筒的容积,L。

堆积密度取两次实验结果的算术平均值,精确至 10 kg/m³。

(2) 空隙百分数按下式计算,精确至 1%:

$$V_0 = \left(1 - \frac{\rho_1}{\rho_0}\right) \times 100 \tag{1.7}$$

式中: V_0——空隙百分数,%;

ρ_1——试样的松散(或紧密)堆积密度,kg/m^3;

ρ_0——试样表观密度,kg/m^3;

空隙百分数取两次实验结果的算术平均值,精确至 1%。

1.2.6   石的表观密度和堆积密度实验

1. 石的表观密度实验

1) 仪器设备

鼓风烘箱:能使温度控制在(105 ± 5)℃。

天平:称量 2 kg,分辨率为 1 g。

广口瓶:1000 mL,磨口,带玻璃片。

方孔筛:孔边长为 4.75 mm 的筛一只。

温度计,搪瓷盘,毛巾等。

2) 试样制备

试样制备可参照前述的取样与处理方法。

3) 实验步骤

(1) 按规定取样,并缩分至略大于表 1.4 规定的数量,风干后筛余小于 4.75 mm 的颗粒,然后洗刷干净,分为大致相等的两份备用。

表 1.4   表观密度实验所需试样数量

最大粒径/mm	小于 26.5	31.5	37.5	63.0	75.0
最少试样质量 /kg	2.0	3.0	4.0	6.0	6.0

(2) 将试样浸水饱和,然后装入广口瓶中。装试样时,广口瓶应倾斜放置,注入饮用水,用玻璃片覆盖瓶口。以上下左右摇晃的方法排除气泡。

(3) 气泡排尽后,向瓶中添加饮用水直至水面凸出瓶口边缘。然后用玻璃片沿瓶口迅速滑行,使其紧贴瓶口水面。擦干瓶外水分后,称出试样、水、瓶和玻璃片的质量,精确至 1 g。

(4) 将瓶中试样倒入浅盘,放在烘箱中于(105 ± 5)℃下烘干至恒量,待冷却至室温后,称出其质量,精确至 1 g。

(5) 将瓶洗净并重新注入饮用水,用玻璃片紧贴瓶口水面,擦干瓶外水分后,称出水、瓶和玻璃片总质量,精确至 1 g。

注:实验时各项称量可以在 15 ℃～25 ℃范围内进行,但从试样加水静止的 2 h 起至实验结束,其温度变化不应超过 2 ℃。

4) 结果计算与评定

(1) 表观密度按下式计算,精确至 10 kg/m^3:

$$\rho_0 = \left(\frac{G_0}{G_0 + G_2 - G_1}\right)\times \rho_{水} \tag{1.8}$$

式中: ρ_0——表观密度,kg/m^3;

G_0——烘干后试样的质量,g;

G_1——试样、水、瓶和玻璃片的总质量,g;

G_2——水、瓶和玻璃片的总质量,g;

$\rho_水$——水的密度，$\rho_水 = 1000 \ \text{kg/m}^3$。

（2）表观密度取两次实验结果的算术平均值，若两次实验结果之差大于 20 kg/m³，则须重新实验。对颗粒材质不均匀的试样，如两次实验结果之差超过 20 kg/m³，则取 4 次实验结果的算术平均值。

2. 石的堆积密度实验

1）仪器设备

台秤：称量 10 kg，分辨率为 10 g。

磅秤：称量 50 kg，分辨率为 50 g。

容量筒：容量筒规格见表 1.5。

表 1.5　容量筒的规格要求

最大粒径/mm	容量筒容积/mL	容量筒规格		
		内径/mm	净高/mm	壁厚/mm
9.5,16.0,19.0,26.5	10	208	294	2
31.5,37.5	20	294	294	3
53.0,63.0,75.0	30	360	294	4

垫棒：直径 16 mm，长 600 mm 的圆钢。

直尺，小铲等。

2）试样制备

试样制备可参照前述的取样与处理方法。

3）实验步骤

（1）松散堆积密度。

取试样一份，用小铲从容量筒中心上方 50 mm 处徐徐倒入，让试样以自由落体落下，当容量筒上部试样呈堆体，且容量筒四周溢满时，即停止加料。除去凸出容量口表面的颗粒，并以合适的颗粒填入凹陷部分，使表面稍凸起部分和凹陷部分的体积大致相等（实验过程应防止触动容量筒），称出试样和容量筒的总质量。

（2）紧密堆积密度。

取试样一份分三次装入容量筒。装完第一层后，在筒底垫放一根直径为 16 mm、长 600 mm 的钢筋，将筒按住，左右摆动，然后将量筒底交替敲击地面各 25 次。再装入第二层，第二层装满后用同样的方法颠实（但筒底所垫钢筋的方向与第一层时的方向垂直），然后装入第三层，以此类推。试样装填完毕，再加试样直至超过筒口，并用钢尺沿筒口边缘刮去高出的试样，并以合适的颗粒填入凹陷部分，使表面稍凸起部分和凹陷部分的体积大致相等（实验过程应防止触动容量筒），称出试样和容量筒的总质量。精确至 10 g。

4）结果计算与评定

（1）松散或紧密堆积密度按下式计算，精确至 10 kg/m³：

$$\rho_1 = \frac{G_1 - G_2}{V} \qquad (1.9)$$

式中：　ρ_1——松散堆积密度或紧密堆积密度，kg/m³；

G_1——容量筒和试样总质量，g；

G_2——容量筒质量，g；

V——容量筒的容积，L。

（2）空隙百分数按下式计算，精确至 1%：

$$V_0 = \left(1 - \frac{\rho_1}{\rho_0}\right) \times 100 \tag{1.10}$$

式中：　V_0——空隙百分数，%；

ρ_1——松散（或紧密）堆积密度，kg/m^3；

ρ_0——表观密度，kg/m^3。

（3）堆积密度取两次实验结果的算术平均值，精确至 10 kg/m^3。空隙百分数取两次实验结果的算术平均值，精确至 1%。

问题与讨论

（1）试分析砂、石取样时进行缩分的意义。

提示：使试样具有代表性。

（2）进行砂筛分时，试样准确称量 500 g，但各筛的分计筛余量之和大于或小于 500 g，试分析其可能的原因（称量错误不计）。

提示：试样前筛内有残余砂或筛分过程中砂丢失。

1.3　实验三　普通混凝土实验

1.3.1　实验依据

本实验依据 GB/T 50080—2002《普通混凝土拌合物性能实验方法标准》、GB/T 50081—2002《普通混凝土力学性能实验方法标准》相关规定进行。

1.3.2　混凝土拌合物试样制备

1. 主要仪器设备

搅拌机，磅秤（称量 50 kg，精度 50 g），天平（称量 5 kg，分辨率为 1 g），量筒（200 cm^3，1000 cm^3），拌板，拌铲，盛器等。

2. 拌制混凝土的一般规定

（1）拌制混凝土的原材料应符合技术要求，并与施工实际用料相同。在拌和前，材料的温度应与实验室温（应保持在 20 ℃±5 ℃）相同，水泥如有结块现象，应用 64 目/cm^2 筛过筛，筛余团块不得使用。

（2）在决定用水量时，应扣除原材料的含水量，并相应增加其他各种材料的用量。

（3）拌制混凝土的材料用量以质量计，称量的精确度：骨料为总质量的±1%，水、水泥及混凝土混合材料为总质量的±0.5%。

（4）拌制混凝土所用的各种用具（如搅拌机、拌和铁板和铁铲、抹刀等），应预先用水湿润，使用完毕后必须清洗干净，上面不得有混凝土残渣。

3. 拌和方法

1）人工拌和

将称好的砂料、水泥放在铁板上，用铁铲将水泥和砂料翻拌均匀，然后加入称好的粗骨料(石子),再将全部拌和均匀。将拌和均匀的拌和物堆成圆锥形,在中心作一凹坑,将称量好的水(约一半)倒入凹坑中,勿使水溢出,小心拌和均匀。再将材料堆成圆锥形作一凹坑,倒入剩余的水,继续拌和。每翻一次,用铁铲在全部拌和面上压切一次,翻拌一般不少于6次。拌和时间(从加水算起)随拌和物体积不同,宜按以下规定进行:

拌和物体积为 30 L 以下时,拌和 4~5 min;

拌和物体积为 30~50 L 时,拌和 5~9 min;

拌和物体积超过 50 L 时,拌和 9~12 min。

2) 机械拌和法

按照所需数量,称取各种材料,分别按石、水泥、砂依次装入料斗,开动机器徐徐将定量的水加入,继续搅拌 2~3 min,将混凝土拌和物倾倒在铁板上,再经人工翻拌两次,使拌和物均匀一致后用做实验。混凝土拌和物取样后应立即进行坍落度测定实验或试件成形。从开始加水时算起,全部操作须在 30 min 内完成。实验前混凝土拌和物应经人工略加翻拌,以保证其质量均匀。

1.3.3 拌和物稠度实验

混凝土拌和物的和易性是一项综合技术性质,很难用一种指标全面反映其和易性。通常是以测定拌和物稠度(即流动性)为主,并辅以直观经验评定黏聚性和保水性,来确定和易性。混凝土拌和物的流动性用"坍落度或坍落扩展度"和"维勃稠度"指标表示。本处介绍坍落度与坍落扩展度的测定。

坍落度法适用于骨料最大粒径不大于 40 mm、坍落度值不小于 10 mm 的混凝土拌和物稠度测定。

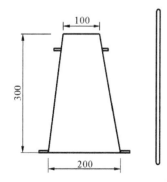

图 1.3　坍落度筒及捣棒

1. 主要仪器设备

坍落度筒及捣棒(见图 1.3),拌板,铁锹,小铲,钢尺等。

2. 实验步骤

(1) 湿润坍落度筒及底板,在坍落度筒内壁和底板上应无明水。底板应放置在坚实水平面上,并把筒放在底板中心,然后用脚踩住两边的脚踏板,坍落度筒在装料时保持固定的位置。

(2) 把按要求取得的混凝土试样用小铲分三层均匀地装放筒内,使捣实后每层高度为筒高的 1/3 左右。每层用捣棒插捣 25 次。插捣应沿螺旋方向由外向中心进行,各次插捣应在截面上均匀分布。插捣筒边混凝土时,捣棒可以稍稍倾斜。插捣底层时,捣棒应贯穿整个深度,插捣第二层和顶层时,捣棒应插透本层至下一层的表面;浇灌顶层时,混凝土应灌到高出筒口。插捣过程中,如混凝土沉落到低于筒口,则应随时添加。顶层插捣完后,刮去多余的混凝土,并用抹刀抹平。

(3) 清除筒边底板上的混凝土后,垂直平稳地提起坍落度筒。坍落度筒的提离过程应在 5~10 s 内完成;从开始装料到提起坍落度筒的整个进程应不间断地进行,并应在 150 s 内完成。

(4) 提起坍落度筒后,测量筒高与坍落后混凝土试体最高点之间的高度差,即为该混凝土拌和物的坍落度值(以 mm 为单位,结果表达精确至 5 mm);坍落度筒提离后,如试件发生崩坍或一边剪坏现象,则应重新取样进行测定。如第二次仍出现这种现象,则表示该拌和物和易性不好,应予记录备查。

(5)观察坍落后的混凝土试体的黏聚性及保水性。黏聚性的检查方法是用捣棒在已坍落的拌和物锥体侧面轻轻敲打,此时如果锥体逐渐下沉,则表示黏聚性良好,如果锥体倒坍、部分崩裂或出现离析,即表示黏聚性不好。保水性以混凝土拌和物稀浆析出的程度来评定,坍落度筒提起后如有较多的稀浆从底部析出,锥体部分的拌和物也因失浆而骨料外露,则表明此混凝土拌和物的保水性不好;如坍落度筒提起后无稀浆或仅有少量稀浆自底部析出,则表明此混凝土拌和物保水性良好。

(6)当混凝土拌和物的坍落度大于 220 mm 时,用钢尺测量混凝土扩展后最终的最大直径和最小直径,在这两个直径之差小于 50 mm 的条件下,用其算术平均值作为坍落扩展度值;否则,此次实验无效。

如果发现粗骨料在中央集堆或边缘有水泥浆析出,则表示此混凝土拌和物离析性不好,应予记录。

1.3.4　拌和物表观密度实验

1. 主要仪器设备

容量筒,台秤,振动台,捣棒等。

2. 实验步骤

(1)用湿布把容量筒内外擦干净,称出筒的质量,精确至 50 g。

(2)混凝土的装料及捣实方法应根据拌和物的稠度而定。坍落度不大于 70 mm 的混凝土,用振动台振实为宜,大于 70 mm 的用捣棒捣实为宜。

① 采用捣棒捣实:应根据容量筒的大小决定分层与插捣次数。用 5 L 容量筒时,混凝土拌和物应分两层装入,每层的插捣次数应大于 25 次。用大于 5 L 的容量筒时,每层混凝土的高度应不大于 100 mm,每层插捣次数应按每 100 cm² 不小于 12 次计算。各次插捣应均匀地分布在每层截面上,插捣底层时捣棒应贯穿整个深度,插捣第二层时,捣棒应插透本层至下一层的表面。每一层捣完后可把捣棒垫在筒底,将筒左右交替地颠击地面各 15 次。

② 采用振动台振实时,应一次将混凝土拌和物灌到高出容量筒口,装料时可用捣棒稍加插捣,振动过程中如混凝土沉落到低于筒口,则应随时添加混凝土,振动直至表面出浆为止。

③ 齐筒口用刮尺将多余的混凝土拌和物刮去,表面如有凹陷应予填平。将容量筒外壁擦净,称出混凝土与容量筒总质量,精确至 50 g。

(3)实验结果计算。

混凝土拌和物表观密度 ρ_0 (kg/m³) 应按下式计算(精确至 10 kg/m³):

$$\rho_0 = \frac{m_2 - m_1}{V} \tag{1.11}$$

式中: V——容量筒的容积,L。

1.4　实验四　混凝土立方体抗压强度实验

本实验根据国家标准 GB/T 50081—2002《普通混凝土力学性能试验方法标准》进行。

本实验采用立方体试件,以同一龄期者为一组,每组至少为三个同时制作并同样养护的混凝土试件。试件尺寸根据骨料的最大粒径按表 1.6 选取。

表 1.6　试件尺寸及强度换算系数

试件尺寸/mm	骨料最大粒径/mm	抗压强度换算系数
100×100×100	31.5	0.95
150×150×150	40	1
200×200×200	63	1.05

1.4.1　主要仪器设备

压力实验机,振动台,试模,捣棒,小铁铲,金属直尺,抹刀等。

1.4.2　试件制作

1. 试件制作规定

(1) 每一组试件所用的混凝土拌和物应由同一次拌和成的拌和物中取出。

(2) 制作前,应将试模洗干净,并将试模的内表面涂以一薄层矿物油脂或其他不与混凝土发生反应的脱模剂。

(3) 在实验室拌制混凝土时,其材料用量应以质量计,称量的精度:水泥、掺合料、水和外加剂为总质量的±0.5%;骨料为总质量的±1%。

(4) 取样或实验室拌制混凝土应在拌制后尽量短的时间内成形,一般不宜超过 15 min。

(5) 根据混凝土拌和物的稠度确定混凝土成形方法,坍落度不大于 70 mm 的混凝土宜用振动振实;大于 70 mm 的宜用捣棒人工捣实;检验现浇混凝土或预制构件的混凝土时,试件成形方法宜与实际施工采用的方法相同。

2. 试件制作步骤

(1) 取样或拌制好的混凝土拌和物应至少用铁锹再来回拌和 3 次。

(2) 用振动台拌实制作试件应按下述方法进行。

① 将混凝土拌和物一次装入试模,装料时应用抹刀沿各试模壁插捣,并使混凝土拌和物高出试模口。

② 试模应附着或固定在振动台上,振动时试模不得有任何跳动,振动应持续到表面出浆为止,不得过振。

(3) 用人工插捣制作试件应按下述方法进行。

① 混凝土拌和物应分两层装入试模,每层的装料厚度大致相等。

② 插捣应按螺旋方向从边缘向中心均匀进行。在插捣底层混凝土时,捣棒应达到试模底面;插捣上层时,捣棒应贯穿上层后插入下层 20~30 mm。插捣时捣棒应保持垂直,不得倾斜。然后应用抹刀沿试模内壁插拔数次。

③ 每层插捣次数在 10000 mm² 面积内不得少于 12 次。

④ 插捣后应用橡胶锤轻轻敲击试模四周,直至插捣棒留下的空洞消失为止。

(4) 用插入式捣棒振实制作试件应按下述方法进行。

① 将混凝土拌和物一次装入试模,装料时应用抹刀沿各试模壁插捣,并使混凝土拌和物高出试模口。

② 宜用直径为 $\phi25$ mm 的插入式振捣棒,插入试模振捣时,振捣棒距试模底板 $10\sim$ 20 mm 且不得触及试模底板,振动应持续到表面出浆为止,且应避免过振,以防止混凝土离析;一般振捣时间为 20 s。振捣棒拔出时要缓慢,拔出后不得留有孔洞。

(5) 刮除试模上口多余的混凝土,待混凝土临近初凝时,用抹刀抹平。

3. 试件的养护

(1) 试件成形后应立即用不透水的薄膜覆盖表面。

(2) 采用标准养护的试件,应在温度为 (20 ± 5)℃的环境下静置 $1\sim2$ 昼夜,然后编号、拆模。拆模后应立即放入温度为 (20 ± 2)℃,相对湿度为 95% 以上的标准养护室中养护,或在温度为 (20 ± 2)℃的不流动的 $Ca(OH)_2$ 饱和溶液中养护。标准养护室内的试件应放在支架上,彼此间隔为 $10\sim20$ mm,试件表面应保持潮湿,并不得被水直接冲淋。

(3) 同条件养护试件的拆模时间可与实际构件的拆模时间相同,拆模后,试件仍需保持同条件养护。

(4) 标准养护龄期为 28 d(从搅拌加水开始计时)。

4. 抗压强度实验

(1) 试件自养护室取出后,随即擦干并量出其尺寸(精确至 1 mm),据此计算试件的受压面积 $A(\text{mm}^2)$。

(2) 将试件安放在下承压板上,试件的承压面应与成形时的顶面垂直。试件的中心应与实验机下压板中心对准。开动实验机,当上压板与试件接近时,调整球座,使接触均衡。

(3) 加压时,应连续而均匀地加荷,加荷速度应为:

混凝土强度等级小于 C30 时,取 $0.3\sim0.5$ MPa/s;

混凝土强度等级大于 C30 时,取 $0.5\sim0.8$ MPa/s。

当试件接近破坏而迅速变形时,停止调整实验机油门,直至试件破坏,并记录破坏荷载 $F(\text{N})$。

5. 实验结果计算

(1) 混凝土立方体试件抗压强度 $f_{c,cu}$ 按下式计算(结果精确到 0.1 MPa):

$$f_{c,cu} = \frac{F}{A} \tag{1.12}$$

(2) 强度值的确定应符合下列规定。

① 三个试件测值的算术平均值作为该组试件的强度值(精确至 0.1 MPa)。

② 三个测定值中的最小值或最大值中有一个与中间值的差异超过中间值的 15%,则把最大及最小值一并舍去,取中间值作为该组试件的抗压强度值。

③ 如果最大和最小值与中间值的差均超过中间值的 15%,则此组试件的实验结果无效。

(3) 混凝土强度等级小于 C60 时,用非标准试件测得的强度值均应乘以尺寸换算系数:对于 200 mm×200 mm×200 mm 试件,尺寸换算系数为 1.05;对于 100 mm×100 mm×100 mm 试件,尺寸换算系数为 0.95。当混凝土强度等级不小于 C60 时,宜采用标准试件;使用非标准试件时,尺寸换算系数应由实验确定。

问题与讨论

(1) 混凝土搅拌机在使用前,应用与所拌混凝土相同水灰比的砂浆在其中预拌一次,为什么?

提示:搅拌机内壁会黏附水。

（2）为何混凝土试件养护用水的 pH 值不应小于 7？

提示：水泥试件易受酸腐蚀。

（3）某学生在成形混凝土强度试件时，发现拌和物过于干硬，难以密实，便加入少量水搅拌后再成形，试分析对实验结果的影响。

提示：加水改变了水灰比。

（4）在进行混凝土强度实验时，要求试块的侧面（与试模壁相接触的四面）受压，为什么？

提示：试件侧面较光滑、平整。

1.5　实验五　石油沥青实验

1.5.1　实验目的及依据

测定石油沥青的针入度、延度、软化点等主要技术性质，作为评定石油沥青牌号的主要依据。

本实验按 JTGE 20—2011《公路工程沥青及沥青混合料实验规程》规定进行。

1.5.2　软化点测定

方法概要：将规定质量的钢球放在内盛规定尺寸金属杯的试样盘上，以恒定的加热速度加热此组件，当试样软到足以使被包在沥青中的钢球下落规定距离（25.4 mm）时，则此时的温度作为石油沥青的软化点，以温度（℃）表示。

1. 主要仪器设备与材料

沥青软化点测定仪（见图 1.4c），电炉及其他加热器，实验底板（金属板或玻璃板），筛（筛孔为 0.3～0.5 mm 的金属网），平直刮刀（切沥青用），甘油滑石粉隔离剂（以质量计甘油 2份、滑石粉 1 份），新煮沸过的蒸馏水，甘油。

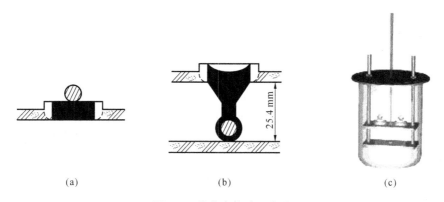

（a）　　　　　　　　（b）　　　　　　　　（c）

图 1.4　软化点实验示意图

（a）实验前钢球位置　（b）达到软化点时钢球位置　（c）软化点测定仪

2. 实验准备

（1）将试样环置于涂有甘油滑石粉隔离剂的试样底板上。将预先脱水的试样加热熔化，不断搅拌，以防止局部过热，加热温度不得高于试样估计软化点（100 ℃），加热时间不超过 30 min。将准备好的沥青试样徐徐注入试样环内至略高出环面为止。

如估计软化点在 120 ℃以上时，则试样环和试样底板（不用玻璃板）均应预热至 80～100 ℃。

（2）试样在室温冷却 30 min 后，用环夹夹着试样环，并用热刮刀刮除环面上的试样，务必使其与环面齐平。

3. 实验步骤

（1）试样软化点在 80 ℃以下者：

① 将装有试样的试样环连同试样底板置于 5 ℃±0.5 ℃的恒温水槽中至少 15 min；同时将金属支架、钢球、钢球定位环等亦置于相同水槽中。

② 烧杯内注入新煮沸并冷却至 5 ℃的蒸馏水，水面略低于立杆上的深度标记。

③ 从恒温水槽中取出盛有试样的试样环放置在支架中层板的圆孔中，套上定位环；然后把整个环架放入烧杯中，调整水面至深度标记，并保持水温为 5 ℃±0.5 ℃。环架上任何部分不得附有气泡。将 0 ℃～100 ℃的温度计由上层板中心孔垂直插入，使端部测温头与试样环下面平齐。

④ 将盛有水和环架的烧杯移至放有石棉网的加热炉具上，然后将钢球放在定位环中间的试样中央，立即开动振荡搅拌器，使水微微振荡，并开始加热，使杯中水温在 3 min 内维持每分钟上升 5 ℃±0.5 ℃。在加热过程中，应记录每分钟上升的温度值，如温度上升速度超出此范围，则重做实验。

⑤ 试样受热软化逐渐下坠，至与下层底板表面接触时，立即读取温度，准确至 0.5 ℃。

（2）试样软化点在 80 ℃以上者：

① 将装有试样的试样环连同试样底板置于装有 32 ℃±1 ℃甘油的恒温槽中至少 15 min；同时将金属支架、钢球、钢球定位环等亦置于甘油中。

② 在烧杯内注入预先加热至 32 ℃的甘油，其液面略低于立杆上的深度标记。

③ 从恒温槽中取出装有试样的试样环，按 A 的方法进行测定，准确至 1 ℃。

4. 实验结果

同一试样平行实验两次，当两次测定值的差值符合重复性实验精密度要求时，取其平均值作为软化点实验结果，准确至 0.5 ℃。

当试样软化点小于 80 ℃时，重复性实验的允许差为 1 ℃，复现性实验的允许差为 4 ℃；当试样软化点等于或大于 80 ℃时，重复性实验的允许差为 2 ℃，复现性实验的允许差为 8 ℃。

1.5.3　延度测定

方法概要：本方法适用于测定石油沥青的延度。石油沥青的延度是用规定的试件在一定温度下以一定速度拉伸到断裂时的长度，以 cm 表示。非经特殊说明，实验温度为 25 ℃±0.5 ℃，拉伸速度为（5±0.25）cm/min。

1. 主要仪器设备与材料

延度仪（配模具）（见图 1.5），水浴（容量至少为 10 L，能保持实验温度变化不大于 0.1 ℃），温度计（0～50 ℃，分度 0.1 ℃和 0.5 ℃各一支），瓷皿或金属皿（熔沥青用），筛（筛孔为 0.3～0.5 mm 的金属网），砂浴或可控制温度的密闭电炉，甘油-滑石粉隔离剂（甘油 2 份、滑石粉 1 份，按质量计）。

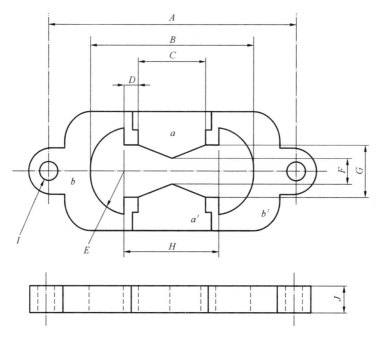

图 1.5　延度仪模具

A—两端模环中心点距离为 111.5～113.5 mm；B—试件总长为 74.54～75.5 mm；

C—端模间距为 29.7～30.3 mm；D—肩长为 6.8～7.2 mm；E—半径为 15.75～16.25 mm；

F—最小横断面宽度为 9.9～10.1 mm；G—端模口宽为 19.8～20.2 mm；H—两半圈心间距离为 42.9～43.1 mm；

I—端模孔直径为 6.54～6.7 mm；J—厚度为 9.9～10.1 mm

2. 实验准备

(1) 将隔离剂拌和均匀,涂于磨光的金属板上和模具侧模的内表面,将模具组装在金属板上。

(2) 将除去水分的试样,在砂浴上小心加热并防止局部过热,加热温度不得高于估计软化点(100 ℃),用筛过滤,充分搅拌,勿混入气泡。然后将试样呈细流状,自模的一端至另一端往返倒入,使试样略高出模具。

(3) 试件先在 15～30 ℃ 的空气中冷却 1.5 h,用热刀将高出模具的沥青刮去,使沥青面与模面齐平。沥青的刮法应自模的中间刮向两面,表面应刮得十分光滑。将试件边同金属板再放入规定实验温度的水槽中保温 1.5 h。

(4) 检查延度仪拉伸速度是否符合要求。移动滑板使指针对准标尺的零点。保持水槽中水温为 25 ℃±0.1 ℃。

3. 实验步骤

(1) 试件移至延度仪水槽中,将模具两端的孔分别套在滑板及槽端的金属柱上,水面距试件表面应不小于 25 mm,然后去掉侧模。

(2) 确认延度仪水槽中的水温为 20.5 ℃ 时,开动延度仪,观察沥青的拉伸情况。在测定时,如发现沥青细丝浮于水面或沉入槽底时,则在水中加入乙醇或食盐水调整水的密度,至与试件的密度相近后,再进行测定。

(3) 试件拉断时指针所指标尺上的读数,即为试样的延度,以 cm 表示。在正常情况下,试件应拉伸成锥尖状,在断裂时实际横断面为零。如不能得到上述结果,则应报告在此条件下无测定结果。

4. 实验结果处理

取平行测定 3 个结果的平均值作为测定结果。若 3 次测定值不在其平均值的 5% 以内，但其中两个较高值在平均值的 5% 之内，则弃去最低测定值，取两个较高值的平均值作为测定结果。

1.5.4　针入度测定

本方法适用于测定针入度小于 350(单位：0.1 mm)的石油沥青的针入度。

方法概要：石油沥青的针入度以标准针在一定的荷载、时间及温度条件下，垂直穿入沥青试样的深度来表示，单位为 0.1 mm。如未另行规定，标准针、针连杆与附加砝码的总质量为(100±0.05)g，温度为 25 ℃，贯入时间为 5 s。

1. 主要仪器设备

针入度计(见图 1.6)，标准针(应由硬化回火的不锈钢制成，其尺寸应符合规定)，试样皿，恒温水槽(容量不小于 10 L，能保持温度在实验温度的±0.1 ℃范围内)，筛(筛孔为 0.3～0.5 mm 的金属网)，温度计(液体玻璃温度计，刻度范围 0～50 ℃，分度为 0.1 ℃)，平底玻璃皿，秒表，砂浴或可控温度的密闭电炉。

2. 实验准备

(1) 将预先除去水分的沥青试样在砂浴或密闭电炉上小心加热，不断搅拌，加热温度不得超过估计软化点 100 ℃。加热时间不得超过 30 min，用筛过滤除去杂质。加热、搅拌过程中避免试样中混入空气泡。

(2) 将试样倒入预先选好的试样皿中，试样深度应大于预计穿入深度 10 mm。

图 1.6　针入度计

(3) 试样皿在 15～30 ℃的空气中冷却 1.5 h(小试样皿)、2 h(大试样皿)或 2.5 h(特殊试样皿)，防止灰尘落入试样皿。然后将试样皿移入保持规定实验温度的恒温水浴中。小试样皿恒温 1.5 h，大试样皿恒温 2 h。

(4) 调节针入度计使之水平。检查针连杆和导轨，以确认无水和其他外来物，无明显摩擦。用三氯乙烯或其他溶剂清洗标准针，并拭干。把标准针插入针连杆，用螺丝固紧。按实验条件，加上附加砝码。

3. 实验步骤

(1) 取出达到恒温的盛样皿，并移入水温控制在实验温度±0.1 ℃(可用恒温水槽中的水)的平底玻璃皿中的三腿支架上，试样表面以上的水层高度不小于 10 mm。

(2) 将盛有试样的平底玻璃皿置于针入度计的平台上。慢慢放下针连杆，用适当位置的反光镜或灯光反射观察，使针尖刚好与试样表面接触。拉下活杆，使与针连杆顶端轻轻接触，调节刻度盘或深度指示器的指针指示为零。

(3) 开动秒表，在指针正指 5 s 的瞬间，用手紧压按钮，使标准针自由下落贯入试样，经规定时间，停压按钮，使针停止移动。

(4) 拉下刻度盘拉杆与针连杆顶端接触，读取刻度盘指针或位移指示器的读数，准确至 0.1 mm。

（5）同一试样平行实验至少 3 次，各测定点之间及与盛样皿边缘的距离不应小于 10 mm。每次实验后应将盛有盛样皿的平底玻璃皿放入恒温水槽，使平底玻璃皿中的水温保持实验温度。每次实验应换一根干净标准针或将标准针用蘸有三氯乙烯溶剂的棉花或布擦干净，再用干棉花或布擦干。

（6）测定针入度大于 200 的沥青试样时，至少用 3 支标准针，每次实验后将针留在试样中，直至 3 次平行实验完成后，才能把标准针取出。

（7）测定针入度指数 PI 时，按同样的方法在 15 ℃、25 ℃、30 ℃（或 5 ℃）3 个或 3 个以上（必要时增加 10 ℃、20 ℃ 等）温度条件下分别测定沥青的针入度，但用于仲裁实验的温度条件的应为 5 个。

4. 实验结果

同一试样 3 次平行实验结果的最大值和最小值之差在下表允许偏差范围内时，计算 3 次实验结果的平均值，取整数作为针入度实验结果，以 0.1 mm 为单位。当实验值不符要求时，应重新进行。

表 1.7　针入度测定允许差值

针入度/0.1 mm	0～49	50～149	150～249	250～500
允许差值/0.1 mm	2	4	12	20

问题与讨论

（1）制备沥青试样时，为何"加热温度不得高于试样估计软化点（100 ℃），加热时间不超过 30 min"？

提示：在高温长时间作用下的沥青易老化。

（2）进行沥青软化点实验时，温度的上升速度对实验结果会产生什么影响？

提示：升温速度快则测试结果偏高，反之偏低。

（3）为何要规定"测定针入度大于 200 的沥青试样时，至少用 3 支标准针，每次实验后将针留在试样中，直至 3 次平行实验完成后，才能把标准针取出"？

提示：针入度大的沥青较软。

1.6　综合设计实验一：普通混凝土配合比设计实验

1.6.1　实验目的与要求

本综合设计实验目的：了解普通混凝土配合比设计的全过程，培养综合设计实验能力，熟悉混凝土拌和物的和易性和混凝土强度实验方法。

根据提供的工程条件和材料，依据 JGJ 55—2011《普通混凝土配合比设计规程》设计出符合工程要求的普通混凝土配合比。

1.6.2　工程和原材料条件

某工程的预制钢筋混凝土梁（不受风雪影响）。

混凝土设计强度等级为 C25，要求强度保证率为 95%。

施工要求坍落度为 30~50 mm(施工现场混凝土由机械搅拌,机械振捣)。

该施工单位无历史统计资料。

原材料:① 普通水泥:强度等级 32.5;表观密度 $\rho_c = 3.1$ kg/m³;② 中砂;③ 碎石;④ 自来水。

1.6.3　问题与讨论

(1)如何根据已知的工程和原材料条件设计符合要求的普通混凝土配合比?

提示:① 原材料性能实验,包括水泥性能实验、砂性能实验、石性能实验;② 计算配合比;③ 配合比的试配;④ 配合比的调整和确定;⑤ 确定施工配合比。

(2)配合比计算有哪些步骤?

提示:配合比计算按教材进行。

(3)为什么要进行配合比的试配?配合比试配时应测定哪些指标,如何测定?当各指标达不到要求时,如何调整?

(4)为何配合比试配时要检验混凝土的强度?为什么检验强度时至少采用三个不同的配合比?制作混凝土强度试件时,还应测定哪些指标?为什么?

1.6.4　普通混凝土配合比设计实验步骤提示

1. 原材料性能实验

(1)水泥性能实验:包括安定性实验,胶砂强度实验等。

(2)砂性能实验:砂的表观密度测定、堆积密度测定以及筛分析实验。

(3)石性能实验:石的表观密度测定、堆积密度测定以及筛分析实验。

2. 计算配合比

根据给定的工程条件、原材料和实验测得的原材料性能进行配合比计算,计算依据 JGJ 55—2011《普通混凝土配合比设计规程》规定进行。

将每立方混凝土中水、水泥、砂和石子的用量全部求出,供试配用。

3. 配合比的试配

配合比试配参照实验 1.7 小节的内容进行。

4. 配合比的调整和确定

配合比调整和确定参照实验 1.7 小节的内容进行。

1.7　综合设计实验二:泵送混凝土配合比设计实验

1.7.1　实验目的与要求

本综合设计实验目的:了解泵送混凝土配合比设计的过程,培养综合设计实验能力;研究粉煤灰在混凝土中的作用;熟悉其和易性和强度的实验方法。

实验时根据提供的工程和材料条件,依据 JGJ 55—2011《普通混凝土配合比设计规程》中泵送混凝土的规定,设计出符合要求的泵送混凝土配合比。

本实验难度较大,故对讨论的问题做较详细的解答。

1.7.2　工程和原材料条件

某商住楼的大型基础,属于大体积混凝土工程。

混凝土设计强度等级为 C30,要求强度保证率为 95%,工期紧。

施工需要坍落度为 110～130 mm 的泵送混凝土,泵送高度为 60 m。

该施工单位无历史统计资料。

原材料:① 普通水泥,强度等级 42.5,表观密度 $\rho_c = 3.1$ kg/m³;② 中砂;③ 碎石(碎石最大粒径与输送管径比小于 1:4);④ 粉煤灰,Ⅰ级灰,质量符合 GB 1596/T—2005《用于水泥和混凝土中的粉煤灰》的规定;⑤ 自来水;⑥ 泵送剂或减水剂。

1.7.3　问题与讨论

(1) 如何根据已知的工程和材料条件,设计出符合要求的泵送混凝土配合比?

解答:① 原材料性能实验,包括水泥性能实验、砂性能实验、石性能实验;② 基准配合比的确定;③ 选用合适的粉煤灰掺入方式;④ 配合比的调整和确定。

(2) 粉煤灰的掺入方法有哪些? 各有何特点? 常用哪种方法?

解答:粉煤灰的掺入方法有:超量取代法、等量取代法和外加法。

① 超量取代法　在粉煤灰总掺量中,一部分取代等质量的水泥,超量部分取代等体积的砂。大量粉煤灰的增强效应补偿了取代水泥后所降低的早期强度,使掺入前后的混凝土强度等效。粉煤灰可改善拌和物的流动性,可抵消由于水泥减少而对拌和物流动性的影响,使掺入前后的拌和物流动性等效。超量取代法是最常用的一种方法。

② 等量取代法　用粉煤灰取代部分水泥并相应调整其他材料的用量。当混凝土强度偏高或配制大体积混凝土时采用此方法。

③ 外加法　在不改变水泥用量的情况下加入适量粉煤灰,并相应调整砂的用量。当混凝土和易性不佳时可采用此法。

(3) 与普通混凝土相比,试分析泵送混凝土在材料要求上有何不同?

解答:JGJ55—2011《普通混凝土配合比设计规程》对此作出四点规定。

① 泵送混凝土应选用硅酸盐水泥、普通硅酸盐水泥、矿渣硅酸盐水泥和粉煤灰硅酸盐水泥,不宜采用火山灰质硅酸盐水泥。

② 粗骨料宜采用连续级配,其针片状颗粒含量不宜大于 10%;粗骨料最大粒径与输送管径之比应符合规定。如泵送高度为 50～100m 时,碎石最大粒径与输送管径比宜小于或等于 1:4。

③ 泵送混凝土宜采用中砂,其通过 0.315 mm 筛孔的颗粒含量不应少于 15%。

④ 泵送混凝土应掺用泵送剂或减水剂,并宜掺用粉煤灰或其他活性矿物掺合料,其质量应符合国家现行有关标准的规定。

(4) 泵送混凝土试配时的坍落度值应如何确定?

解答:根据 JGJ55—2011《普通混凝土配合比设计规程》,其坍落度值可按下式计算:

$$T_t = T_p + \Delta T$$

式中:　T_t——试配时的坍落度值;

　　　　T_p——入泵时的坍落度值;

　　　　ΔT——实验测得在预计时间内的坍落度经时损失值。

1.7.4　泵送混凝土配合比设计实验步骤提示

（1）原材料性能实验。

① 水泥性能实验：包括安定性实验；胶砂强度实验等。

② 砂性能实验：砂的表观密度测定、堆积密度测定以及筛分析实验。

③ 石性能实验：石的表观密度测定、堆积密度测定以及筛分析实验。

（2）配合比的试配，作为泵送混凝土配合比设计的基准配合比，可由指导教师提供基准配合比。

（3）根据工程特点，选择合适的粉煤灰掺入方法。

粉煤灰的掺入方法有：超量取代法、等量取代法和外加法。因工期紧，要求混凝土的早期强度较高，且为泵送混凝土，流动性好，故采用超量取代法更为有利。

（4）进行泵送混凝土配合比的试配和调整，并确定最终配合比。

第 2 章　工程测量实验

"工程测量"课程是土木类专业一门实用性很强的专业基础课,是运用测量学的基本理论知识,解决工程建设中各种工程测绘、测设问题的学科,也是一门实践性较强的应用科学。为加强学生的动手能力和实践性操作,培养和训练学生解决实际问题的能力,本课程设有实验教学环节,通过实验可以巩固课堂上所学的知识。只有亲自动手操作仪器,才能熟悉测量仪器的构造和使用方法,真正掌握测量的基本方法和基本技能,使学到的理论与实践紧密结合。

由于本门课程的实践教学和理论是密不可分的,所以学生在进行实验前应复习教材中有关的内容,预习实验项目,明确实验的目的与要求,熟悉实验步骤,注意有关事项。每个人都应该培养自己的独立工作能力和严谨的科学态度,发扬团结协作的精神,认真做好每一个实验。

2.1　测量常用的计量单位与换算

在测量中,通常的计量单位有长度、面积、容量和角度。目前世界上各个国家的使用单位不是完全统一的,我国规定采用国际制,英美一些国家则采用英制。

2.1.1　长度单位换算

(1)国际制单位换算。

国际通用公制长度单位为米,英文代表符号为 m。

$$1 \text{ m}(米) = 100 \text{ cm}(厘米) = 1000 \text{ mm}(毫米)$$
$$1000 \text{ m}(米) = 1 \text{ km}(千米)$$

(2)英制单位与国际制单位换算。

$$1 \text{ in}(英寸) = 25.4 \text{ mm}(毫米)$$
$$1 \text{ ft}(英尺) = 0.3048 \text{ m}(米)$$
$$1 \text{ yd}(码) = 0.9144 \text{ m}(米)$$
$$1 \text{ mile}(英里) = 1.6093 \text{ km}(千米)$$
$$1 \text{ n mile}(海里) = 1.852 \text{ km}(千米)$$

(3)国际制单位与市制单位换算。

$$1 \text{ m}(米) = 30 \text{ 市寸} = 3 \text{ 市尺} = 0.3 \text{ 市丈}$$

2.1.2　面积单位换算

国际制面积单位为 m^2(平方米),较大面积用 km^2(平方千米)。

（1）国际制单位换算。
$$1 \text{ km}^2（平方千米）= 1000000 \text{ m}^2（平方米）$$
（2）英制单位与国际制单位换算。
$$1 \text{ in}^2（平方英寸）= 6.4514 \text{ cm}^2（平方厘米）$$
$$1 \text{ mile}^2（平方英里）= 2.5900 \text{ km}^2（平方千米）$$
（3）国际制单位与市制单位换算。
$$1 \text{ 亩} = 667 \text{ m}^2（平方米）$$
$$1 \text{ km}^2（平方千米）= 1500 \text{ 亩}$$
$$10000 \text{ m}^2（平方米）= 1 \text{ hm}^2（公顷）$$

2.1.3　容积单位换算

（1）国际制单位换算。
$$1000 \text{ cm}^3（毫升）= 1 \text{ L}（升）$$
（2）英制单位与国际制单位换算。
$$1 \text{ pt}（品脱）= 20 \text{ oz}（盎司）= 568.26125 \text{ mL}（毫升）$$
$$1 \text{ pt}（品脱）= 4 \text{ gill}（及耳）= 1/2 \text{ qt}（夸脱）$$
$$= 1/8 \text{ gal}（加仑）= 1/64 \text{ bushel}（蒲式耳）$$

2.1.4　角度单位换算

角度单位测量上常用到的角度单位有三种：60 进位制的度，100 进位制的新度和弧度。
（1）60 进位制的度。
$$1 \text{ 圆周角} = 360°（度）;\quad 1°（度）= 60'（分）;\quad 1'（分）= 60''（秒）$$
（2）100 进位制的新度。
$$1 \text{ 圆周角} = 400 \text{ g}（新度）;\quad 1 \text{ g}（新度）= 100 \text{ c}（新分）;\quad 1 \text{ c}（新分）= 100 \text{ cc}（新秒）$$
（3）弧度。

角度按弧度计算等于弧长与半径之比。与半径相等的一段弧长所对的圆心角作为度量角度的单位，称为 1 弧度，用 ρ 表示。按度分秒计算的弧度为
$$1 \text{ 圆周角} = 2\pi（弧度）= 360°$$
$$\rho = \frac{360}{2\pi} = 57.3°$$
$$\rho = \frac{360}{2\pi} \times 60' = 3438'$$
$$\rho = \frac{360}{2\pi} \times 360'' = 206265''$$

2.2　测量实验与实习须知

2.2.1　测量实验与实习的一般规定

（1）在实验或实习之前，必须认真阅读教材中的有关内容，预习实验或实习指导书，明

确目的、要求、方法、步骤和有关注意事项,以便按计划顺利完成实验和实习任务。

(2)实验或实习分小组进行,各班班长在指导教师的安排下,对所在班级进行分组(每5~6人为一个小组),并对所有小组进行编号、安排组长。各组长负责本组组织协调工作,凭学生证到指定地点领取仪器、工具,办理所领仪器工具的借领和归还手续。领借时应当场清点检查,如有缺损可以报告实验室管理人员给予补领或更换。实验或实习结束时,应清点仪器工具,如数归还后取回证件。

(3)如果初次接触仪器,未经讲解,不得擅自开箱取用仪器,以免发生损坏。经指导教师讲授,在明确仪器的构造、操作方法和注意事项后方可开箱进行操作。

(4)在实验或实习过程中,出现仪器故障、工具损坏或丢失等情况时,必须及时向指导教师和实验室管理人员报告,不可随意自行处理。在查明原因后,根据学校实验室管理规定,给予适当赔偿处理和纪律处分。

(5)实验或实习应在规定的时间、地点进行,不得无故缺席、迟到或早退,不得擅自变更地点。每个人都必须听从教师的指导,严格按照要求认真、仔细地操作,培养独立的工作能力和严谨的科学态度,按时独立地完成任务,同时要发扬互助协作精神。

(6)实验或实习结束时,应把观测记录和实验报告或实习记录、图纸交指导教师审阅,经教师认可后方可交还仪器、工具,结束工作。

2.2.2 测量仪器使用规则和注意事项

1. 搬运前注意事项

搬运仪器前必须检查仪器箱是否锁好,背带是否结实;搬运时必须轻取轻放,避免剧烈振动和碰撞。

同时要检查三脚架旋钮和螺丝是否旋紧、牢固。

2. 开箱提取仪器

(1)开箱取出仪器前,应先看好仪器在箱内的安放位置,防止回放时错位。

(2)安置三脚架,将三脚架的三条架腿侧面的螺旋逆时针方向旋松后,伸长至合适长度再拧紧,然后把各脚插入土中,用力踩实,使脚架放置稳妥,架头大致水平。若为坚实地面,应防止脚尖有滑动的可能性。注意固定螺丝的旋拧方向,不能使太大劲,以防螺丝滑丝。

(3)仪器箱应平放在地面或其他台子上才能开箱,不要托在手上或抱在怀里开箱,以免不小心将仪器摔坏。开箱取出仪器之前,应看清仪器在箱中的安放位置,以免使用完仪器后装箱时发生困难。在取出仪器前一定要先放松制动螺旋,以免取出仪器时因强行扭转而损坏制、微动装置,甚至损坏轴系。

(4)必须严格检查仪器的连接螺旋是否旋紧,以防照准部脱落或基座脱落。

(5)从箱中取出仪器时不可握拿望远镜,应用双手分别握住仪器基座和望远镜的支架,轻轻安放到三脚架头上,保持一手握住仪器,一手拧紧螺旋,使仪器与三脚架牢固连接。取出仪器后,应将仪器箱盖随手关好,以防灰尘等杂物进入箱中。仪器箱上严禁坐人。

3. 野外作业

(1)在阳光下作业时必须撑伞,防止日晒。为防止仪器受潮或淋雨,严禁雨天作业。

(2)任何时候仪器旁必须有人守护,不得将仪器放置一边,全部人去做其他的事。

(3)禁止无关人员搬弄测量仪器,应采取措施防止行人、车辆碰撞仪器。暂停观测时,仪器必须安放在稳妥的地方,由专人守护或将其收入仪器箱内。不得将水准尺、花杆以及收拢后的脚架倚靠在树枝或墙壁上,以防侧滑跌落。

（4）仪器镜头上的灰尘,应该用仪器箱中的软毛刷拂去或用镜头纸轻轻擦去,严禁用手指、手纸或手帕等擦拭,以免损坏镜头上的镀膜。

（5）转动仪器时,应先松开制动螺旋,然后握住支架平稳转动。使用微动螺旋时,应先旋紧制动螺旋（但不可拧得过紧）,微动螺旋和脚螺旋不要旋到顶端,宜使用中段螺旋。

（6）观测过程中,除正常操作仪器螺旋外,尽量不要用手扶仪器和脚架,以免碰动仪器,影响观测精度。其他同学观看仪器操作时,应注意脚下不要触碰到仪器,触碰后必须重新操作。

4. 搬移仪器

（1）近距离且在平坦地区搬移仪器时,可将仪器连同脚架一同搬迁。先检查连接螺旋是否拧紧,然后松开各制动螺旋,使经纬仪望远镜物镜对向度盘中心,水准仪物镜向后,再收拢三脚架,一手托住仪器的支架或基座于胸前,一手抱住脚架放在肋下,稳步行走。严禁斜扛仪器,单脚架挎在肩上,以防碰摔。

（2）当搬移距离较远时,必须将仪器装在箱内搬移。

（3）搬移仪器时,应检查是否带走仪器的所有附件、工具、用具等,防止遗失。

5. 仪器的装箱

（1）仪器使用完后,应及时清除仪器上的灰尘和仪器箱、脚架上的泥土,套上镜头盖。

（2）仪器拆卸时,应先松开各制动螺旋,再一手握住照准部支架,另一手将中心连接螺旋旋开,双手将仪器取下装箱。

（3）仪器装箱时,使仪器就位正确,试合箱盖,确认放妥后,再拧紧各制动螺旋,检查仪器箱内的附件是否缺少,然后关箱上锁。若箱盖合不上,说明仪器位置未放置正确或未将脚架螺旋旋至中段,应重放,切不可强压箱盖,以免压坏仪器。

（4）清点所有的仪器和工具,防止丢失。

6. 测量工具的使用

（1）使用钢尺时,应避免其打结、扭曲,防止行人踩踏和车辆碾压,以免折断。携尺前进时,应将尺身离地提起,不得在地面上拖曳,以防钢尺尺面磨损。钢尺用毕后,应将其擦净并涂油防锈。钢尺收卷时,应一人拉持尺环,另一人将尺顺序卷入,防止绞结、扭断。钢尺收卷时,切忌扭转卷入。

（2）使用皮尺时,应均匀用力拉伸,避免强力拉曳而使皮尺断裂。如果皮尺浸水受潮,应及时晾干。皮尺收卷时,切忌扭转卷入。

（3）使用各种标尺和花杆时,应注意防水、防潮和防止横向受力。不用时安放稳妥,不得垫坐,不要将标尺和花杆随便往树上或墙上立靠,以防滑倒摔坏或磨损尺面。花杆不得用来抬东西或作标枪投掷。在使用塔尺时,还应注意接口处的正确连接,用后及时收尺。

（4）使用测图板时,应注意保护板面,不准乱戳乱画,不能施以重压。

（5）小件工具如垂球、测轩和尺垫等,用完即收,防止遗失。

（6）水准尺横放于地面时,必须侧放,不得平放,防止水准尺弯曲变形。

2.2.3　测量记录与计算规则

（1）所有观测数据均用 2H 或 3H 铅笔直接记入指定的记录表格中,字迹应端正清晰,并随测随记,不得用其他纸张记录再行誊写。

（2）观测者读数后,记录者应立即回报读数,经核实后再记录。

（3）记录数字的字脚靠近底线，字体大小一般应略大于格子的一半，以便留出空隙改错。记录错误时，不准用橡皮在原数字上涂改，应该在错误处用横画线划去，将正确数字写在原数字上方，并应在备注栏内注明原因。

（4）禁止连续更改数字，如水准测量的黑、红面的读数，角度测量中的盘左、盘右读数，距离丈量中的往、返测读数等，均不能同时更改，否则重测。

（5）禁止单独改动秒值或距离的 mm 位。

（6）数据的计算应根据所取的位数，按"4 舍 6 入，逢 5 看前位，单进双舍"的规则进行凑整。例如，若取至毫米单位，则 2.1184 m、2.1176 m、2.1175 m、2.1185 m 都记为 2.118 m。

（7）每测站观测结束后，必须在现场完成规定的计算和检核，确认无误后方可迁站。

（8）记录的数字应写齐规定的位数，规定的位数视精度的要求不同而不同。对普通测量一般规定如下：水准测量、距离测量记录计算均取位至毫米，角度测量记录计算均取位至秒。

表示精度或占位的"0"均不能省略。如水准测量记录计算的毫米位数，角度测量记录计算的分秒值应加零顶位。如：1.45 m 应写成 1.450 m；32 度 3 分 9 秒应写成：$32°03'09''$。

2.3 测量实验指导书

2.3.1 实验一 水准仪的认识与使用

通过本次实验使学生了解微倾水准仪的结构和构造，能够达到操作和使用仪器的要求。

1. 实验目的与要求

（1）了解 DS3 级水准仪的基本构造和性能，认识其主要构件的名称及作用。

（2）练习水准仪的安置、瞄准、读数和高差计算。

（3）掌握水准仪的使用方法。

2. 实验仪器和工具

DS3 级水准仪 1 台，脚架一副，水准尺 2 根，记录板 1 块，测伞 1 把。

3. 实验方法和步骤

1）安置仪器

将三脚架张开，使其高度适当，架头大致水平，并将其脚尖踩入土中。再开箱取出仪器，将其固定在三脚架上。

2）认识仪器

指出仪器各部件的名称，了解其作用并熟悉其使用方法，同时弄清水准尺的分划与注记，掌握水准尺的读数方法。

3）粗略整平

粗略整平就是旋转脚螺旋使圆水准器气泡居中，从而使仪器大致水平。先用双手同时向内（或向外）转动一对脚螺旋，使圆水准器气泡移动到中间，再转动另一只脚螺旋使圆气泡居中，通常须反复进行。注意气泡移动的方向与左手大拇指运动的方向一致。

4）瞄准水准尺、精平与读数

（1）瞄准 转动目镜对光螺旋进行对光，使十字丝分划清晰，然后松开水平制动螺旋。

转动望远镜,利用望远镜上部的准星和照门粗略瞄准水准尺,旋紧制动螺旋,再转动物镜对光螺旋,使水准尺分划成像清晰,转动水平微动螺旋,使十字丝纵丝靠近水准尺分划一侧。当影像没有成像在十字丝分划板的焦平面上时,会产生视差,若存在视差,则应重新进行目镜对光和物镜对光,将像差予以消除。

(2)精平 普通微倾水准仪应调整微倾螺旋,使长水准管的两端影像抛物线吻合,读数后还应再次检查影像抛物线是否吻合。自动安平水准仪不需要此项操作,可在粗平后直接进行读数。

(3)读数 精平后,用十字丝中丝在水准尺上读取 4 位读数,读数时应先估出毫米数,然后按米、分米、厘米及毫米,一次读出 4 位数。可以直读 4 位数,如:1428;也可以按米读数,如:1.428。

5)测定地面两点间的高差

(1)在地面选定 A、B 两个较坚固的点作后视点和前视点,分别立尺。

(2)在 A、B 两点之间安置水准仪,使仪器至 A、B 两点的距离大致相等。

(3)每人独立安置仪器、粗平、照准后视尺 A,精平后读数,此为后视读数,记入表2.1中测点 A 一行的后视读数栏下。然后照准前视尺 B,精平后读数,此为前视尺读数,并记入表 2.1中测点 B 一行的前视读数栏下。

(4)计算 A、B 两点的高差 h_{AB} =后视读数-前视读数。

(5)改变仪器高度后,重复上述操作再测一次。所测高差之差不应超过±5 mm。

(6)由同一小组其他成员每人依次完成一次上述操作。

4. 实验注意事项

(1)仪器安放到三脚架头上。最后必须旋紧连接螺旋(不能用力太大),使连接牢固。

(2)当水准仪瞄准、读数时,水准尺必须立直。尺子的左、右倾斜,观测者在望远镜中根据竖丝可以察觉,而尺子的前后倾斜则不易发觉,立尺者应注意。

(3)水准仪在读数前,必须使长水准管气泡严格居中(自动安平水准仪除外),照准目标必须消除视差。

(4)从水准尺上读数必须读 4 位数:米、分米、厘米、毫米。读数时可直接读毫米,计算高差时应记录单位为米。

5. 实验结果与记录

要求每个人交一份实验报告记录数据,要求将表 2.1 内的相关信息填写完整。

表 2.1 水准测量记录表

班级:_____,第_____组　　　　日期:_____年_____月_____日
观测者:_____　　　　记录者:_____

测站	测点	水准尺读数		高差/m		高程/m
		后视/m	前视/m	+	-	
O(一次仪高)	A					
	B					
O(二次仪高)	A					
	B					

6. 思考与讨论

(1) 水准仪的主要旋钮有哪些？它们的作用是什么？

(2) 什么是视差？如何消除视差？

(3) 通过本次实验谈一下你安置水准仪的体会,怎样达到快速整平的目的？

(4) 怎样扶立水准尺？怎样才能减少水准尺倾斜误差？

2.3.2 实验二 普通水准测量

水准测量有三种检核方式:测站检核、计算检核、线路检核。本次实验主要是要进行水准线路测量,从而掌握高程的测量和计算方法。

1. 实验目的

(1) 掌握普通水准测量的施测、记录、计算、高差闭合差的调整及高程计算的方法。

(2) 熟悉闭合水准路线的施测方法。

(3) 由指导教师给出已知起点的高程,学生自己计算出所测量点的高程。

2. 实验仪器和工具

DS3 级水准仪 1 台,水准尺 2 根,尺垫 2 个,记录板 1 块,测伞 1 把。

3. 实验方法和步骤

1) 确定地面点

在地面选定 A、B、C、D、E 五个坚固点作为待测高程点,其中点 A 为已知高程点。安置仪器于点 A 和点 B(放置尺垫)之间,目估前、后视距离大致相等,按一个测站上的操作程序进行观测。测站编号为 1。

2) 水准测量

瞄准后视点 A 上的水准尺,精平后读取后视读数 a,记入手簿。转动水准仪瞄准前视点 B 上的水准尺,精平后读取前视读数 b,记入手簿。计算两点间高差 $h=a-b$。

升高(或降低)仪器 10 cm 以上,两次仪器测高得高差之差不大于 5 mm 时,取其平均值作为平均高差。

沿选定的路线,将仪器迁至点 B 和点 C 的中间,仍用第一站施测的方法进行观测,依次连续设站,再经过点 D 和点 E 连续观测,最后仍回至起始点 A。

3) 计算检核

水准测量中,为防止高差计算错误,应对高差计算进行检核。

检核方法为:后视读数之和与前视读数之和的差应等于高差之和。

$$\sum a - \sum b = \sum h \tag{2.1}$$

4) 高差闭合差的计算与调整

高差闭合差的容许值为

$$f_{h容} = \pm 12\sqrt{n} \text{ mm} \tag{2.2}$$

或

$$f_{h容} = \pm 40\sqrt{L} \text{ mm} \tag{2.3}$$

式中: n——测站数;

L——水准线路的长度,km。

计算待定点高程:根据已知高程点 A 的高程和各点间改正后的高差依次计算 A、B、C、

D、E 五个点的高程,最后还要计算得出点 A 的高程,应与已知值相等,以资检核。

4. 实验注意事项

(1) 在每次读数之前,应使水准管气泡严格居中,并消除视差。

(2) 应使前、后视距离大致相等(误差在 3 m 之内)。

(3) 在已知高程点和待定高程点上不能放置尺垫。转点用尺垫时,应将水准尺置于尺垫半圆球的顶点上。

(4) 尺垫应踏入土中或置于坚固地面上,在观测过程中不得碰动仪器或尺垫,迁移测站时应保护前视尺不得移动。

(5) 水准尺必须扶直,不得前、后倾斜。

(6) 同一测站,圆水准器只能整平一次。

5. 实验结果与记录

要求每个小组交一份实验报告记录数据,要求填写完整表 2.2 内的相关信息,有多人观测时,将观测人名全部写上。

表 2.2　水准测量记录计算表

班级:＿＿＿＿＿,第＿＿＿＿＿组　　　　　　　　日期:＿＿＿＿年＿＿＿＿月＿＿＿＿日
观测者:＿＿＿＿＿＿＿＿＿　　　　　　　　记录者:＿＿＿＿＿＿＿＿＿＿＿

测站	测点	后视读数/m	前视读数/m	高差/m	高差改正数/mm	改正后高差/m	高程/m	备注
1	A							
	B							
2	B							
	C							
3	C							
	D							
4	D							
	E							
5	E							
	A							
总和	$\sum$							
检核								

6. 思考与讨论

(1) 水准测量时为何要前后视距大致相等?

(2) 记录计算时为何要满足 $\sum a - \sum b = \sum h$?如果不相等,说明存在什么问题?

(3) 在水准观测过程中,一旦发现中间转点有移动现象,应采取什么措施?怎样防止这类事故的发生?

2.3.3　实验三　水准仪的检验与校正

在实际工作中,往往不了解自己所使用的仪器的精度,也不知道仪器能否应用于生产。

本次实验主要让学生掌握水准仪的检验和校正方法。

1. 实验目的

(1) 了解微倾式水准仪各轴线间应满足的几何条件。

(2) 掌握微倾式水准仪检验与校正的方法。

(3) 要求检校后的 i 角不得超过 $20''$，其他条件检校到无明显偏差为止。

(4) 掌握自动安平水准仪的检验方法。

2. 实验仪器和工具

DS3 级水准仪 1 台，水准尺 2 根，校正针 1 根，螺丝刀 1 把。

3. 实验方法和步骤

1) 一般性检验

安置仪器后，首先检验：三脚架是否牢固，制动和微动螺旋、微倾螺旋、对光螺旋、脚螺旋等是否有效，望远镜成像是否清晰。

2) 圆水准器轴平行于仪器竖轴的检验与校正

检验：转动脚螺旋，使圆水准器气泡居中，将仪器绕竖轴旋转 180°，如果气泡仍居中，说明此条件满足，否则需要校正。

校正：用螺丝刀先稍旋松圆水准器底部中央的固定螺旋，再用校正针拨动圆水准器底部的三个校正螺丝，使气泡返回偏离量的一半，然后转动脚螺旋使气泡居中，如此反复检校，直到圆水准器转到任何位置时，气泡都在分划圈内为止。最后拧紧固定螺旋。

3) 十字丝横丝垂直于仪器竖轴的检验与校正

检验：用十字丝横丝一端瞄准一个明显的固定点状目标，转动微动螺旋，若目标点始终不离开横丝，说明此条件满足，否则需校正。

校正：旋下十字丝分划板护罩，用螺丝刀旋松分划板的三个固定螺丝，转动分划板座，使目标点与横丝重合。反复检验与校正，直到条件满足为止。最后将固定螺丝旋紧，并旋上护罩。

4) 视准轴平行于水准管轴的检验与校正

在平坦地面上(高差小于 2 m)选择相距 80~100 m 两点 A、B，要求两点稳定，高程不会变化。在两点上立水准尺，在距两点等距的中间架设水准仪，用两次仪器高的方法准确测量出两点间的高差，误差不大于 3 mm 时，取其平均值作为最后的正确高差，用 $h_1 = a_1 - b_1$ 计算高差。

再安置仪器于点 A 附近的 3 m 读取 A、B 两点的水准尺读数 a_2、b_2，应用公式 $h_2 = a_2 - b_2$ 计算高差。若 $h_2 = h_1$，则说明水准管轴平行于视准轴；若 h_2 与 h_1 不相等，应计算 i 角，当 $i > 20''$ 时需要校正。i 角的计算公式为

$$\Delta h = h_1 - h_2, \quad i = \frac{\Delta h}{S_{AB}} \cdot \rho \tag{2.4}$$

式中： ρ——弧度，$\rho = 206265''$；

S_{AB}——A、B 两点间的距离。

校正：转动微倾螺旋，使十字丝的中横丝对准点 B 尺立正确读数 b_2，这时水准管气泡必然不居中，用校正针拨动水准管一端上、下两个校正螺丝，使气泡居中。旋紧上下两个校正螺丝前，先稍微旋松左、右两个校正螺丝，校正完毕，再旋紧。反复检校，直到满足条件为止。

由于自动安平水准仪的内部构造复杂，若发现仪器的该项误差超限，则应送到专业维修部门校正。

4. 实验注意事项

（1）检校仪器时必须按上述的规定顺序进行，不能颠倒。

（2）校正用的工具要配套，校正针的粗细与校正螺丝的孔径要相适应。

（3）拨动校正螺丝时，应先松后紧，松紧适当。

（4）校正水准仪圆水准气泡时，三个校正螺旋最后要同时紧固，不能使圆水准管活动，防止在使用一段时间后，再发生偏移。同理校正管水准器时，也要上下两个校正螺丝相对紧固，不能在使用一段时间后发生偏移。

5. 实验结果与记录

请每个小组认真做好实验并把实验结果认真填入表 2.3 内。

表 2.3　水准仪的检验与校正记录表

班级：_____，第_____小组　　　　　　　　　日期：_____年_____月_____日

观测者：_____　　　　　　　　　记录者：_____

	检验过程与结果			校正过程与结果		
圆水准器的检验	圆水准器居中			圆水准器居中		
	转动180°后的结果	偏移不出圆圈		校正后转动180°后的结果	偏移	
		偏移出圆圈			不偏移	
十字丝分划板的检验	描点法	正常	偏斜	描点法	正常	偏斜
	挂垂球法	正常	偏斜	挂垂球法	正常	偏斜
i 角的检验	a_1	b_1	$h_1 = a_1 - b_1$	a_1	b_1	$h_1 = a_1 - b_1$
	a_2	b_2	$h_2 = a_2 - b_2$	a_2	b_2	$h_2 = a_2 - b_2$
	$\Delta h = h_1 - h_2$	$i = \dfrac{\Delta h}{S_{AB}} \cdot \rho$		$\Delta h = h_1 - h_2$	$i = \dfrac{\Delta h}{S_{AB}} \cdot \rho$	

6. 思考与讨论

（1）水准仪的主要轴系有哪些？它们之间应满足哪些几何条件？

（2）何为视准轴？何为水准轴？它们不平行所产生的夹角叫什么？为什么说该误差是水准仪的主要误差？

（3）自动安平水准仪没有水准轴，是否可以调整十字丝的上下位置来校正视准差？

2.3.4　实验四 DJ6 型光学经纬仪的使用

1. 实验目的和要求

（1）了解 DJ6 型经纬仪的基本构造及其主要部件的名称及作用。

（2）练习经纬仪对中、整平、瞄准与读数的方法，并掌握基本操作要领。

（3）要求垂球对中误差小于 3 mm，光学对点误差小于 1 mm。

（4）经纬仪整平误差不偏离水准管一格以上。

2. 实验仪器和工具

DJ6 型经纬仪 1 台，记录板 1 块，木桩，水泥钉。

3. 实验方法和步骤

1) 经纬仪的安置

(1) 在地面打一木桩,桩顶钉一小钉或画十字作为测站点,也可以在坚硬地面上钉一个水泥钉作为测站点。

(2) 经纬仪垂球对中:松开三脚架,安置经纬仪于测站上,使高度适当,架头大致水平。挂上垂球,移动三脚架,使垂球尖大致对准测站点,踩紧三脚架。打开仪器箱,双手握住仪器支架,将仪器取出,置于架头上。一手紧握支架,一手拧紧连接螺旋。

对中。稍微松开连接螺旋,两手扶住基座,在架头上平移仪器,使垂球尖端准确对准测站点,再拧紧连接螺旋。

整平。松开水平制动螺旋,转动照准部,使水准管平行于任意一对脚螺旋的连线,两手同时向内(或向外)转动这两只脚螺旋,使气泡居中。然后将仪器绕竖轴转动 $90°$,使水准管垂直于原来两脚螺旋的连线,转动第三只脚螺旋,使气泡居中。如此反复调试,直到仪器转到任何方向,气泡中心都不偏离水准管的零点一个格以上为止。

(3) 经纬仪光学对中:松开三脚架,安置经纬仪于测站上,使高度适当,架头大致水平。打开仪器箱,双手握住仪器支架,将仪器取出,置于架头上。一手紧握支架,一手拧紧连接螺旋。

移动三脚架,在光学对点器的目镜中找到地面点影像,并使之不偏离对点圆圈,踩紧三脚架。然后伸缩三脚架腿使圆气泡居中。

稍微松开连接螺旋,两手扶住基座,在架头上平移仪器,使光学对点器的目镜中的点准确对准测站点,再拧紧连接螺旋。

整平方法同经纬仪垂球对中的方法。注意整平后再次检查对中不能偏移,如偏移应再次调节对中。

2) 瞄准目标

(1) 将望远镜对向天空(或白色墙面),转动目镜使十字丝清晰。

(2) 用望远镜上的概略瞄准器瞄准目标,再从望远镜中观看,若目标位于视场内,可固定望远镜制动螺旋和水平制动螺旋。

(3) 转动物镜对光螺旋使目标影像清晰,再调节望远镜和照准部微动螺旋,用十字丝的纵丝平分目标(或将目标夹在双丝中间)。瞄准目标时尽可能瞄准其底部。

(4) 眼睛微微上下左右移动,若十字丝不动则无视差,否则应转动物镜对光螺旋或者目镜对光螺旋予以消除。

3) 读数

(1) 调节反光镜使读数窗亮度适当。

(2) 旋转读数显微镜的目镜,使度盘及分微尺的刻画清晰,并区别水平度盘与竖直度盘读数窗。

(3) 根据使用的仪器,用测微尺或单平板玻璃测微器读数,并记录。估读至 $0.1'$(即 $6''$ 的整倍数)。盘左(竖直度盘位于照准部左侧)瞄准目标,读出水平度盘读数。然后将望远镜纵转 $180°$,盘右(竖直度盘位于照准部右侧)再瞄准该目标读数,两次读数之差约为 $180°$,以此检核瞄准和读数是否正确。每人观测两个目标点。

4. 实验注意事项

(1) 选择地面测点时,测点直径要很小,不得超过 $3\ mm$,最好画上十字。

（2）垂球对中时,应该有一名同学在下面扶稳后松开手对中,不能使垂球摇摆。

（3）瞄准目标应选择很小的目标,例如,测针、避雷针、墙上的十字目标贴等,不能选择花杆、电线杆、灯杆等。

（4）读水平角数值时,要分清竖盘读数和水平盘读数,鉴别方法为:水平转动照准部如果读数变化则为水平度盘读数窗,反之为竖直度盘读数窗。

5. 实验结果与记录

每人观测两组数据,并记录于表 2.4 中。

表 2.4　DJ6 型光学经纬仪的使用

班级：_____,第_____小组　　　　　　　　　日期：_____年_____月_____日

观测者：_____　　　　　　　　　记录者：_____

测站	目标点	水平角读数		备注
		盘左读数 (°) (′) (″)	盘右读数 (°) (′) (″)	
O	A			
	B			

6. 思考与讨论

（1）经纬仪由哪几部分组成?

（2）说明以下旋钮的功能:

望远镜制动螺旋;物镜调焦螺旋;水平度盘变换手轮;水平微动螺旋;轴座固定螺旋。

（3）对中、整平的目的是什么?

2.3.5　实验五　测回法测量水平角

1. 实验目的和要求

（1）掌握测回法测量水平角的方法、记录及计算。

（2）每人对同一角度观测一测回,上、下半测回角值之差不得超过 ±40″,各测回角值相差不得大于 ±24″。

2. 实验仪器和工具

DJ6 型经纬仪 1 台,记录板 1 块,测伞 1 把。

3. 实验方法和步骤

1）安置经纬仪

按实验四的方法将经纬仪安置于测站上,对中、整平。

2）配置度盘

若共测 n 个测回,则第 i 个测回的度盘位置为略大于 $(i-1) \times 180/n$。

经纬仪的度盘配制方法:先瞄准 A 目标,转动度盘变换手轮,使水平度盘读数稍大于零。关闭度盘变换器盖或者轻轻按下度盘变换手轮上的小扳把,使手轮弹起。若只测一个测回,则可不配置度盘。

3）一个测回的观测

盘左:瞄准左目标 A,读取水平度盘的读数 a_1,顺时针方向转动照准部,瞄准右目标 B,读取水平度盘的读数 b_1,计算上半测回角值:

$$\beta_左 = a_1 - b_1 \tag{2.5}$$

盘右:瞄准右目标 B,读取水平度盘读数 b_2,逆时针方向转动照准部,瞄准左目标 A,读取水平度盘的读数 a_2,计算下半测回角值:

$$\beta_右 = b_2 - a_2 \tag{2.6}$$

检查上、下半测回角值互差是否超限,若在 $\pm 40''$ 范围内,则观测合格,计算一测回角值为

$$\beta = \frac{1}{2}(\beta_左 + \beta_右) \tag{2.7}$$

4)测站检核

一个测站多个测回观测完毕后,检查各测回角互差不超过 $\pm 24''$,就可以计算各测回的平均角值。

要求每个小组至少观测水平角两个测站以上。

4. 实验注意事项

(1)完成半个测回后,不能重新归零。

(2)观测过程中,发现水准管气泡偏移,若气泡在两个格子内,可以继续操作。如偏移两个格以上,则应整平对中后重新观测。

(3)测回法只适应三个以下方向,超出三个方向应采用方向观测法。

(4)观测过程中,如发现读盘数字不变时,应检查度盘变换手轮是否弹起或者检查连接螺旋是否松动。

5. 实验结果与记录

每个小组上交一组测量数据,要求真实完整准确地填写表 2.5。

表 2.5 测回法测量水平角记录表

班级:_____,第_____小组　　　　　　　　　日期:_____年_____月_____日

观测者:_____　　　　　　　　　　记录者:_____

测站	盘位	目标	水平度盘读数 (°)(′)(″)	半测回角值 (°)(′)(″)	一测回角值 (°)(′)(″)	各测回平均值 (°)(′)(″)

6. 思考与讨论

(1)用盘左盘右两个盘位观测水平角能消除哪些误差?

(2)如果盘左观测值和盘右观测值不是相差 $180°$,说明存在哪两项误差?

(3)为什么在盘右观测时要顺时针方向转动照准部,而盘右观测时要逆时针方向转动照准部?

2.3.6　实验六　方向观测法测量水平角

1. 实验目的和要求

（1）掌握方向法观测水平角的方法、记录及计算。

（2）观测两个测回，半测回归零差不得超过±18″，各测回方向值互差不得超过±24″。

2. 实验仪器和工具

经纬仪 1 台，记录板 1 块，测伞 1 把。

3. 实验方法和步骤

1）安置经纬仪

在测站点 O 安置仪器，对中、整平后，选定 A、B、C、D 四个目标。

2）盘左观测水平角

盘左瞄准起始目标 A，并使水平度盘读数略大于零，读数并记录。然后顺时针方向转动照准部，依次瞄准 B、C、D、A 各目标，分别读取水平度盘读数并记录，检查归零差是否超限。

3）盘右观测水平角

纵转望远镜，盘右逆时针方向依次瞄准 A、D、C、B、A 各目标，分别读取水平度盘读数并记录，检查归零差是否超限。

4）计算

同一方向两倍视准误差 $2C$ 为盘左读数－盘右读数±180°；各方向的平均读数为 1/2（盘左读数＋盘右读数±180°）；将各方向的平均读数减去起始方向的平均读数，即得各方向的归零方向值。

5）多个测回观测

同样方法观测第二测回或更多个测回，起始方向的度盘读数置于 $(i-1)×180/n$ 附近。各测回同一方向归零方向值的互差不超过±24″，取其平均值，作为该方向的结果。

4. 实验注意事项

（1）应选择远近适中，易于瞄准的清晰目标作为起始方向。

（2）如果方向数少于 3 个，则可以不归零。

（3）记录时，注意盘左 A、B、C、D、A，盘右 A、D、C、B、A 的顺序。

5. 实验结果与记录

每个小组完成一套观测数据，观测合格后请将观测数据整理好填入表 2.6 中。

表 2.6　方向观测法观测水平角记录表

班级：_____，第_____小组　　　　　　　　日期：_____年_____月_____日

观测者：_____　　　　　　　　　记录者：_____

测回	测站	目标	水平角读数		$2C=$左－右±180°	平均读数=1/2（左＋右±180°）	归零后方向值	测回平均方向值
			盘左 (°) (′) (″)	盘右 (°) (′) (″)	(″)	(°) (′) (″)	(°) (′) (″)	(°) (′) (″)
1	O	A						
		B						
		C						
		D						
		A						

续表

测回	测站	目标	水平角读数		2C=左－右±180	平均读数=1/2（左＋右±180°）	归零后方向值	测回平均方向值
			盘左 (°)(′)(″)	盘右 (°)(′)(″)	(″)	(°)(′)(″)	(°)(′)(″)	(°)(′)(″)
2	O	A						
		B						
		C						
		D						
		A						

6. 思考与讨论

(1) 观测水平角上半测回完成后,是否需要将水平度盘重新置零? 为什么?

(2) 方向观测法观测水平角时,起始点需要观测四个数据,应该以哪个数据为准? 怎样计算?

2.3.7 实验七 竖直角测量与竖盘指标差的检验

1. 实验目的和要求

(1) 掌握竖直角观测、记录及计算的方法。

(2) 了解竖盘指标差的计算方法。

(3) 同一组所测得的各测回竖盘指标差互差应小于±25″。

2. 实验仪器和工具

DJ6 型经纬仪 1 台,记录板 1 块,测伞 1 把。

3. 实验方法和步骤

1) 安置经纬仪

按实验四的方法,在测站点 O 上安置仪器,对中、整平后,选定 A、B 两个目标。

2) 确定竖直角的计算公式

先观察一下竖盘注记形式并写出竖直角的计算公式:盘左将望远镜大致放平,观察竖盘读数,然后将望远镜慢慢上仰,观察读数变化情况,若读数减小,则竖直角等于视线水平时的读数减去瞄准目标时的读数,即

$$\alpha_L = 90° - L, \quad \alpha_R = R - 270° \tag{2.8}$$

反之,则相反,即

$$\alpha_L = L - 90°, \quad \alpha_R = 270° - R \tag{2.9}$$

3) 竖直角观测

盘左,用十字丝中横丝切于 A 目标顶端,转动竖盘指标水准管微动螺旋,使竖盘指标水准管气泡居中(带有竖盘指标补偿装置的经纬仪可省略此项操作),读取竖盘读数 L,记入手簿并算出竖直角 α_L;盘右,同法观测 A 目标,读取盘右读数 R,记录并算出竖直角 α_R。

4) 竖盘指标差计算

$$x = \frac{1}{2}(\alpha_R - \alpha_L) = \frac{1}{2}(L + R - 360°) \tag{2.10}$$

5）计算竖直角

竖直角平均值

$$\alpha = \frac{1}{2}(\alpha_L + \alpha_R) \quad \text{或者} \quad \alpha = \frac{1}{2}(R - L - 180°) \tag{2.11}$$

同法测定 B 目标的竖直角并计算出竖盘指标差。检查指标差的互差是否超限(±25″)。

4. 实验注意事项

（1）盘左盘右瞄准目标时,应用十字丝横丝瞄准目标同一位置。

（2）有指标水准管的经纬仪,每次读数前都应该调整使竖盘指标水准管居中。

（3）有竖盘指标补偿装置的经纬仪,每次读数前都应该打开竖盘指标补偿锁,将其置于 ON 位。

（4）计算竖直角和指标差时要注意正、负号。

5. 实验结果及记录

每人测两个目标点,将成果填入表 2.7 中。

表 2.7　竖直角观测记录表

班级：_____,第_____小组　　　　　　　　　　日期：_____年_____月_____日

观测者：_____　　　　　　　　　　　　记录者：_____

测站	目标	竖直度盘位置	竖直角读数 (°) (′) (″)	半测回竖直角 (°) (′) (″)	指标差 (″)	一测回竖直角 (°) (′) (″)

6. 思考与讨论

（1）请简单描述一下竖直角的作用？

（2）水平度盘和照准部望远镜的关系与竖直度盘和望远镜的关系两者之间有何不同？

（3）竖盘指标补偿装置也存在指标差,调整视准轴是否可以减弱或消除指标差？

（4）用盘左、盘右两个盘位观测竖直角,取平均值,是否可以减弱或消除指标差？

2.3.8　实验八　光学经纬仪的检验与校正

1. 实验目的和要求

（1）掌握 DJ6 型经纬仪的主要轴线之间应满足的几何条件。

（2）熟悉 DJ6 型经纬仪的检验与校正。

2. 实验仪器和工具

DJ6 型经纬仪 1 台,校正针 1 根,螺丝刀 1 把,记录板 1 块,测伞 1 把。

3. 实验方法与步骤

1）一般性检验

安置仪器后,首先检验：三脚架是否牢固,架腿伸缩是否灵活,各种制动螺旋、微动螺旋、对光螺旋以及脚螺旋是否有效灵敏,望远镜及读数显微镜成像是否清晰。

2）照准部水准管轴垂直于仪器竖轴的检验与校正

检验：将仪器大致整平，转动照准部使水准管平行于一对脚螺旋连线，转动该对脚螺旋使气泡严格居中；将照准部旋转 180°。若气泡仍居中，说明条件满足，否则需校正。

校正：用校正针拨动水准管一端的上、下两个校正螺丝，使气泡退回偏离量的一半，再转动脚螺旋使气泡居中。如此反复检校，直到水准管在任何位置时气泡偏离量部不超过半格为止。

3）十字丝竖丝垂直于仪器横轴的检验与校正

检验：用十字丝上端或下端瞄准一个清晰的点状目标 P，转动望远镜微倾螺旋，若目标点始终不离开竖丝，该条件满足，否则需校正。

校正：旋下目镜端分划板护盖，松开 4 个压环螺丝，转动十字丝分划板座，使竖丝与目标点重合。反复检校，直到该条件满足为止。校正完毕，应旋紧压环螺丝，并旋上护盖。

4）光学对点器的检验校正

经纬仪整平对中后，光学对点器中心已经瞄准地面测站点，转动经纬仪照准部，如果中心点一直对准地面点，则说明光学对点器的正确。如果偏离，则需要矫正（地面点不能偏出对点器中的小圈），矫正工作一般需要由专业部门完成。

5）视准轴垂直于横轴的检验与校正

检验：在点 O 安置经纬仪，从该点向两侧量取 30～50 m，定出等距离的 A、B 两点。在点 A 立标杆（或放置一个目标标志点），在点 B 横置一根有毫米刻画的钢尺，尺身与 AB 方向垂直并与仪器大致同高。盘左瞄准 A 目标，固定照准部，纵转望远镜在尺上定出点 B_1；盘右同法定出点 B_2。若点 B_1、B_2 重合，该条件满足。如果不重合，应用下式进行计算：

$$c = \frac{|OB_2 - OB_1|}{4D}\rho \qquad (2.12)$$

若 $c \leqslant 1'$ 可不做调整，否则需要校正。

校正：先在点 B 所在的尺上定出一点 B_3，使 $OB_3 = \frac{1}{4}B_1B_2$，用校正针拨动十字丝左、右两个校正螺丝，一松一紧，使十字丝交点与点 B_3 重合。反复检校，直到 $B_1B_2 \leqslant 20$ mm 为止。

6）横轴垂直于仪器竖轴的检验与校正

检验：在距建筑物约 30 m 处安置仪器，盘左瞄准墙上一高处标志点 P，观测并计算出竖直角 α，再将望远镜大致放平，将十字丝交点投在墙上定出点 P_1；纵转望远镜，盘右同法又在墙上定出点 P_2，若 P_1、P_2 重合，该条件满足。否则，按下式计算出横轴误差：

$$i = \frac{P_1P_2\cot\alpha}{2D}\rho \qquad (2.13)$$

当 $i > 20''$ 时，则需校正。

校正：使十字丝交点瞄准 P_1P_2 的中点 P_m，固定照准部；向上转动望远镜至点 P 附近，这时十字丝交点必然偏离点 P。调整横轴的校正螺丝使横轴的一端升高或降低，直到十字丝交点瞄准点 P 为止。反复检校，直到 i 角小于 $20''$ 为止。

4. 实验注意事项

（1）必须按实验步骤进行检验、校正，顺序不能颠倒。

（2）由于工程使用的经纬仪必经专业计量单位检验校正，发给检验证明后才能使用，所以，发现问题不建议自己校正。

（3）第 4）、6）项校正因需要打开仪器盖板，故该两项校正应由专业维修人员进行，学生不得自行拆卸仪器。

（4）学生在实验过程中如发现误差超限，应及时通知指导教师或实验室工作人员，学生应在教师的指导下校正仪器。

5. 实验结果与记录

每个小组提交一组数据成果，准确完整真实地填写表 2.8。

表 2.8　经纬仪检验校正记录表

班级：＿＿＿＿＿，第＿＿＿＿小组　　　　　　　　　　日期：＿＿＿＿＿年＿＿＿＿月＿＿＿＿日
观测者：＿＿＿＿＿＿＿＿＿　　　　　　　　　　　　记录者：＿＿＿＿＿＿＿＿＿＿＿＿＿＿

一般性检查	水平制动与微动螺旋＿＿＿＿，望远镜制动与微动螺旋＿＿＿＿，脚螺旋＿＿＿＿，三脚架＿＿＿＿，光学对点器＿＿＿＿				
照准部水准管 检验校正	检验次数	1	2	3	4
	气泡偏离				
十字丝的检验 与校正	检验次数	1	2	3	4
	偏离情况				
视准轴的检验 与校正	第一次检验	$OB_1=$	$OB_2=$	$B_1B_2=$	$C=$
	第二次检验	$OB_1=$	$OB_2=$	$B_1B_2=$	$C=$
	校正情况				
横轴垂直于竖轴 的检验与校正	第一次检验	$D=$	$P_1P_2=$	$\alpha=$	$i=$
	第二次检验	$D=$	$P_1P_2=$	$\alpha=$	$i=$
辅助计算	$i=\dfrac{P_1P_2\cot\alpha}{2D}\rho=$		$c=\dfrac{\lvert OB_2-OB_1\rvert}{4D}\rho=$		

6. 思考与讨论

（1）经纬仪主要有哪些轴线？它们之间应满足什么几何条件？

（2）将照准部使水准管气泡严格居中后，再照准部旋转 180°。发现气泡偏移两个格，为什么要用校正螺丝调整一半？

2.3.9　实验九　电子经纬仪的认识与使用

1. 实验目的与要求

（1）了解电子经纬仪的构造与性能。

（2）熟悉电子经纬仪的使用方法。

2. 实验仪器与工具

电子经纬仪 1 台，配套脚架 1 个，标杆 2 根，记录板 1 块，测伞 1 把。

3. 实验方法与步骤

1）电子经纬仪的认识

电子经纬仪与光学经纬仪一样，也由照准部、基座、水平度盘等部分组成，所不同的是，电子经纬仪采用编码度盘或光栅度盘，读数方式为电子显示。电子经纬仪有功能操作键及电源，还配有数据通信接口，可与测距仪组成电子速测仪。电子经纬仪有许多型号，其外形、体积、重量、性能各不相同。

2）电子经纬仪的使用

（1）在场地上选择一点 O，作为测站，另外选择两个目标点 A、B，在点 A、B 上竖立标杆或放置测量标志点。

（2）将电子经纬仪安置于点 O，对中、整平。方法同光学经纬仪。

（3）打开电源开关，进行自检，纵转望远镜，设置竖直度盘指标。

（4）用盘左瞄准左目标 A，按零键，使水平度盘读数显示为 $0°0'00''$，顺时针方向旋转照准部，瞄准右目标 B，读取显示读数。

（5）同样方法可以进行盘右观测。

（6）如果测竖直角，可在读取水平度盘的同时读取竖盘的显示读数。

4. 实验注意事项

（1）光学对中误差应小于 1 mm，整平误差应小于 1 格，同一角度各测回互差应小于 $24''$。

（2）装卸电池时必须关闭电源开关。

（3）观测前应先进行有关初始设置。

（4）迁站时应关机。

5. 实验结果与记录格式

见光学经纬仪实验相关内容。

2.3.10 实验十 视距测量

1. 实验目的和要求

（1）用视距测量方法测定地面两点间的水平距离和高差。

（2）要求测量两点间水平距离的相对误差不大于 1/300，高差之差应不大于 5 cm。

2. 实验仪器和工具

经纬仪 1 台，视距尺 1 把，木桩 2 个，测伞 1 把，记录板 1 块，钢卷尺 1 把。

3. 实验方法和步骤

1）选点

在地面任意选择一点 A，打一木桩或布置一个标志点；在相距点 A 50～100 m 选点 B、C 两点。

2）安置仪器

安置仪器于点 A，用钢卷尺量出仪器高 i（自桩顶量至仪器横轴，精确到厘米），在点 B、C 两点竖立视距尺。

3）视距测量

盘左，用中横丝对准点 B 视距尺上仪器高 i 附近，再使上丝对准尺上整分米处，设读数为 b。然后读取下丝读数 a（精确到毫米）并记录，立即算出视距间隔 $l=a-b$；同样方法求出点 C 的视距间隔。

4）竖直角测量

转动望远镜微动螺旋使中横丝对准视距尺上的仪器高 i 处；转动竖盘指标水准管微动螺旋，使竖盘指标水准管气泡居中（带有竖盘指标补偿装置的经纬仪可省略此项操作），读竖盘读数并记录，同时计算出竖直角 α。

5）高差及水平距离计算

用视距间隔平均值 l 和竖直角 α，计算点 A、B 两点，点 A、C 两点的水平距离和高差。

水平距离：

$$D = kl\cos^2\alpha \quad （取至 0.1 \text{ m}）\tag{2.14}$$

高差：

$$h_{AB} = D\tan\alpha + i - v = \frac{1}{2}kl\sin2\alpha + i - v \quad （取至 0.01\ m） \tag{2.15}$$

式中：　i——仪器高；

　　　　v——中丝读数。

6）重复观测

另选一地面点 O，将仪器安置于点 O，重新架设仪器并量取仪器高 i，由另一观测者按上述程序观测点 B、C 两点的视距读数和竖直角，计算出水平距离和高差。检查两点间的水平距离和高差是否超限。

4. 实验注意事项

（1）由于竖直角有正负之分，所以在计算高差时要注意高差的符号。

（2）测量视距尺距离时，可以使下丝对准正分米处，直接读出距离，不必读出上下丝。

（3）使用仪器前应检查仪器的视距常数 k 值，不等于 100 时，应加以改正。

（4）竖直角读数可以读至分米值。

（5）为防止大气折射光影响，中丝读数最好高于地面 1 m 以上。

5. 实验结果与记录

每个小组提交一组数据成果，准确完整真实填写表 2.9。

表 2.9　视距测量观测手簿

班级：_____，第_____小组　　　　　　　　　日期：_____年_____月_____日

观测者：_____　　　　　　　　　　　　　　　记录者：_____

测站点	目标点	水准尺读数			视距间隔 l	竖盘读数	竖直角 α	水平距离	仪器高	高差	测站高程	目标点高程
		上	中	下								
辅助计算	$D=kl\cos^2\alpha$,　$h_{AB}=D\tan\alpha+i-v=\frac{1}{2}kl\sin2\alpha+i-v$											

6. 思考与讨论

（1）在视距测量时，常使视距中丝 v 等于仪器高 i，为什么？

（2）视距测量的精度通常能达到多少？能不能用视距测量代替钢尺量距。

（3）如果用视距测量进行两点间往返测量，需不需要加地球曲率和大气改正？需要的话，写出改正公式。

2.3.11　实验十一　测设水平角与水平距离

1. 实验目的和要求

（1）练习用精确法测设已知水平角，要求角度误差不超过 $\pm40''$。

（2）练习测设已知水平距离，测设精度要求相对误差不应低于 1/5000。

（3）该项实验可以设定为教师演示实验，在建筑工程测量实物课程中演示。

2. 实验仪器和工具

经纬仪 1 台，钢尺 1 把，木桩 2 个，测钎 6 个，测伞 1 把，记录板 1 块。

3. 实验方法和步骤

1）确定已知点和待定点坐标

由教师给定两个已知点 A、B 坐标和一个待设定点 P 坐标。

2）计算放样要素

根据水平角 β 和水平距离 D 的公式来计算。

3）测设水平角值为 β 的水平角

（1）在地面已选定的点 A、B 两点中的点 B 上安置经纬仪，瞄准后视点 A 作为已知方向，并使水平度盘读数为 $0°0'00''$。

（2）顺时针方向转动照准部，使度盘读数为 β，在此方向打桩点为点 P，在桩顶标出视线方向和点 P 的点位，并量出 BP 距离。用测回法观测 $\angle ABP$ 两个测回，取其平均值为水平角 β_1。

（3）计算改正数：将观测所得角值与原计算的角值进行比较，计算出 $\Delta\beta=\beta-\beta_1$。再根据下式计算改正数：

$$PP_1 = \frac{D_{BP}}{\rho''} \cdot \Delta\beta' \tag{2.16}$$

过点 P 作 BP 的垂线，沿垂线向外（$\beta>\beta_1$）或向内（$\beta<\beta_1$）量取 PP_1 定出点 P，则 $\angle ABP$ 即为要测设的水平角。再次检测改正，直到满足精度要求为止。

4）测设长度为 D 的水平距离

利用测设水平角的桩点，沿 BP 方向测设水平距离为 D 的线段 BP。

（1）安置经纬仪于点 B，用钢尺沿 BP 方向量长度 D，并钉出各尺段桩，用检定过的钢尺按精密量距的方法往返测定距离，并记下丈量时的温度（估读至 $0.5℃$）。

（2）用水准仪往返测量各桩顶间的高差，两次测得高差之差不超过 10 mm 时，取其平均值作为成果。

（3）将往返测得的距离分别加尺长、温度和倾斜改正后，取其平均值为 D'，与要测设的长度 D 相比较，求出改正数 $\Delta D=D-D'$。

（4）若 ΔD 为负，则应由点 P 向点 B 改正；若 ΔD 为正，则以相反的方向改正。最后再检测 BP 的距离，它与设计的距离之差的相对误差不得低于 $1/5000$。

上述距离的测设方法可以采用全站仪测量完成。

4. 实验结果与记录

由于该实验为演示实验，实验教师可以按要求自定。

2.3.12 实验十二 全站仪的认识和使用

1. 实验目的和要求

（1）了解全站仪的构造。

（2）熟悉全站仪的操作界面及作用。

（3）掌握全站仪的基本使用方法。

2. 实验仪器和工具

全站仪 1 台，棱镜 1 块，测伞 1 把，自备 2H 铅笔和记录本。

3. 实验方法和步骤

1）全站仪的认识

全站仪由照准部、基座、水平度盘等部分组成，采用编码度盘或光栅度盘，读数方式为电子显示。有功能操作键及电源，还配有数据通信接口。全站仪的功能键比较复杂，它不仅能测角度，还能测距离，并能显示坐标，以及一些更复杂的数据。

首先应通过说明书，全面了解全站仪的各个旋钮的功能和基本构造及使用方法。

2）电池的安装（注意：测量前电池需充足电）

（1）把电池盒底部的导块插入装电池的导孔。

（2）按电池盒的顶部直至听到"咔嚓"响声。

（3）向下按解锁钮，取出电池。

3）仪器的安置

（1）在实验场地选择一点 O，作为测站，另外两点 A、B 作为观测点。

（2）将全站仪安置于点 O，对中、整平。

（3）在点 A、B 两点分别安置棱镜。

4）竖直度盘和水平度盘指标的设置

（1）竖直度盘指标设置。松开竖直度盘制动钮，将望远镜纵转一周（望远镜处于盘左，当物镜穿过水平面时），竖直度盘指标即已设置。随即听见一声鸣响，并显示出竖直角。

（2）水平度盘指标设置。松开水平制动螺旋，旋转照准部 360°（当照准部水准器经过水平度盘安置圈上的标记时），水平度盘指标即已设置。随即听见一声鸣响，同时显示水平角 α_H。至此，竖直度盘和水平度盘指标已设置完成。注意：每当打开仪器电源时，必须重新设置 α_H 和 α_V 的指标。

5）调焦与照准目标

操作步骤与一般经纬仪相同，注意消除视差。

6）角度测量

（1）首先从显示屏上确定是否处于角度测量模式，如果不是则按操作键，将其转换为角度模式。

（2）盘左瞄准左目标 A，按置零键，使水平度盘读数显示为 $00°00'00''$，顺时针旋转照准部，瞄准右目标 B，读取显示读数。

（3）同样方法可以进行盘右观测。

（4）如要测竖直角，可在读取水平度盘的同时读取竖盘的显示读数。

7）距离测量

（1）从显示屏上确定是否处于距离测量模式，如果不是，则按操作键，将其转换为距离模式。

（2）照准棱镜中心，这时显示屏上能显示箭头前进的动画，前进结束则完成测量，得出距离，D_H 为水平距离，D_V 为垂直距离。

8）坐标测量

（1）从显示屏上确定是否处于坐标测量模式，如果不是，则按操作键，将其转换为坐标测量模式。

（2）输入本站点 O 及后视点坐标，以及仪器高、棱镜高等数据。

（3）瞄准棱镜中心，这时显示屏上能显示箭头前进的动画，前进结束则完成坐标测量，得出点的坐标值。

4. 实验注意事项

（1）从显示屏上确定是否处于坐标测量模式，如果不是，则按操作键，将其转换为坐标模式。

（2）近距离将仪器和脚架一起搬动，应保持仪器竖直向上。

（3）在测量过程中，若拔出插头，则可能丢失数据。拔出插头之前应先关机。换电池前必须关机。

5. 实验成果及记录

每个小组提交一组数据,要求每个小组测量 4 个点,将数据填入表 2.10。

表 2.10　全站仪测量记录表

班级:_____,第_____小组　　　　　　　　日期:_____年_____月_____日

观测者:_____　　　　　　　记录者:_____

测站点高程_____　　　　仪器高_____　　　　棱镜高_____

测站	目标	盘位	水平角观测		竖直角观测	距离高差测量			坐标测量		
			水平度盘读数	方向角值		斜距	平距	高程	X	Y	Z

第3章 力 学 实 验

材料力学实验是"材料力学"课程的一个重要部分,课程中的结论与定律,以及材料的力学性能都是通过实验加以验证或测定的,还有一些理论难以解决或无法解决的复杂问题也是通过实验来解决的,因此材料力学实验是工程专业学生应该了解和掌握的基本知识与基本技能。

1. 实验内容

材料力学实验,就其目的而言,可分为三类。

(1) 测定材料力学性能的实验。例如,材料的强度、刚度、韧度、硬度等特性是通过拉伸、压缩、扭转等实验加以测定的。

(2) 验证理论的实验。研究材料力学问题时,通常是根据实验所观察到的现象,加以简化假设,然后进行理论分析。而所得结论的正确性则必须通过实验验证,例如梁的实验等属于这类实验。

(3) 应力分析实验。工程上很多实际问题的情况比较复杂,当理论计算遇到困难时,可通过实验方法来解决应力分所问题。

2. 实验方法

1) 实验前的准备工作

首先要明确实验目的、原理和步骤以及操作规程,对实验小组成员加以明确分工,一般分为记录者、载荷测读者与变形测读者,实验机操作者(其中记录者为整个实验过程的总指挥),实验前应检查与调整实验机与仪表,然后安装试样,最后必须经过指导教师检查认可,方能进行实验。

2) 进行实验

在进行实验前最好先试加载荷,观察各种机器、仪表运行是否正常,然后再正式加载并测定和记录数据。实验完毕,要检查数据是否齐全,并清理设备,仪器归放原处。

3) 书写实验报告

实验报告是实验结果的总结,一般应包括下列内容。

(1) 实验名称、日期,实验者与小组成员姓名。

(2) 实验目的及实验器材。

(2) 实验步骤记录与实验数据的处理。将实验过程中所测定的数据记录在报告上,并注明有关的测量单位和放大倍数;当对同一个量作多次测量时,应取其算术平均值。

4) 计算

计算时用计算尺或计算器计算即已足够精确,一般选2位有效数字。有关计算公式应列出。

5) 实验曲线的绘制

对实验结果一般还需用图表或曲线表示。曲线应画在方格线上,并注明坐标轴所代表的物理量和比例尺。在绘制曲线时,不要用直线逐点连成折线,而应适当地连成光滑曲线。

3.1　拉　伸　实　验

3.1.1　实验目的

（1）测定低碳钢拉伸时的力学性能（σ_s、σ_b、δ、ψ）。
（2）测定铸铁拉伸时的抗拉强度 σ_b。
（3）观察低碳钢拉伸时的屈服现象。
（4）分析各试样断口情况和破坏原因。
（5）了解万能实验机的构造原理。
（6）进行万能实验机的操作练习、学习操作规程和安全注意事项。

3.1.2　实验原理

（1）金属材料拉伸实验常用的试样形状如图 3.1 所示。图中工作段长度 l 称为标距，试样的拉伸变形量一般由这一段的变形来测定，两端较粗部分是为了便于装入实验机的夹头内而设置的。

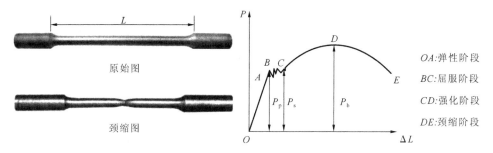

图 3.1　低碳钢拉伸图

为了使实验测得的结果可以互相比较，试样必须按国家标准做成标准试样，即 $L=5d$ 或 $L=10d$。

对于一般板的材料拉伸实验，也应按国家标准做成矩形截面试样。其截面面积和试样标距关系为 $L=11.3\sqrt{A}$ 或 $L=5.65\sqrt{A}$，A 为标距段内的截面积。

（2）为了检验低碳钢拉伸时的力学性能，应使试样轴向受拉直至断裂，在拉伸过程中以及试样断裂后，测读出必要的特征数据（如：屈服载荷 P_s、最大载荷 P_b、断后标距部分长度 L_1、断后最细部分截面直径 d_1）经过计算，便可得到表示材料力学性能的指标：屈服强度 σ_s、抗拉强度 σ_b、伸长率 δ 和断面收缩率 ψ。由此可计算

$$\left.\begin{array}{l}\text{屈服强度：}\sigma_s=\dfrac{P_s}{A_0}\\[2mm]\text{抗拉强度：}\sigma_b=\dfrac{P_b}{A_0}\end{array}\right\} \tag{3.1}$$

$$\left.\begin{array}{l}\text{伸长率：}\delta=\dfrac{L_1-L_0}{L_0}\times100\%\\[2mm]\text{断面收缩率：}\psi=\dfrac{A_0-A_1}{A_0}\times100\%\end{array}\right\} \tag{3.2}$$

① 屈服强度 σ_s 及抗拉强度 σ_b 的测定。

弹性阶段过后,当到达屈服阶段时,低碳钢的 $P\text{-}\Delta L$ 曲线(见图 3.1)呈锯齿形。与最高载荷 P_p 对应的应力称为上屈服点,它受变形速度和试样形状的影响,一般不作为强度指标。同样,载荷首次下降的最低点(初始瞬时效应)也不作为强度指标。一般将初始瞬时效应以后的最低载荷 P_s 除以试样的初始横截面面积 A_0,作为屈服强度 σ_s,即

$$\sigma_s = \frac{P_s}{A_0}$$

屈服阶段过后,进入强化阶段,试样又恢复了抵抗继续变形的能力,强化后的材料就产生了残余应变,卸载后再重新加载,具有和原材料不同的性质,材料的强度提高了。但是断裂后的残余变形比原来降低了。这种常温下经塑性变形后,材料强度提高,塑性降低的现象称为冷作硬化。载荷到达最大值 P_b 时,试样某一局部的截面明显缩小,出现"颈缩"现象,试样即将被拉断。以试样的初始横截面面积 A_0 除 P_b 得抗拉强度 σ_b,即

$$\sigma_b = \frac{P_b}{A_0}$$

② 伸长率 δ 及断面收缩率 ψ 的测定。

试样的标距原长为 L_0,拉断后将两段试样紧密地对接在一起,量出拉断后的标距长为 L_1,断后伸长率 δ 应为

$$\delta = \frac{L_1 - L_0}{L_0} \times 100\% \tag{3.3}$$

断口附近塑性变形最大,所以 L_1 的量取与断口的部位有关。对于塑性材料,断裂前变形集中在紧缩处,该部分变形最大,距离断口位置越远,变形越小,即断裂位置对伸长率是有影响的。为了便于比较,规定断口在标距中央三分之一范围内测出的伸长率为测量标准。如断口不在此范围内,则需进行折算,也称断口移中。具体方法如下:以断口 O 为起点,在长度上取基本等于短段格数得到点 B,当长段所剩格数为偶数时(见图 3.2b),则由所剩格数的一半得到点 C,取 BC 段长度将其移至短段边,则得断口移中得标距长,其计算式为

$$L_1 = \overline{AB} + 2\,\overline{BC}$$

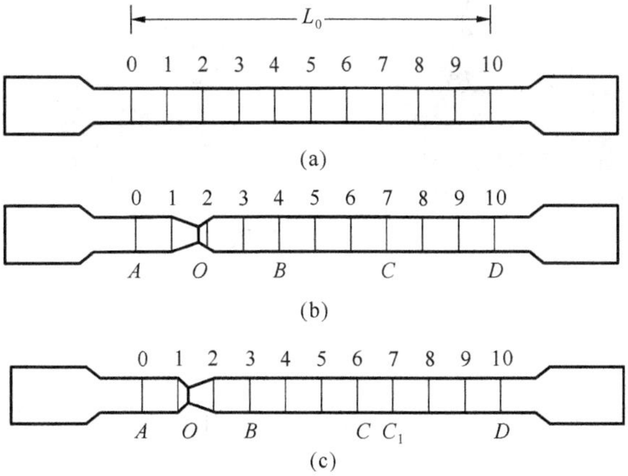

图 3.2 断口移中示意图

如果长段取点 B 后所剩格数为奇数(见图 3.2c),则取所剩格数加二分之一格得点 C_1 和减二分之一格得点 C,移中后标距长为

$$L_1 = \overline{AB} + 2\,\overline{BC_1} + \overline{BC}$$

将计算所得的 L_1 代入式中,可求得折算后的伸长率 δ。

试样拉断后,设颈缩处的最小横截面面积为 A_1,由于断口不是规则的圆形,应在两个相互垂直的方向上量取最小截面的直径,以其平均值计算 A_1,然后按下式计算断面收缩率,即

$$\psi = \frac{A_0 - A_1}{A_0} \times 100\% \tag{3.4}$$

(3)铸铁属脆性材料,轴向拉伸时,在变形很小的情况下就断裂(见图 3.3),故一般测定其抗拉强度 σ_b。

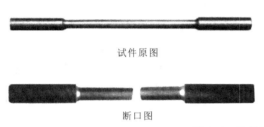

试件原图

断口图

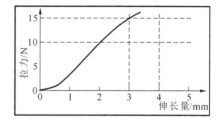

图 3.3　铸铁拉伸图

3.1.3　实验器材

(1)万能实验机(见图 3.4)。

(2)游标卡尺。

(3)标点机。

图 3.4　万能实验机

3.1.4　实验步骤

1.低碳钢拉伸实验

(1)用标点机在试件拉伸工作段打出标点记号,用游标卡尺量取在标距范围内的截面直径和标距值。并将其分成 10 格(见图 3.5),以便观察标距范围内沿轴向的变形情况。

(2)选择摆锤,确定测力度盘。

(3)开动机器,打开送油阀使工作台上升 5~10 mm 停机。将指针调到零位并使从动针与主动针重合。

(4)在绘图仪上装好纸和笔。

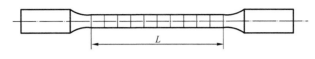

图 3.5 试样划线

（5）将试样装在上、下夹头之间夹紧。

（6）开动机器，缓慢均匀加载并观察所发生的现象。

① 当主动针停滞不前或出现倒退时材料即屈服，屈服阶段中主动针回转的最小值即为屈服载荷 P_s。

② 屈服阶段结束，强化阶段开始，这时需要继续加大拉力使试样继续变形。

③ 当载荷到达最大值时，主动针再次出现停滞不前并开始倒退，注意观察颈缩现象，记下最大载荷值即极限载荷 P_b。

（7）关机，取下试样，测量拉断后的标距长度 L 及断口处的最小直径 d。

2. 铸铁拉伸实验

铸铁属脆性材料，拉伸时在变形很小的情况下会突然发生断裂，实验时只需记录最大载荷 P_b 即可求得强度极限 σ_b，方法同前。

3. 注意事项

（1）实验过程中碎片可能飞溅，为避免发生事故，请勿靠近主机面对试样。

（2）实验结束时，将活塞降低到最低位置。

3.1.5 实验数据

表 3.1 所示为拉伸实验记录表。

表 3.1 低碳钢拉伸实验

试件尺寸		试件形状图
实验前	标距 $L_0 =$ 　　　　 mm	
	平均直径 $d_0 =$ 　　　 mm	
	截面积 $A_0 =$ 　　　 mm²	
实验记录	屈服载荷 $P_s =$ 　　 kN 极限载荷 $P_b =$ 　　 kN	P ↑ ⋯ ΔL O
实验后	测量	试样断口形状图
	标距 $L =$ 　　　 mm	

铸铁拉伸实验

实验前试样尺寸	平均直径 $d_0 =$ 　　　 mm	
	截面积 $A_0 =$ 　　　 mm²	
实验记录	极限载荷 $P_b =$ 　　 kN	P ↑ ΔL O
试样断口形状图		

3.1.6　思考与讨论

(1) 由实验现象和结果比较低碳钢和铸铁的力学性能有何不同？

(2) 实验时如何观察低碳钢的屈服点？测定 σ_s 时为何要对加载速度提出要求？初始瞬时效应在电子万能实验机上和液压万能实验机上的反映程度如何，为什么？

(3) 材料相同而标距分别为 $5d_0$ 和 $10d_0$ 的两种试样，其 δ、ψ、σ_s、σ_b 是否相同？为什么？

(4) 什么情况下采用断口移位法？如何进行断口移位？

(5) 比较低碳钢拉伸、铸铁拉伸的断口，分析破坏的力学原因。

3.2　弹性模量 E 与泊松比 μ 测定实验

3.2.1　实验目的

(1) 测定金属材料的 E 和 μ，并验证胡克定律。

(2) 学习掌握电测法的原理和电阻应变仪的操作。

3.2.2　实验原理

板试样的布片方案如图 3.6 所示。在试样中部截面上，沿正反两侧分别对称地布有一对轴向片 R 和一对横向片 R'。试样受拉时轴向片 R 的电阻变化为 ΔR，相应的轴向应变为 ε_p，与此同时横向片因试样收缩而产生横向应变为 ε'。E 与 μ 的测试方法如下。

1. 试件

平板试件截面尺寸 $b=52.3$ mm，$t=8.04$ mm，多用于电测法，试件形状及贴片方位如图 3.6 所示。为了保证拉伸时的同心度，通常在试件两端开孔，以销钉与拉伸夹头连接，同时可在试件正反面贴应变片，以提高实验结果的准确性。

2. E 的测定

在线弹性范围内，$E=\dfrac{\sigma}{\varepsilon}$ 代表 σ-ε 曲线直线部分的斜率。由于实验装置和安装初始状态的不稳定性，拉伸曲线的初始阶段往往是非线性的。为了减小测量误差，实验宜从初载 P_0 开始，$P_0 \neq 0$，与 P_0 对应的应变仪读数 ε_p 可预调到零，也可设定一个初读数，而 E 为（见图 3.7）

$$E=\frac{\Delta\sigma}{\Delta\varepsilon}=\frac{P_n-P_0}{A_0(\varepsilon_n-\varepsilon_0)} \tag{3.5}$$

P_0 为实验的末载荷，为保证模型实验的安全，实验的最大载荷 P_{max} 应在实验前按同类材料的弹性极限 σ_c 进行估算，P_{max} 应使 $\sigma_{max}<80\%\sigma_c$。

为验证胡克定律，载荷由 P_0 到 P_n 可进行分级加载，$\Delta P=\dfrac{P_n-P_0}{n}$，其中 $P_n<P_{max}$，每增加一个 ΔP，即记录一个相应的应变读数，检验 ε 的增长是否符合线性规律。用上述板试样测 E，合理地选择组桥方式可有效地提高测试灵敏度和实验效率，下面讨论几种常见的组桥方式。

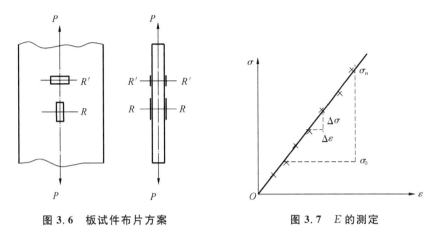

图 3.6 板试件布片方案   图 3.7 E 的测定

1) 单臂测量(见图 3.8(a))

实验时,在一定载荷条件下,分别对前、后两枚轴向应变片进行单片测量,并取其平均值 $\bar{\varepsilon}=\dfrac{\varepsilon_{前}+\varepsilon_{后}}{2}$。显然 $(\bar{\varepsilon}_n-\bar{\varepsilon}_0)$ 即代表在载荷 (P_n-P_0) 作用下试样的实际应变量。而且 $\bar{\varepsilon}$ 消除了偏心弯曲引起的测量误差。

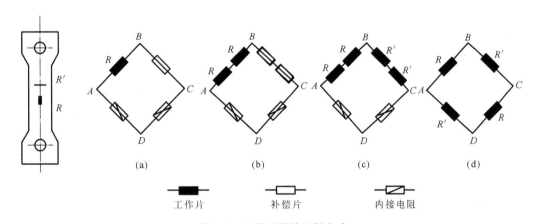

工作片   补偿片   内接电阻

图 3.8 几种不同的组桥方式

(a) 单臂 (b) 串联 (c) 半桥 (d) 全桥

2) 轴向片串联后的单臂测量(见图 3.8(b))

为消除偏心弯曲的影响,可将前后轴向片串联后接在同一桥臂(AB)上,而相邻臂(BC)接相同阻值的补偿片。受拉两轴向片的电阻变化分别为

$$\Delta R = \begin{cases} \Delta R_P + \Delta R_M \\ \Delta R_P - \Delta R_M \end{cases} \tag{3.6}$$

ΔR_M 为偏心弯曲引起的电阻变化,拉、压两侧大小相等方向相反,根据桥路原理 AB 臂有

$$\frac{\Delta R_1}{R_1} = \frac{\Delta R_P + \Delta R_M + \Delta R_P - \Delta R_M}{R + R} = \frac{\Delta R_P}{R} \tag{3.7}$$

因此轴向片串联后,偏心弯矩的影响自动消除,而应变仪的读数就等于试样的应变,即 $\varepsilon_仪 = \varepsilon_P$,显然测量灵敏度没有提高。

3）串联后的半桥测量（见图 3.8(c)）

若两轴向片串联后接 AB；两横向片串联后接 BC，偏心弯曲的影响可自动消除，而且温度可自动补偿。根据桥路原理得知

$$\Delta_{UDB} = \frac{EK}{4}(\varepsilon_1 - \varepsilon_2 + \varepsilon_3 - \varepsilon_4) \tag{3.8}$$

式中：$\varepsilon_1 = \varepsilon_p$；$\varepsilon_2 = -\mu\varepsilon_p$，$\varepsilon_p$ 轴向应变，μ 为材料的泊松比。

由于 ε_3，ε_4 为零，故

$$\Delta_{UDB} = \frac{KE}{4}\varepsilon_P(1+\mu) \tag{3.9}$$

即输出电压是单臂工作的 $(1+\mu)$ 倍，即

$$\varepsilon_{仪} = \varepsilon_P(1+\mu) \tag{3.10}$$

而

$$\varepsilon_P = \frac{\varepsilon_{仪}}{1+\mu}$$

如果材料的泊松比已知，这种组桥方式测量灵敏度提高 $(1+\mu)$ 倍。

4）全桥测量（见图 3.8(d)）

按图 3.8(d)所示的方式组桥进行全桥测量，不仅可消除偏心和温度的影响，而且输出电压是单臂测量的 $2(1+\mu)$ 倍，即

$$\varepsilon_{仪} = 2\varepsilon_p(1+\mu) \tag{3.11}$$

测量灵敏度比单臂工作时提高 $2(1+\mu)$ 倍。

3. μ 的测试

利用试样上的横向应变片和补偿应变片合理组桥，为了尽可能减小测量误差，实验宜从一初载荷 $P_0(P_0 \neq 0)$ 开始，采用增量法，分级加载，分别测量在各相同载荷增量 ΔP 作用下，横向应变增量 $\Delta\varepsilon'$ 和纵向应变增量 $\Delta\varepsilon$。求出平均值，按定义，有

$$\mu = \left|\frac{\overline{\Delta\varepsilon'}}{\overline{\Delta\varepsilon}}\right| \tag{3.12}$$

3.2.3 实验设备

60 t 万能实验机，电阻应变仪，板试样实验装置，游标卡尺。

3.2.4 实验步骤

（1）用游标卡尺测量试板截面尺寸。

（2）拟定加载方案，取第一级载荷为初载荷，分六级加载每级载荷取定值 5 kN。

（3）打开电源，预热电阻应变仪，选择合适的示力盘及重锤。

（4）将试件安装于实验机夹头内，注意试件要对正轴线。

（5）将电阻应变片导线接在电阻应变仪上，工作片 A、B 接线柱上，补偿片接在 B、C 柱上。

（6）根据使用电阻应变片的灵敏系数 K 值，在应变仪上标定，对各测点调零。

（7）对试件逐次加载并读数，加到最大值后卸载至初始载荷以下，然后重复加载，反复三遍，取平均值为测试值。

（8）所有各片测读完毕，数据合乎要求后，结束实验。

3.2.5 实验数据

将实验数据填入表 3.2 中。

表 3.2 参考表格

实验次数	载荷/kN	应变值			
		ε'	$\Delta\varepsilon'$	ε	$\Delta\varepsilon$
1	5				
	10				
	15				
	20				
	25				
	30				
	35				
2	5				
	10				
	15				
	20				
	25				
	30				
	35				
3	5				
	10				
	15				
	20				
	25				
	30				
	35				

注:其中 $\varepsilon' = \mu\varepsilon$。

$\Delta\varepsilon'_{平均值} =$

$\Delta\varepsilon_{平均值} =$

$E = \Delta P/(bt\Delta\varepsilon') =$

$\mu = |\overline{\Delta\varepsilon'/\Delta\varepsilon}|$

3.2.6 思考题

(1) 本实验为什么采用全桥接线的对臂测量方法?

(2) 如果应变片贴得不准或试样装夹不好,会对实验结果有什么影响?

3.3 扭 转 实 验

3.3.1 实验目的

(1) 掌握实验数据的获得及处理方法,对低碳钢和铸铁扭转破坏时的断面形状有所了解。

(2) 熟悉测定低碳钢扭转时的屈服点 τ_s 和抗扭强度 τ_b,测定铸铁扭转时的抗扭强度 τ_b 的方法。

(3) 了解扭转实验机的结构和原理,掌握其操作方法。

3.3.2 实验原理

1. 试样

扭转试样一般为圆截面,L_0 为标距,d_0 为圆截面直径,为防止打滑,扭转试样的夹持段宜为类矩形。在试样上取两端和中间三个截面,每个截面在相互垂直的方向各量取一次直径,取两个截面平均直径的算术平均值来计算极惯性矩 I_P,取三个截面中最小平均直径来计算抗扭截面模量 W_t。

2. 测定低碳钢扭转时的屈服点 τ_s 和抗扭强度 τ_b

安装好试样(见图 3.9)后进行加载,在加载过程中,扭转实验机上可以直接读出扭矩 T 和扭转角 φ,同时实验机也自动绘出 T-φ 曲线图,如图 3.10 所示。

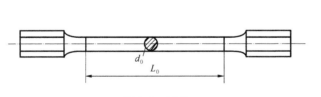

图 3.9 试样

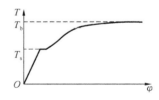

图 3.10 低碳钢材料的扭转图

低碳钢试样在受扭的最初阶段,扭矩 T 与扭转角 φ 成正比关系(见图 3.11),横截面上切应力 τ 沿半径线性分布,如图 3.11(a)所示。随着扭矩 T 的增大,横截面边缘处的切应力首先达到剪切屈服强度 τ_s 且塑性区逐渐向圆心扩展,形成环形塑性区,但中心部分仍是弹性的(见图 3.11(b))。试样继续变形,屈服从试样表层向心部扩展直到整个截面几乎都是塑性区,如图 3.11(c)所示。此时在 T-φ 曲线上出现屈服平台(见图 3.10),实验机的扭矩读数基本不动,此时对应的扭矩即为屈服扭矩 T_s。随后,材料进入强化阶段,变形增加,扭矩随之增加,直到试样破坏为止。因扭转无颈缩现象。所以,扭转曲线一直上升直到破坏为止,试样破坏时的扭矩即为最大扭矩 T_b。由 $T_s = \int_A \rho\tau_s \mathrm{d}A = \tau_s \int_0^{d/2} \rho(2\pi\rho\mathrm{d}\rho) = \frac{4}{3}\tau_s W_t$ 可得低碳钢材料的扭转屈服强度 $\tau_s = \dfrac{3T_s}{4W_t}$,同理,可得低碳钢材料扭转时的抗剪强度 $\tau_b = \dfrac{3T_s}{4W_t}$,其中

$W_t = \dfrac{\pi}{16}d^3$ 为抗扭截面模量。

铸铁试样受扭时,在很小的变形下就会发生破坏,其扭转图如图 3.12 所示。

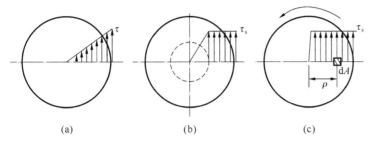

图 3.11 低碳钢圆轴试样扭转时的应力分布示意　　　**图 3.12 铸铁材料的扭转图**

从扭转开始直到破坏为止,扭矩 T 与扭转角近似成正比关系,且变形很小,横截面上切应力沿半径为线性分布,试样破坏时的扭矩即为最大扭矩 T_b,铸铁材料的扭转抗剪强度为 $\tau_b = \dfrac{T_b}{W_t}$。

3.3.3　实验设备

(1) 扭转实验机(见图 3.13)。

(2) 游标卡尺。

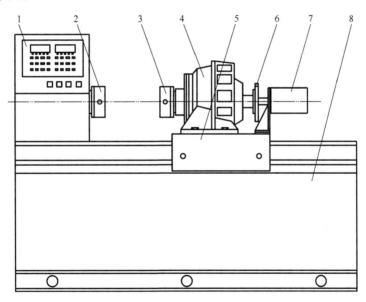

图 3.13 微机控制扭转实验机示意图

1—单片机测控箱;2—固定夹具;3—活动夹具;4—减速箱;5—导轨工作平台;
6—手动调整轮;7—伺服电动机;8—机架

3.3.4　操作步骤

1. 扭转实验操作步骤

(1) 检查验机夹头的形式是否与试样相配合。将速度范围开关置于 0～36°/分处。调速电位器置于零位。

（2）根据所需最大扭矩来转动量程选择钮，选择相应的测力度盘。按下电源开关，接通电源。转动调零旋钮，使指针对准零位。

（3）装好自动绘图器的笔和纸，挂好传动齿轮，打开绘图器开关。

（4）安装试样，先将试样的一端插入夹头中，调整加载机构做水平移动，将试样的另一端插入另一夹头中后再给以夹紧。

（5）将加载开关"正"（或"反"）按下，逐渐增大调速电位器的刻度值，操纵直流电动机转动，对试样施加扭矩。

（6）在试件断裂后立即停车，取下试样，记下指针指出的数值和刻度环上的扭转角度。

2. 注意事项

（1）施加扭矩后，禁止再转动量程选择旋钮。

（2）使用 V 形夹板夹持试样时，必须尽量夹紧，以免实验过程中试样打滑。

（3）机器运转时，操纵者不得擅自离开。听见异声或发生故障要立即停车。

3.3.5　实验数据

表 3.3 为测定扭转强度记录表。

表 3.3　测定扭转强度记录

材　料	低　碳　钢		铸　铁	
最小截面直径				
抗扭截面模量				
试样草图	实验前			
	实验后			
测量与记录	$d_0 =$ 　　 mm $T_s =$ 　　 N·m $T_b =$ 　　 N·m		$d_0 =$ 　　 mm $T_b =$ 　　 N·m	

3.3.6　思考与讨论

（1）低碳钢和铸铁在扭转破坏有什么不同现象？断口有何不同？试分析其原因。

（2）结合已经做过的拉伸、压缩和扭转实验，你能根据断口来判断试样的材料和试样是受什么力而断裂破坏的吗？

3.4　弯　曲　实　验

3.4.1　实验目的

（1）掌握电测应力的原理。

（2）测定矩形截面梁在纯弯曲时横截面上正应力的分布规律，并与理论计算值进行比较以验证弯曲正应力公式。

3.4.2　实验原理

1. 试样

纯弯曲梁实验装置如图 3.14 所示，简支于 A、B 两点，在对称的 C、D 两点通过杠杆加载使梁产生弯曲变形，CD 梁受纯弯曲作用。在发生纯弯曲变形梁段的侧面上，沿与轴线平行的不同高度的线段上粘贴有五个应变片作为工作片，另外在梁的右支点以外粘贴一个应变片作为温度补偿片。

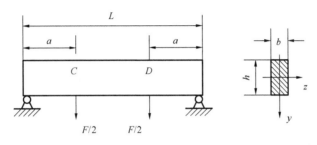

图 3.14　弯曲梁试样

梁受到在对称平面内作用的外力而发生纯弯曲时，由理论分析得到截面任一点处的正应力为

$$\sigma = \frac{M \cdot y}{I_z} \tag{3.13}$$

式中：　M——作用在测量截面上的弯矩；

　　　　y——测量点离中性轴的距离；

　　　　I_z——截面对中性轴的惯性矩。

本实验采用低碳钢制成的矩形截面梁，按图 3.15 所示的方法加载，当手轮顺时针方向旋转时，蜗杆升降机构下移，带动压力传感器和压头下降，使加载下梁受到压力 F 的作用，并一分为二地传给两根加力杆，使试件在 C、D 两点受到 $F/2$ 的作用力。则该梁在 CD 段内承受纯弯曲，$M = \dfrac{Fa}{2}$，在 CD 段内沿梁的轴向粘贴五个应变片（见图 3.16），各片到中性轴的距离为

$$y_1 = -y_5 = -\frac{h}{2}, \quad y_2 = -y_4 = -\frac{h}{4}, \quad y_3 = 0$$

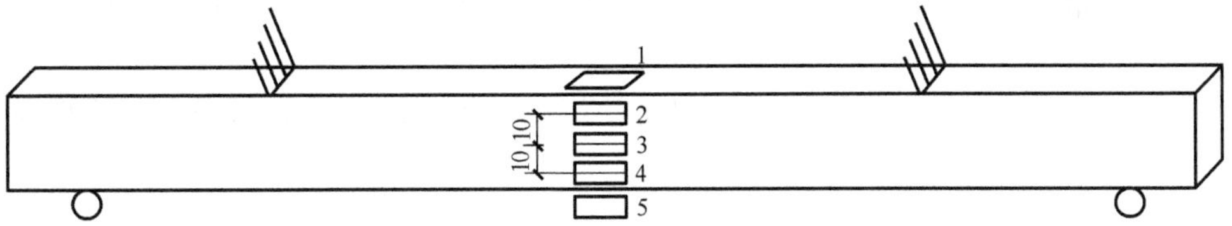

图 3.15　应变片粘贴位置示意图

对于矩形截面，有

$$I_z = \frac{bh^3}{12}$$

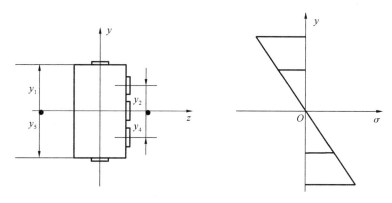

图 3.16 应变片到中性轴的距离

当梁在载荷作用下发生弯曲变形时,在纯弯曲段,纵向纤维只发生长度变化而互不挤压,处于单向应力状态。根据胡克定律,各点的正应力 σ 与线应变 ε 成正比,有

$$\sigma = E \cdot \varepsilon \tag{3.14}$$

式中: E——材料的弹性模量。

通过电阻应变仪可以分别测量出各对应点的实际应变值 ε,然后求出各点的应力值。根据计算出各点的正应力理论值 $\sigma_{理}$,与实验值 $\sigma_{实}$ 进行比较,从而验证弯曲正应力公式的正确性。

实验采取分级加载方法,每增加 Δp,各测点应变值相应增加 $\Delta \varepsilon$,有

$$\Delta \sigma = E \cdot \Delta \varepsilon \tag{3.15}$$

而理论值应为

$$\Delta \sigma_i = \frac{\Delta M y_i}{I_z} \tag{3.16}$$

3.4.3 实验设备

(1)万能材料实验机。

(2)静态电阻应变仪。

3.4.4 实验步骤

(1)将梁放在实验机支座上,放置加力器,注意保证使梁受平面弯曲。用钢尺测量力作用点位置。

(2)将各电阻应变片用导线引向电阻应变仪,接成半桥测量。并按应变仪使用方法预调平衡。

(3)拟定加载方案,采用等量逐级加载方法缓慢加载,每增加一级载荷分别读出各点的应变,并记录之。

(4)注意事项。

① 实验加载时要缓慢,防止冲击。

② 每加一级载荷进行应变读数时,必须保持载荷稳定。

③ 各导线接线柱必须拧紧,测量过程中不触动导线,否则会引起测量误差。

3.4.5 实验结果

将实验结果填入表 3.4 中。

表 3.4 梁的弯曲正应力实验记录   （单位：$\mu\varepsilon$）

$a=$　　　　mm　　　　$b=$　　　　mm　　　　$h=$　　　　mm

$y_1=$　　　mm　　　　$y_2=$　　　mm　　　　$E=$　　　MPa

载荷/kN	测　点									
	2—2		1—1		0—0		1′—1′		2′—2′	
	读数	增数	读数	增数	读数	增数	读数	增数	读数	增数
5（第一次）										
10（第一次）										
15（第一次）										
20（第一次）										
25（第一次）										
30（第一次）										
5（第二次）										
10（第二次）										
15（第二次）										
20（第二次）										
25（第二次）										
30（第二次）										
5（第三次）										
10（第三次）										
15（第三次）										
20（第三次）										
25（第三次）										
30（第三次）										
平均值	—		—		—		—		—	

3.4.6 思考题

(1) 分析理论值与实测值存在差异的原因。

(2) 实验中采取了什么措施？证明载荷与弯曲正应力之间呈线性关系。

(3) 若应变片贴在纯弯曲梁段以外的某个横截面上,测试结果会怎么样？

(4) 为什么要采用初始载荷下的等增量法？

(5) 实验时没有考虑梁的自重,是否会引起误差？为什么？

3.5 压 缩 实 验

3.5.1 实验目的

(1) 测定压缩时低碳钢的屈服强度 σ_s 和铸铁的抗拉强度 σ_b。

(2) 分析各试样断口情况和破坏原因。

(3) 了解万能实验机的构造原理。

(4) 进行万能实验机的操作练习、学习操作规程和安全注意事项。

3.5.2 实验原理

压缩试样通常为圆柱形,也分为短、长两种,试样受压时,两端面与实验机垫板间的摩擦

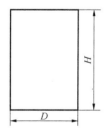

图 3.17 压缩试样

力约束试样的横向变形,影响试样的强度。随着比值 $\frac{H}{D}$ 的增加 (见图 3.17),上述摩擦力对试样中部的影响减弱,但比值 $\frac{H}{D}$ 也不能过大,否则将引起失稳。测定材料抗压强度的短试样,通常规定为 $1 \leqslant \frac{H}{D} \leqslant 3$,至于长试样,多用于测定钢、铜等材料的弹性常数 E、μ 及比例极限和屈服强度等。本次压缩实验用短形试样如图 3.17 所示。试样两端须经研磨平整,互相平行,且端面须垂直于

轴线。试样尺寸 $\frac{H}{D}$ 对压缩变形量和变形抗力均有很大影响。为使结果能互相比较,必须采取相同的 $\frac{H}{D}$ 值。此外试样端部的摩擦力不仅影响实验结果,而且改变破断形式,应尽量减小摩擦力。

压缩实验是研究材料性能常用的实验方法。对铸铁、铸造合金、建筑材料等脆性材料尤为合适。通过压缩实验观察材料的变形过程、破坏形式,并与拉伸实验进行比较,可以分析不同应力状态对材料强度、塑性的影响,从而对材料的力学性能有比较全面的认识。

当试样受压时,其上下两端面与实验机支撑之间产生很大的摩擦力,使试样两端的横向变形受到阻碍,故压缩后试样呈鼓形。摩擦力的存在会影响试样的抗压能力甚至破坏形式。为了尽量减小摩擦力的影响,实验时试样两端必须保证平行,并与轴线垂直,使试样受轴向压力。另外。端面应有较小的表面粗糙度。

低碳钢压缩时也会发生屈服,但并不像拉伸那样,有明显的屈服阶段,低碳钢压缩图如图 3.18 所示。因此,在测定 P_s 时要特别注意观察。在缓慢均匀加载下,实验力值均匀增加,当材料发生屈服时,实验力值增加将减慢,甚至减小,这时对应的载荷即为屈服载荷 P_s。屈服之后,加载到试样产生明显变形即停止加载。这是因为低碳钢受压时变形较大而不破裂,因此越压越扁。横截面增大时,其实际应力不随外载荷增加而增加,故不可能得到最大载荷 P_b,因此也得不到抗拉强度 σ_b,所以在实验中是以变形来控制加载的。

铸铁试样压缩时,在达到最大载荷 P_b 前会出现较明显的变形,然后破裂,此时实验力值迅速减小,铸铁试样最后略呈鼓形,断裂面与试样轴线大约呈 45°。铸铁压缩曲线如图 3.19 所示。

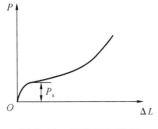　　　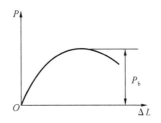

图 3.18　低碳钢压缩图　　　　　　　　图 3.19　铸铁压缩图

3.5.3　实验设备

(1) 液压式万能实验机或微机液压式万能实验机。

(2) 游标卡尺。

3.5.4　实验步骤

(1) 测量试样的直径和高度。测量试样两端及中部三处的截面直径,取三处中最小一处的平均直径计算横截面面积。

(2) 将试样放在实验机活动台球形支撑板中心处。

(3) 设定实验方案和实验参数;对于低碳钢,要及时记录其屈服载荷,超过屈服载荷后,继续加载,将试样压成鼓形即可停止加载。铸铁试样加压至试样破坏为止。

(4) 初值置零。

(5) 按开始实验按钮,开始实验,实验结束自动停机,生成实验报告。

(6) 安装下一根试样,重复实验,直到所有试样全部测试结束为止。

(7) 打印实验报告。

3.5.5　实验结果

将实验结果填入表 3.5 中。

表 3.5　低碳钢与铸铁压缩实验

材　　料	低　碳　钢		铸　　铁	
试样尺寸	平均直径 $d_0 =$	mm	平均直径 $d_0 =$	mm
	截面积 $A_0 =$	mm^2	截面积 $A_0 =$	mm^2
强度性能	$P_s =$	kN	$P_b =$	kN

材　　料	低　碳　钢	铸　　铁
压缩图	P 　　　　　ΔL　O	P 　　　　　ΔL　O
试样断口形状图		

3.5.6　思考题

(1) 为何低碳钢压缩测不出破坏载荷,而铸铁压缩测不出屈服载荷?

(2) 根据铸铁试样的压缩破坏形式分析其破坏原因,并与拉伸实验作比较?

(3) 通过拉伸与压缩实验,比较低碳钢的屈服强度在拉伸和压缩时的差别?

(4) 通过拉伸与压缩实验,比较铸铁的抗压强度在拉伸和压缩时的差别?

3.6　弯扭组合实验

3.6.1　实验目的

(1) 了解实验应力分析的基本理论和方法。

(2) 测量在弯扭组合变形下薄壁圆管表面指定点的主应力大小和方向。

3.6.2　实验试件及原理

通过转动加载手轮进行加载,载荷大小可由拉力传感器接成全桥式,通过数字电阻应变仪显示出来,采用等量分级加载,根据载荷大小可计算出指定横截面Ⅰ—Ⅰ上 b、d 点的弯矩和扭矩(见图 3.20)。

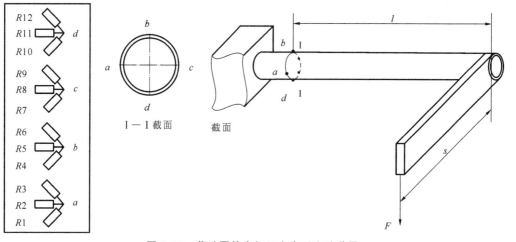

图 3.20　薄壁圆管弯扭组合变形实验装置

选择横截面 I—I 上的点 b、d 两点进行测量,点 b 的应力状态如图 3.21 所示,根据理论分析可知,点 b 的正应力为

$$\sigma = \frac{M}{W_z} \tag{3.17}$$

式中:　M——变矩,$M=Fl$;

　　　　W_z——抗弯截面系数,其计算公式为

$$W_z = \frac{\pi D^3 (1-\alpha^4)}{32}$$

其中:$\alpha = \dfrac{d}{D}$,D 为薄壁圆管的外径,d 为薄壁圆管内径。

b 点的扭转切应力为

$$\tau = \frac{T}{W_p} \tag{3.18}$$

式中:　W_p——抗扭截面系数,其计算公式为

$$W_p = \frac{\pi D^3 (1-\alpha^4)}{16}$$

所以,点 b 的主应力大小和方向的理论计算式为

$$\left.\begin{array}{r} \sigma_1 \\ \sigma_3 \end{array}\right\} = \frac{\sigma}{2} \pm \sqrt{\left(\frac{\sigma}{2}\right)^2 + \tau^2} \\ \tan 2\alpha = -\frac{2\tau}{\sigma} \left.\begin{array}{r} \\ \\ \\ \\ \end{array}\right\} \tag{3.19}$$

如图 3.20 所示,在圆管的 I—I 截面上,点 a、b、c、d 各贴有一个直角应变花,每个应变花可测出该点沿 3 个不同方向的线应变值,在电阻应变仪中选择六个通道,按半桥接法将 b、d 两点的两个应变花的每个应变片 $R_4 \sim R_6$、$R_{10} \sim R_{12}$ 分别接入电阻应变仪上所选的六个通道的 A、B 端;将一个共用的温度补偿片接入电阻应变仪的后面板公共补偿端,形成如图 3.22 所示的六个测量电桥电路。

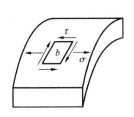

图 3.21　b 点的应力状态

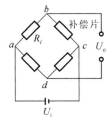

图 3.22　主应力测量接线图

在 $0 \sim 0.5$ kN 之间采用等量逐级加载,在每一载荷作用下,分别测得点 b、d 两点的 $\varepsilon_{45°}$、$\varepsilon_{0°}$ 和 $\varepsilon_{-45°}$。将测量结果记录在实验记录表中,可用下列公式计算出点 b、d 两点的主应力大小和方向:

$$\left.\begin{array}{r} \sigma_1 \\ \sigma_3 \end{array}\right\} = \frac{E}{2}\left[\frac{1}{1-\mu}(\varepsilon_{45°} + \varepsilon_{-45°}) \pm \frac{\sqrt{2}}{1+\mu}\sqrt{(\varepsilon_{0°} - \varepsilon_{-45°})^2 + (\varepsilon_{45°} - \varepsilon_{0°})^2}\right] \\ \tan 2\alpha_0 = \frac{\varepsilon_{45°} - \varepsilon_{-45°}}{2\varepsilon_{0°} - \varepsilon_{45°} - \varepsilon_{-45°}} \left.\begin{array}{r} \\ \\ \\ \end{array}\right\} \tag{3.20}$$

这就是用实验手段测定薄壁圆管上点 b、d 两点主应力大小和方向的方法。

3.6.3 实验器材

(1) 材料力学多功能实验台。

(2) YJZ-8 型智能数字静态电阻应变仪。

(3) LY-5 型拉力传感器。

(4) 直尺和游标卡尺。

3.6.4 实验步骤

(1) 用游标卡尺和直尺分别测量圆管外径 D、内径 d、测点位置 l、加载臂长 s，并记录。转动手轮至完全卸载状态。将测力传感器(全桥)及点 b、d 直角应变花上的六片应变片(1/4 桥)分别接入电阻应变仪。将应变仪与 PC 机的通信线接好。

(2) 接通 PC 机和应变仪的电源,用软件完成应变仪各通道的参数设置,并调整各通道的平衡。

(3) 在 $0\sim0.5$ kN 范围内逐级加载(注意观察应变仪显示不要超载),并由测试软件的应力-应变曲线观察某点应变随载荷变化的情况;加载结束后即逐级卸载到 0,此步骤重复 1 ~2 遍。

(4) 停止接收数据,并将测试数据和曲线保存成文档,以便进行数据处理和编写实验报告。

(5) 注意事项。

① 预调平衡时,如发现调零困难、数据不稳定,应检查接线是否接好(松动或虚接)。

② 若预调平衡时,发现四个"0000"闪烁,应检查接线是否错误。

③ 测量电桥连接过程中要区分清楚连接导线的位置和方位。

④ 加载时切勿过载。

3.6.5 实验数据

实验数据记录与计算填入表 3.6 中,其中载荷以及各相应点的应变值可根据实际加载曲线按分段线性插值计算的方法计算出平均增量值。

表 3.6 薄壁圆管弯扭组合实验的数据记录与计算(测量应变)

载荷/N		应 变 值					
		45°方向		0°方向		−45°方向	
读数 F	增量 ΔF	读数 $\varepsilon_{45°}$	增量 $\Delta\varepsilon_{45°}$	读数 $\varepsilon_{0°}$	增量 $\Delta\varepsilon_{0°}$	读数 $\varepsilon_{-45°}$	增量 $\Delta\varepsilon_{-45°}$
b 点		R_4		R_5		R_6	

续表

载荷/N		应 变 值					
		45°方向		0°方向		−45°方向	
读数 F	增量 ΔF	读数 $\varepsilon_{45°}$	增量 $\Delta \varepsilon_{45°}$	读数 $\varepsilon_{0°}$	增量 $\Delta \varepsilon_{0°}$	读数 $\varepsilon_{-45°}$	增量 $\Delta \varepsilon_{-45°}$
$\overline{\Delta F}=$		$\overline{\Delta \varepsilon_{45°}}=$		$\overline{\Delta \varepsilon_{0°}}=$		$\overline{\Delta \varepsilon_{-45°}}=$	
d 点		R_{10}		R_{11}		R_{12}	
$\overline{\Delta F}=$		$\overline{\Delta \varepsilon_{45°}}=$		$\overline{\Delta \varepsilon_{0°}}=$		$\overline{\Delta \varepsilon_{-45°}}=$	

表 3.7　薄壁圆管弯扭组合实验的数据记录与计算(计算主应力及其方向)

材料常数:弹性模量 $E=210$ MPa,泊松比 $\mu=0.28$
装置尺寸:圆管外径 $D=$　　mm,圆管内径 $d=$　　mm,测点位置 $l=$　　mm,加载臂长 $s=$　　mm

主应力 测点	σ_1/MPa			σ_3/MPa			α_0/(°)		
	理论值	实验值	误差	理论值	实验值	误差	理论值	实验值	误差
b									
d									

3.6.6　思考题

(1)用直角应变花测平面应力状态下某一点主应力大小及其方向的理论依据是什么?
(2)测量其他单一内力分量产生的应变,还可以采用哪些桥路连接方法?

3.7　叠梁三点弯曲正应力测定实验

3.7.1　实验目的

(1)测定叠梁三点弯曲时指定截面上的应变、应力分布规律,为建立理论计算模型提供实验依据;将实测值与理论计算结果进行比较。
(2)通过实验和理论分析,深化对弯曲变形理论的理解,培养思维能力。
(3)学习多点测量技术。

3.7.2 实验原理

叠梁的结构和三点弯曲加载方式如图 3.23 所示。它是将两个矩形截面梁叠在一起，上、下梁的材料分别为 LY12 铝合金和 45 钢两种材料。应变片 R_1、R_8 分处于上梁顶面和下梁底面。应变片 R_2、R_3、R_4 和 R_5、R_6、R_7 分别在上、下梁高度四等分位置如图 3.24 所示。

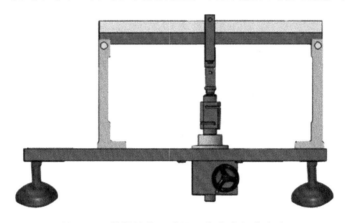

图 3.23 叠梁结构形式及三点弯曲加载方式

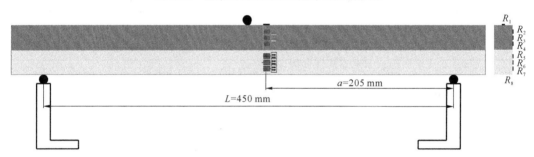

图 3.24 叠梁贴片位置及编号

设钢梁的弹性模量为 $E_钢$，所承受的弯矩为 $M_钢$；铝梁的弹性模量为 $E_铝$，所承受的弯矩为 $M_铝$，则

$$M_钢 + M_铝 = M \tag{3.21}$$

由

$$\frac{M_钢}{E_钢 I_钢} = \frac{1}{\rho_钢}, \quad \frac{M_铝}{E_铝 I_铝} = \frac{1}{\rho_铝}$$

又由于 $\rho_钢 \approx \rho_铝$ 可得

$$\frac{M_钢}{E_钢 I_钢} = \frac{M_铝}{E_铝 I_铝}$$

即

$$M_钢 = \frac{E_钢 I_钢}{E_钢 I_钢 + E_铝 I_铝} \times M, \quad M_铝 = \frac{E_铝 I_铝}{E_钢 I_钢 + E_铝 I_铝} \times M$$

因此，叠梁中钢梁和铝梁的正应力为

$$\left. \begin{aligned} \sigma_钢 &= M_钢 \frac{y_{钢i}}{I_钢} = \frac{E_钢}{E_钢 I_钢 + E_铝 I_铝} \times M y_{钢i} \\ \sigma_铝 &= M_铝 \frac{y_{铝i}}{I_铝} = \frac{E_铝}{E_钢 I_钢 + E_铝 I_铝} \times M y_{铝i} \end{aligned} \right\} \tag{3.22}$$

式中：　$I_钢$——叠梁中钢梁对其中性轴的惯性矩；

　　　　$I_铝$——叠梁中铝梁对其中性轴的惯性矩；

$y_{钢i}$——钢梁上测点到其中性层的距离；

$y_{铝i}$——铝梁上测点到其中性层的距离。

3.7.3 实验仪器

（1）材料力学组合实验台，及弯曲梁实验装置与叠梁部件。

（2）XL2118A 系列静态电阻应变仪。

（3）游标卡尺、钢板尺。

3.7.4 实验步骤

（1）设计好本实验所需的各类数据表格。

（2）测量叠梁的宽度 b 和高度 h、载荷作用点到梁支点距离 a 及各应变片到中性层的距离 y_i。

（3）拟订加载方案。可先选取适当的初载荷 p_0，估算 p_{max}（该实验载荷范围 $p_{max} \leqslant 2000$ N），分 4～6 级加载。

（4）根据加载方案，调整好实验加载装置。

（5）按实验要求接好线，调整好仪器，检查整个测试系统是否处于正常工作状态。

（6）先测量 R_3 或 R_6 测点的应变，以确定叠梁的安装是否符合实验要求。使梁处于完全不受载状态并平衡 R_3（或 R_6）测点对应通道电桥，加载到 1000 N 左右，就停止加载，此时 R_3（R_6）测点通道的应变绝对值应该不大于 1，若该值不符合要求，应分别调整加载器两拉杆上端的螺母，同时观察应变值的变化情况，使应变值接近于零。然后卸载至零，应变值应回到零，若不是零，应再重复调整，直至符合要求为止。

（7）加载。均匀缓慢加载至初载荷 p_0，记下各点应变的初始读数；然后分级等增量加载，每增加一级载荷，依次记录各点电阻应变片的应变值 ε_i，直到最终载荷。实验至少重复两次。

（8）做完实验后，卸掉载荷，关闭电源，整理好所用仪器设备，清理实验现场，将所用仪器设备复原，实验资料交指导教师检查签字。

（9）注意事项。

① 测试仪未开机前，一定不要进行加载，以免在实验中损坏试样。

② 实验前一定要设计好实验方案，准确测量实验计算用数据。

③ 加载过程中一定要缓慢加载，不可快速进行加载，以免超过预定加载载荷值，造成测试数据不准确，同时注意不要超过实验方案中预定的最大载荷，以免损坏试样；该实验最大载荷为 2000 N。

④ 实验结束，一定要先将载荷卸掉，必要时可将加载附件一起卸掉，以免误操作损坏试样。

⑤ 确认载荷完全卸掉后，关闭仪器电源，整理实验台面。

3.7.5 实验结果

表 3.8 所列为试样相关参考数据，根据测得的各点应变，计算相应的应力实验值，再计算各点应力理论值，然后计算它们之间的相对误差，并填入表 3.9 中。

表 3.8 试样相关参考数据

应变片位置/mm		梁的尺寸和有关参数
R_1	$-h_1/2$	宽度 $b=20$ mm
R_2	$-h_1/4$	高度 $h=50(h_1=h_2=25)$ mm
R_3	0	跨度 $L=450$ mm
R_4	$h_1/4$	应变片距支撑点距离 $a=205$ mm
R_5	$-h_2/4$	弹性模量 $E_1=206$ GPa
R_6	0	弹性模量 $E_2=70$ GPa
R_7	$h_2/4$	泊松比 $\mu_1=0.26$
R_8	$h_2/2$	泊松比 $\mu_2=0.33$

表 3.9 实验数据

载荷/N		p						
		Δp						
各测点电阻应变仪读数	R_1	ε_p						
		$\Delta\varepsilon_p$						
		$\overline{\Delta\varepsilon_p}$						
	R_2	ε_p						
		$\Delta\varepsilon_p$						
		$\overline{\Delta\varepsilon_p}$						
	R_3	ε_p						
		$\Delta\varepsilon_p$						
		$\overline{\Delta\varepsilon_p}$						
	R_4	ε_p						
		$\Delta\varepsilon_p$						
		$\overline{\Delta\varepsilon_p}$						
	R_5	ε_p						
		$\Delta\varepsilon_p$						
		$\overline{\Delta\varepsilon_p}$						
	R_6	ε_p						
		$\Delta\varepsilon_p$						
		$\overline{\Delta\varepsilon_p}$						
	R_7	ε_p						
		$\Delta\varepsilon_p$						
		$\overline{\Delta\varepsilon_p}$						
	R_8	ε_p						
		$\Delta\varepsilon_p$						
		$\overline{\Delta\varepsilon_p}$						

3.7.6　思考题

(1) 应力沿截面高度是怎么分布的? 其内力大小与性质有什么共同点和不同点。

(2) 比较各种梁的承载能力。

3.8　压杆稳定实验

3.8.1　实验目的

(1) 测定两端铰支细长压杆的临界载荷 F_{cr},并与理论值进行比较,验证欧拉公式。

(2) 观察两端铰支细长压杆的失稳现象。

3.8.2　实验原理

弹簧钢(60Si2Mn)制成的矩形截面细长杆,经过热处理。两端制成刀刃,以便安装在实验台的 V 形支座内。

对于轴向受压的理想细长直杆,按小变形理论,其临界载荷可由欧拉公式求得:

$$F_{cr} = \frac{\pi^2 EI}{(\upsilon L)^2} \tag{3.23}$$

式中:　E——材料的弹性模量;

　　　　I——压杆横截面的最小惯性矩;

　　　　l——压杆的长度;

　　　　υ——长度系数,对于二端铰支情况,$\upsilon = 1$。

当载荷小于 F_{cr} 时,压杆保持直线形状的平衡,即使有横向干扰力使压杆微小弯曲,在撤除干扰力以后压杆仍能恢复直线形状,是稳定平衡。

当载荷等于 F_{cr} 时,压杆处于临界状态,可在微弯情况下保持平衡。

如以压力 F 为纵坐标,压杆中点挠度 w 为横坐标。按小变形理论绘出的 $F\text{-}w$ 图形可用两段折线 $\overline{OA}$ 和 $\overline{AB}$ 来描述,如图 3.25 所示。

而实际压杆由于不可避免地存在初始曲率,或载荷可能有微小偏心以及材料不均匀等,在加载初始就出现微小挠度,开始时其挠度 w 增加较慢,但随着载荷增加,挠度也不断增加,当载荷接近临界载荷时,挠度急速增加,其 $F\text{-}w$ 曲线如图 3.25 的 OCD 所示。实际曲线 OCD 与理论曲线之间的偏离,表征

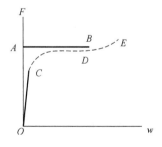

图 3.25　$F\text{-}w$ 曲线

初始曲率、偏心以及材料不均匀等因素的影响,这种影响越大,偏离也越大。显然,实际曲线的水平渐近线即代表压杆的临界载荷 F_{cr}。

工程上的压杆都在小挠度下工作,过大的挠度会产生塑性变形或断裂。仅有部分材料制成的细长杆能承受较大的挠度,其载荷稍高于 F_{cr},如图 3.25 中的虚线 DE 所示。

实验测定临界载荷,可用百分表测量杆中点处挠度 w,如图 3.26(a)所示。绘制 $F\text{-}w$ 曲线,作 $F\text{-}w$ 曲线的水平渐近线就得到临界载荷 F_{cr}。当采用百分表测量杆中点挠度时,由于

压杆的弯曲方向不能预知,应预压一定量程,以给杆向左、右弯曲留有测量余地。

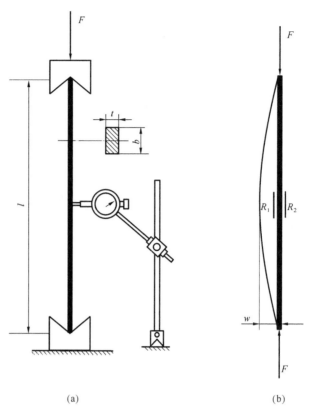

(a)   (b)

图 3.26   压杆稳定实验装置简图

(a) 百分表法   (b) 电测法

由于弯曲变形的大小也反映在试样中点的应变上,所以,也可在杆中点处两侧各粘贴一枚应变片,如图 3.26(b)所示,将它们接成半桥形式,记录应变仪读数 ε_{du},绘制 F-ε_{du} 曲线,作 F-ε_{du} 曲线的水平渐近线,就得到临界载荷 F_{cr}。

若用电测法测量杆中点应变,则被测量应变 ε 应包含两个部分,即轴力引起的应变和附加弯矩引起的应变:

$$\varepsilon = \varepsilon_F + \varepsilon_M \tag{3.24}$$

若将两个应变片作为工作片组成半桥,注意到二侧弯曲应变符号相异,则有

$$\varepsilon_{du} = 2\varepsilon_M \tag{3.25}$$

可见此时已消除了由轴向压力产生的应变,其读数就是测点处由弯矩 M 产生的真实应变的 2 倍。因此由弯矩产生的测点处的正应力为

$$\sigma = \frac{M\frac{t}{2}}{I} = \frac{Fw\frac{t}{2}}{I} = E\varepsilon = E\frac{\varepsilon_{du}}{2} \tag{3.26}$$

即

$$w = \frac{EI}{Ft}\varepsilon_{du} \tag{3.27}$$

由上式可见,在一定的载荷 F 作用下,应变仪读数 ε_{du} 的大小反映了压杆挠度 w 的大小,因此可用电测法来确定临界载荷 F_{cr}。

3.8.3　实验设备

(1) 力学实验台。

(2) 百分表(或电阻应变仪)。

(3) 游标卡尺、钢板尺。

3.8.4　实验步骤

1. 实验步骤

(1) 测量试样尺寸。

(2) 拟订加载方案,并估算最大容许变形。

(3) 安装试样,准备测变形仪器,加初载荷,记录初读数。

(4) 力传感器接线、设置参数。

(5) 按实验方案加载,记录数据。

(6) 卸去载荷,实验台恢复原状。

2. 注意事项

(1) 加载应均匀、缓慢进行。

(2) 试件的弯曲变形不要过大。

3.8.5　实验结果

(1) 据测量数据计算试样宽度和厚度平均值,从而计算最小惯性矩 $I_{\min}$。原始数据以表格形式示出,可参考表 3.10。

表 3.10　测定压杆临界载荷数据列表

试样尺寸	长度 l/mm	宽度 b/mm				厚度 t/mm				最小惯性矩/mm⁴
		上	中	下	平均	上	中	下	平均	
性能参数:弹性模量 $E=$　　GPa;								许用应力$[\sigma]=$　　MPa		
测量次数 i					0	1	2	3		
载荷 F_i/N					0					
百分表测量挠度	读数 A_i/mm				/					
	$w(=\|A_i-A_1\|)$/mm				/	0				
应变仪测量变形	读数 ε_{dui}				0					

(2) 据实验数据在方格纸上画出 $F\text{-}w$(或 $F\text{-}\varepsilon_{du}$)曲线,做它的水平渐近线,确定临界载荷 F_{cr} 实验值。

(3) 用欧拉公式计算临界载荷 F_{cr}^{th} 理论值,计算临界载荷实验值的相对误差。

$$\frac{F_{cr}^{th}-F_{cr}^{R}}{F_{cr}^{th}}\times 100\% \tag{3.28}$$

3.8.6　思考题

（1）如果以 ε_1 和 ε_2 分别表示左右两侧的应变，显然随着 F 的增加，两者差异加大。如果以压力 F 为纵坐标，压应变 ε 为横坐标，可绘出 $F\text{-}\varepsilon_1$ 和 $F\text{-}\varepsilon_2$ 两种曲线。两种 $F\text{-}\varepsilon$ 曲线的水平渐近线是否一致？

（2）本实验装置与理想情况有什么不同？对实验结果会产生哪些影响？

（3）对同一压杆，如支承条件不同，对其临界力的影响大吗？为什么？

第4章　土力学实验

土力学实验是土木工程专业的一门技术基础科学。作为"土力学"理论课程中的实验内容,其任务是通过介绍土力学基础实验的基本测试技术和实验方法,使学生获得专业所必需的实验基本技能,具备解决一般土工问题的能力,并对学生进行科学研究实验能力的培养,是土木工程专业高级技术人才所必需的基本训练的一部分。为了达到预期目的,实验课必须注意以下几方面问题。

(1) 实验前认真预习指导书和课本有关内容,同时应复习其他已学有关课程的有关章节,充分了解各个实验的目的和要求、实验原理、方法和步骤,并进行一些必要的理论计算。一些控制值的计算工作,实验前必须做好。

(2) 实验小组人数较多时,应选出一名小组长,负责组织和指挥整个实验过程,直至全组实验报告都上交后卸任,小组各成员必须服从小组长和指导教师的指挥,要明确分工,不得撤离各自的岗位。

(3) 实验开始前,必须仔细检查试件和各种仪器仪表是否安装稳妥,载荷是否为零,安全措施是否有效,各项准备工作是否完成,准备工作完成后,要经指导教师检查通过,实验才能开始。

(4) 实验时应严肃认真,密切注意观察实验现象,及时加以分析和记录,要以严谨的科学态度对待实验的每一步骤和每一个数据。

(5) 严格遵守实验室的规章制度,非实验中仪器设备不要乱动;实验用仪器、仪表、设备,要严格按规程进行操作,遇到问题及时向指导教师报告。

(6) 实验中要小心谨慎,不要碰撞仪器、仪表、试件和仪表架等。

(7) 实验结束后,要及时卸下载荷,使仪器、设备恢复原始状态,以后小心卸下仪器仪表、擦净、放妥、清点归还,经教师认可并把实验记录交教师签字后离开。

(8) 实验资料应及时整理,按时独立完成实验报告,除小组分工由别人记录的原始数据外,严禁抄袭。

(9) 实验报告要求原始记录齐全、计算分析正确、数据图表清楚、心得体会深刻。

(10) 经教师认可,实验也允许采用另外的方案进行。

4.1　密 度 实 验

4.1.1　实验目的

(1) 了解土体内部结构的密实情况,工程中需要以容重值表示时,将实测湿密度值根据含水率换算成干密度即可。

(2) 土的密度是土的单位体积质量。

(3) 本实验对一般黏质土,宜采用环刀法。土样易碎裂,难以切削时,可用蜡封法。

4.1.2 实验原理

(1) GB/T 15406—2007《土工仪器的基本参数及通用技术条件》。

(2) SD 191—1986《切土环刀》。

(3) SL 110—1995《切土环刀校验方法》。

4.1.3 实验器材

(1) 环刀:尺寸参数应符合 GB/T 15406—2007 的规定(环刀应按 SL 110—1995 规定进行校验)。

(2) 天平:称量 500 g,分度值 0.1 g;称量 200 g,分度值 0.01 g(天平应按相应的检定规程进行检定)。

(3) 其他:切土刀、钢丝锯、凡士林等。

4.1.4 实验步骤

(1) 按环刀外壁的编号,环刀的容积为 64 cm^2,测量环刀的质量为 m_1。

(2) 取直径和高度略大于环刀的原状土样或制备土样。

(3) 环刀取土:在环刀内壁涂一薄层凡士林,将环刀刃口向下放在土样上,随即将环刀垂直下压,边压边削,直至土样上端伸出环刀为止。将坏刀两端余土削去修平(严禁在土面上反复涂抹),然后擦净环刀外壁。

(4) 将取好土样的环刀放在天平上称量,记下环刀与湿土的总质量 m_2。

(5) 要求:① 密度实验应进行 2 次平行测定,两次测定的差值不得大于 0.03 g/cm^3,取两次实验结果的算术平均值;② 密度计算准确至 0.01 g/cm^3。

4.1.5 实验结果

按公式(4.1)计算土的密度为

$$\rho = \frac{m}{V} = \frac{m_2 - m_1}{V} \tag{4.1}$$

式中: ρ——密度,g/cm^3;

m_1——环刀质量,g;

m_2——环刀与土的质量,g;

V——环刀容积,cm^3。

表 4.1 所示为密度实验记录表,将数据记录其中。

表 4.1 密度实验记录表(环刀法)

工程名称_____ 实验者_____

钻孔编号_____ 计算者_____

土样说明_____ 校核者_____

实验日期_____

试样编号	土样类别	环刀号	环刀质量/g (1)	环刀与土质量/g (2)	环刀容积/cm^3 (3)	湿密度/(g/cm^3) $(4)=\frac{(2)-(1)}{(3)}$	平均干密度/(g/cm^3) (5)
1							
2							

4.1.6 思考与讨论

(1) 天然密度的测量方法是什么?

(2) 密度和干密度的区别是什么?

(3) 标准小环刀的容积是多少?

4.2 含水率实验

4.2.1 实验目的

测定土的含水率。

4.2.2 实验原理

(1) 土的含水率是试样在 $105 \sim 110\ ℃$ 下烘到恒量时所失去的水的质量与达恒量后干土的质量的比值,以百分数表示。

(2) 本实验以烘干法为室内实验的标准方法。在野外如无烘箱设备和要求快速测定含水率时,可依土的性质和工程情况分别采用下列方法测定。

① 酒精燃烧法。适用于简易测定细粒土含水率。

② 比重法。适用于砂类土。

(3) 本规程适用于有机质(泥炭、腐殖质及其他)含量不超过干质量 5% 的土,当土中有机质含量在 5%～10% 之间,仍允许采用本规程进行实验,但需注明有机质含量。

4.2.3 实验器材

(1) 烘箱:可采用电热烘箱或能保持恒温的烘箱。

(2) 天平:称量 200 g,分度值 0.01 g。

(3) 其他:干燥器、称量盒(为简化计算手续可用恒质量盒)。

4.2.4 实验步骤

(1) 取代表性试样,黏性土为 $15 \sim 30$ g,放入质量为 m_0 的(称量盒为铝制称量盒,由铝制称量盒上的编号查得 m_0)称量盒内,立即盖上盒盖,称湿土加铝制称量盒总质量 m_1,精确至 0.01 g。

(2) 打开盒盖,将试样和铝制称量盒放入烘箱,在温度 $105 \sim 110\ ℃$ 的恒温下烘干。烘干时间与土的类别及取土数量有关。黏性土烘干时间不得少于 8 h。

(3) 将烘干后的试样和铝制称量盒取出,盖好盒盖放入干燥器内冷却至室温,称干土加铝制称量盒质量为 m_2,精确至 0.01 g。

4.2.5 实验结果

1. 计算含水率

按式(4.2)计算

$$w = \frac{m_w}{m_s} = \frac{m_1 - m_2}{m_2 - m_0} \times 100\% \tag{4.2}$$

2. 要求

(1) 计算准确至 0.1%。

(2) 本实验需进行 2 次平行测定,取其算术平均值,允许平行差值应符合以下规定。

① 当含水率小于 10%,允许平行差值在 0.5%内。

② 当含水率在 10%～40%之间,允许平行差值在 1.0%内。

③ 当含水率大于 40%,允许平行差值在 2.0%内。

本实验需进行 2 次平行测定,取其算术平均值,允许平行差值应符合规定,含水率数据等填入表 4.2 中。

表 4.2　含水率实验记录

工程名称＿＿＿＿＿＿＿＿＿＿＿＿＿＿　　　　　实验者＿＿＿＿＿＿＿＿＿＿＿＿＿＿

实验方法＿＿＿＿＿＿＿＿＿＿＿＿＿＿　　　　　计算者＿＿＿＿＿＿＿＿＿＿＿＿＿＿

实验日期＿＿＿＿＿＿＿＿＿＿＿＿＿＿　　　　　校核者＿＿＿＿＿＿＿＿＿＿＿＿＿＿

试样编号	土样说明	盒号	盒质量/g (1)	盒加湿土质量/g (2)	盒加干土质量/g (3)	水分质量/g (4)=(2)-(3)	干土质量/g (5)=(3)-(1)	含水率/(%) (6)=$\frac{(4)}{(5)}$	平均含水率/(%) (7)

4.2.6　思考与讨论

(1) 测定含水率的目的是什么?

(2) 测定含水率常见的方法有哪几种?

(3) 土样含水率在工程中有何价值?

4.3　界限含水率实验

4.3.1　实验目的

测定细粒土的液限含水率、塑限含水率、塑性指数、液性指数、确定土的工程分类。

4.3.2　实验原理

(1) 细粒土由于含水率不同,分别处于流动状态、可塑状态、半固体状态和固体状态。液限含水率是细粒土呈可塑状态的上限含水率;塑限含水率是细粒土呈可塑状态的下限含水率;缩限含水率是细粒土从半固体状态继续蒸发水分过渡到固体状态时体积不再收缩的界限含水率。

(2) 本实验的目的是测定细粒上的液限含水率、塑限含水率和缩限含水率,以便划分土类、计算塑性指数,供设计、施工使用。各项含水率的测定按 SL 237—20003—1999《含水率试验》的烘干法进行。

（3）本规程适用于粒径小于 0.5 mm 颗粒组成及有机质含量不多于干土质量 5% 的土。

4.3.3　实验器材

（1）液塑限含水率联合测定仪。

圆锥仪:锥质量为 76 g,锥角 30°。

读数显示:宜采用光电式、游标式,百分表式。光电式液塑限联合测定仪如图 4.1 所示。测定仪的基本参数应符合 GB/T 15406—2007 中的规定。

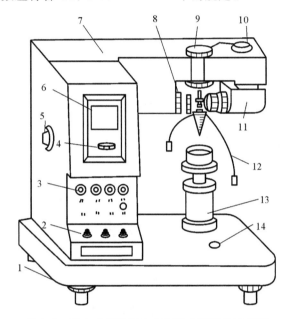

图 4.1　光电式液塑限含水率联合测定仪示意图

1—水平调节螺丝;2—控制开关;3—指示灯;4—零线调节螺丝;5—反光镜调节螺丝;6—屏幕;7—机壳;
8—物镜调节螺丝;9—电磁装置;10—光源调节螺丝;11—光源;12—圆锥仪;13—升降台;14—水平气泡

（2）试样杯:直径 40~50 mm,高 30~40 mm。

（3）天平:称量 200 g,分度值 0.01 g。

（4）其他:烘箱、干燥缸、铝盘、调土刀、筛(孔径 0.5 mm)、凡士林等。

4.3.4　实验步骤

（1）本实验原则上应采用天然含水率的土样进行,也允许用风干土制备土样,土样过 0.5 mm 筛后,喷洒配制一定含水率的土样,然后装入密闭玻璃广口瓶内,润湿一昼夜备用(土样制备工作实验室已预先做好)。

（2）将已制备好的土样取出调匀后,密实地装入试样杯中(土中不能有孔洞),高出试样杯口的余土,用刮土刀刮平,随即将试样杯放在升降底座上。

（3）接通电源,调平底座,吸放按钮调到"吸"的状态,在装有透明光学微分尺的圆锥仪的锥体上抹以薄层凡士林,使电磁铁吸稳圆锥仪,并使光学微分尺垂直于光轴(可从屏幕上观察,刻度线清晰,并在屏幕居中位置)。

(4) 调节零点,使读数屏幕上的零线与光学微分尺影像零线重合,按下"手"(即手动)按钮,使仪器处于备用状态。

(5) 转动升降座,待试样杯上升到土面刚好与圆锥仪锥尖接触时,按下"放"按钮,圆锥仪自由下落,历时 5 s,当音响自动发出声响时,立即从读数屏幕上读出圆锥仪下沉深度,做平行两组实验。

(6) 把升降座降下,小心取出试样杯,剔除锥尖处含有凡士林的土,取出锥体附近的试样不少于 15~30 g 放入称量铝盒内,称量的质量为 m_1,并记下盒号,测定含水率。

(7) 将称量过的铝盒,放入烘箱;在 105 ℃~110 ℃ 的温度下烘至恒量,取出土样盒放入玻璃干燥皿内冷却,称量干土的质量为 m_2。

(8) 重复步骤(2)~(7),测试另两种含水率土样的圆锥入土深度和含水率。

(9) 以含水率为横坐标,以圆锥入土深度为纵坐标在双对数坐标纸上绘制含水率与相应的圆锥入土深度关系曲线,如图 4.2 所示。三点应在一条直线上,如图所示 A 线。如果三点不在同一直线上,通过高含水率的一点与其余两点连两条直线,在圆锥入土深度为 2 mm 处查得相应的两个含水率,用两含水率的平均值的点与高含水率的测点作直线,在含水率与圆锥下沉深度的关系图上查得下沉深度为 17 mm 对应的含水率为液限含水率,查得下沉深度为 2 mm 对应的含水率为塑限含水率。

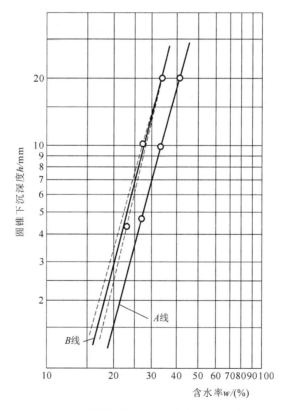

图 4.2 圆锥下沉深度与含水率关系图

4.3.5 实验结果

按式(4.3)、式(4.4)计算塑性指数和液性指数:

$$I_p = w_L - w_p \tag{4.3}$$

$$I_L = \frac{w - w_1}{I_p} \tag{4.4}$$

式中： I_p——塑性指数；

　　　 w_L——液限含水率，%；

　　　 w_p——塑限含水率，%；

　　　 w——天然含水率，%；

　　　 I_L——液性指数，精确至 0.01。

将实验数据填入表 4.3 中。

表 4.3　液塑限联合实验记录表

工程名称＿＿＿＿＿＿＿＿＿＿＿＿＿　　　　　　　实验者＿＿＿＿＿＿＿＿＿＿＿＿＿
土样说明＿＿＿＿＿＿＿＿＿＿＿＿＿　　　　　　　计算者＿＿＿＿＿＿＿＿＿＿＿＿＿
实验日期＿＿＿＿＿＿＿＿＿＿＿＿＿　　　　　　　校核者＿＿＿＿＿＿＿＿＿＿＿＿＿

试样编号	圆锥下沉深度 h/mm	盒号	湿土质量 m/g	干土质量 m_s/g	含水率 w /(%)	液限 w_L/(%)	塑限 w_p/(%)	塑性指数 I_p	液性指数 I_L
			(1)	(2)	$(3)=\left[\frac{(1)}{(2)}-1\right]\times100$	(4)	(5)	$(6)=(4)-(5)$	$(7)=\frac{(3)-(5)}{(6)}$

4.3.6　思考与讨论

(1) 土壤液塑联合实验的目的是什么？

(2) 根据实验 I_L 的结果给黏性土的状态分类。

4.4　固结实验

4.4.1　实验目的

固结实验是测定土体在外力作用下排水、排气、气泡压缩性质的一种测试方法。在一般情况下，土体承受三个主应力的作用，发生三相应变。压缩实验的目的在于测定试样在侧限和轴向排水条件下的变形和压力、变形和时间以及空隙比和压力间的关系，以便绘制压缩曲线，求得土的压缩系数 a_v、压缩模量 E_s，以便判断土的压缩性和进行变形计算，以及正常慢固结实验、快速固结实验。本实验因教学需要及时间关系用快速固结实验法。

4.4.2　实验原理

试样装在厚壁金属容器内，上下各放透水石一块，然后在试样上分级施加垂直压力

P。记录加压后不同时间的垂直变形量,绘制不同载荷下垂直变形量 Δh 与时间 t 的关系曲线;垂直变形 Δh 与相应载荷 P 的关系曲线;空隙比 e 与载荷 P 的关系曲线。由于试样受金属厚壁容器的限制,不可能产生侧向膨胀,土样只有垂直变形,故该实验称为侧限压缩实验。记录加压前后土样空隙比的变化,建立变形和空隙比的关系,然后计算地基的压缩模量。

4.4.3　实验器材

目前常用的压缩实验仪分为杠杆加压式和磅秤式两种。本实验用杠杆加压式压缩实验仪,常用型号为 WG-1B 型三联中压固结仪、WG-1C 型三联低压固结仪。图 4.3 所示为轻便固结仪。

(1)压缩仪　土样面积 30 cm²,土样高度 2 cm,固结压力等级为 12.5、25.0、50.0、100.0、200.0、300.0、400.0、600.0、800.0、1600.0 kPa,杠杆比为 1∶12。

(2)测微表　最大量程为 10 mm、最小分辨率为 0.01 mm 的百分表。

(3)透水石　试样上下放透水石,以便土样受压后土中空隙水排除。

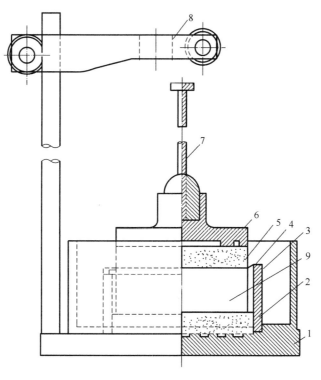

图 4.3　轻便固结仪

4.4.4　实验步骤

(1)根据工程需要,切取原状土试样或制备给定密度与含水量的扰动土样。

(2)按实验 4.1、实验 4.2 的方法,测定试样的密度及含水量。

(3)将土样压入环刀,在固结容器内放置护环、透水板和用水湿润后的薄滤纸,将带有环刀(环刀的表面积为 30 cm²,$h=20$ mm)的试样,小心装入护环内,然后在试样上放薄滤纸、透水板和加压盖板、传压钢柱后,置于加压框架下,对准加压框架的正中,安装量表。

(4) 施加 0.25 kPa 的预压压力,使试样与仪器上下各部分之间接触良好,然后调整量表,使指针读数为 5.00。

(5) 确定需要施加的各级压力。加压等级一般为 50.0、100、200、400 kPa(在工程实践中做本实验的最后一级压力应大于上覆土层的计算压力 100~200 kPa)。

(6) 测记稳定读数。当不需要测定沉降速率时,稳定标准规定为每级压力下固结 24 h。测记稳定读数后,本实验取固结稳定时间为 10 min,再施加第 2 级压力。依次逐级加压至实验结束。

(7) 实验结束后,迅速拆除仪器部件,取出带环刀的试样(如果是饱和试样,则用干滤纸吸去试样两端表面上的水,取出试样,测定实验后的含水量)。

(8) 计算与制图。

① 按下式计算试样的初始孔隙比 e_0,即

$$e_0 = \frac{\rho_w G_s (1 + 0.01 w_0)}{\rho_0} - 1 \tag{4.5}$$

式中:　ρ_0——试样初始密度,g/cm^3;

　　　　w_0——试样的初始含水量,%;

　　　　ρ_w——水密度,g/cm^3;

　　　　G_s——土粒比重。

② 按下式计算各级压力下固结稳定后的孔隙比 e_i,即

$$e_i = e_0 - (1 + e_0) \frac{\Delta h_i}{h_0} \tag{4.6}$$

式中:　Δh_i——某级压力下试样高度变化,即总变形量减去仪器变形量,mm;

　　　　h_0——试样初始高度,mm。

将实验数据填入表 4.4 中。

表 4.4　土的固结实验

土样编号:＿＿＿＿＿＿＿　　　　　　　　　　　　　　　　　　　　试验者:＿＿＿＿＿＿＿

试验方法:＿＿＿＿＿＿＿　　　　　　　　　　　　　　　　　　　　计算者:＿＿＿＿＿＿＿

试验日期:＿＿＿＿＿＿＿　　　　　　　　　　　　　　　　　　　　试验成绩:＿＿＿＿＿＿＿

实验前 $\rho =$　　g/cm^3	试样初始高度 $h_0 =$　　　　mm		
实验前 $\omega =$　　%	实验前孔隙比 $e_0 = \dfrac{\rho_w G_s (1 + 0.01 w_0)}{\rho_0} - 1$		
土粒比重 $G_s = 2.7 g/cm^3$	试样骨架净高 $h_s = \dfrac{h_0}{1 + e_0}$		
压力	50	100	200	400
初读数				
10 分钟读数				
试样总变形量				
$e_i = e_0 - \dfrac{\sum h_i}{h_s}$				

③ 绘制 e-p 曲线

以孔隙比 e 为纵坐标,压力 p 为横坐标,将实验成果点绘在图 4.4 上,再连成一条光滑曲线。

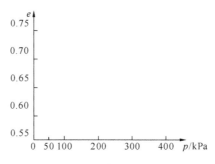

图 4.4　土的固结 e-p 图

4.5　直接剪切实验

4.5.1　实验目的

测定土的抗剪强度和土的内摩擦角、黏聚力,为计算地基强度和稳定性提供基本数据。

4.5.2　实验原理

土的破坏都是剪切破坏,土的抗剪强度是土在外力作用下,其一部分土体对于另一部分土体滑动时所具有的抵抗剪切的极限强度。土体的一部分对于另一部分移动时,便认为该点发生了剪切破坏。无黏性土的抗剪强度与法向应力成正比;黏性土的抗剪强度除和法向应力有关外,还取决于土的黏聚力。剪切破坏是强度破坏的重要特点。土的摩擦角 φ、黏聚力 c 是土压力、地基承载力和土坡稳定等强度计算必不可少的指标。土的强度为土木工程的设计和验算提供理论依据和计算指标。

土抗剪强度库仑公式如下。

砂性土抗剪强度为

$$\tau = \sigma\tan\varphi \tag{4.7}$$

黏性土抗剪强度为

$$\tau_f = \sigma\tan\varphi + c \tag{4.8}$$

式中： τ、τ_f——抗剪强度,kPa;

   σ——正应力,kPa;

   φ——内摩擦角,(°);

   c——黏聚力,kPa。

库仑定律表明,在一般的载荷范围内土的抗剪强度与法向应力之间呈直线关系。

4.5.3　实验器材

（1）ZJ-1、ZJ-2 型等应变直剪仪。本实验采用应变控制匣式直接剪切仪,由上盒及下盒、垂直加压框架、量力环、剪切传动装置等组成,试样置于上盒中,在垂直应力作用下施加水平力,使上下两盒错动导致试样被剪坏。上盒固定,下盒可以水平方向移动,且下盒放在钢珠上,目的是为了避免由于钢珠而导致的滚动摩擦力。加压采用杠杆传动,杠杆比为 1:12。

（2）环刀。试样底面积为 30 cm²,高度为 2 cm,环刀内径为 6.18 cm。

（3）测力计。应变圈附加百分表也叫测力计,根据编号查测力计校正系数,每台设备的系数不同。

百分表作用:读出剪切变形量。

（4）切土刀。作用:削土样用。

（5）钢丝锯。作用:锯断土样。

（6）滤纸。作用:吸取试样两端的表面水。

（7）圆玻璃片。作用:放在试样的两端防止水分蒸发。

（8）透水石。作用:土样受压时排除空隙水。

手摇应变控制式直接剪切仪结构如图 4.5 所示。

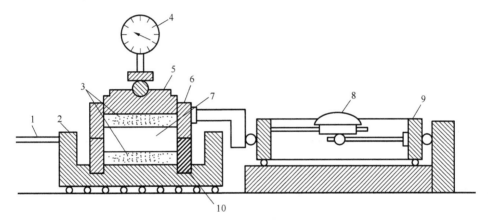

图 4.5　手摇应变控制式直接剪切仪

1—顶针;2—底座;3—透水石;4—测微表;5—活塞;6—上盒;7—土样;8—测微表;9—量力环;10—下盒

4.5.4　实验步骤

（1）试样制备:从原状土样中切取原状土试样或制备给定干密度和含水量的扰动土试样。用环刀取试样。

（2）试样安装:对准上下盒,插入固定销。在下盒内放湿滤纸和透水石。将装有试样的环刀平口向下,对准剪切盒口,在试样顶面放湿滤纸和透水石,然后将试样徐徐推入剪切盒内,移去环刀。

转动手轮,使上盒前端钢珠刚好与量力环接触。调整测力计读数为零。依次加上加压盖板、钢珠、加压框架,安装垂直位移计,测记起始读数。

（3）施加垂直压力:一个垂直压力相当于现场预期的最大压力 p,一个垂直压力要大于 p,其他垂直压力均小于 p。但垂直压力的各级差值要大致相等。也可以取垂直压力分别为 100、200、300、400 kPa,各级垂直压力可一次轻轻施加,若土质软弱,也可以分级施加以防试样挤出。

（4）拔去固定销,开动秒表,以 0.8～1.2 mm/min 的速率剪切(每分钟 4～6 转的均匀速度旋转手轮),使试样在 3～5 min 内剪损。

剪损的标准:① 当测力计的读数达到稳定,或有明显后退,表示试样剪损;② 一般宜剪切至剪切变形达到 4 mm;③若测力计的读数继续增加,则剪切变形达到 6 mm 为止。

(5)剪切结束后,倒转手轮,尽快移去垂直压力、框架、钢珠、加压盖板等。取出试样,重复实验,直至完成。

4.5.5　实验数据

(1)计算:试样的切应力为

$$\tau = kR \tag{4.9}$$

式中:　k——测力计率定系数,N/0.01 mm;

　　　　R——测力计读数,0.01 mm;

将实验数据填入表 4.5 中。

表 4.5　土的直接剪切实验

仪器编号				
试样面积				
垂直压力/kPa	100	200	300	400
百分表读数(0.01)				
量力环号数				
量力环系数				
抗剪强度				

(2)制图:以抗剪强度 τ_f 为纵坐标,垂直压力 p 为横坐标,在图 4.6 中绘制抗剪强度 τ_f 与垂直压力 p 的关系曲线。

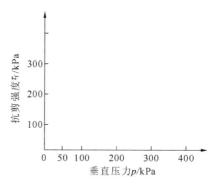

图 4.6　土的抗剪强度曲线

4.5.6　思考与讨论

(1)直剪实验的目的是什么?

(2)直剪实验的方法有哪几种?

(3)库仑定律中各参数的含义是什么?

4.6　渗透实验

4.6.1　实验目的

（1）测定土的渗透系数 K。

（2）室内实验可根据不同土质而选用各种不同的实验方法，本次实验采用 70 型渗透仪测定砂土及含少量砾石的无黏性土的渗透系数 K。

（3）实验用水采用实际作用于土中的天然水。

4.6.2　实验原理

常水头渗透实验：一般土中水的流速缓慢，属于层流，流动符合达西定律。

4.6.3　仪器设备

（1）TST-70 型渗透仪（其中包括装样筒、测压板、供水瓶及量筒等，见图 4.7）。

（2）其他附属设备（木击锤、秒表、天平等）。

图 4.7　TST-70 型渗透仪

4.6.4　操作步骤及计算方法

（1）装好仪器并检查各管路接头处是否漏水，将调节管与供水管连通，由仪器底部充水至水位略高于金属孔板，关止水夹。

（2）取具有代表性的风干试样 2500 g，称量准确至 1.0 g。

（3）将试样分层装入圆筒，每层厚 2～3 cm，用木锤轻轻击实到一定厚度，以控制其孔隙比。

（4）每层试样装好后，连接供水管和调节管，并由调节管中进水，微开止水夹使试样逐渐饱和。当水面与试样顶面齐平时，关止水夹。饱和时水流不应过急，以免冲动试样。

（5）依上述步骤逐层装试样，至试样高出上测压孔 3～4 cm 为止。在试样上端放置金属孔板作缓冲层,待最后一层试样饱和后,继续使水位缓缓上升至溢水孔,当孔有水溢出时,关止水夹。

(6)试样装好后,测量试样顶部至仪器上口的剩余高度,计算试样净高。称剩余试样质量准确至 1 g,计算装入试样总质量。

(7)静置数分钟后,检查各测压管水位是否与溢水孔齐平。如不齐平,说明试样中或测压管接头处有集气阻隔,用吸水球进行吸水排气处理。

(8)提高调节管,使其高于溢水孔。然后将调节管与供水管分开,并将供水管置于金属圆筒内。开止水夹,使水由上部注入金属圆筒内。

(9)降低调节管口,使其位于试样上部 1/3 处,造成水位差。水即渗过试样,经调节管流出。在渗透过程中应调节供水管夹,使供水管流量略多于溢出水量。溢水孔应始终有余水溢出以保持常水位。

(10)测压管水位稳定后,记录测压管水位。计算各测压管间的水位差。

(11)开动秒表,同时用量筒接取经一定时间的渗透水量,并重复 1 次。接取渗透水量时,调节管口不可没入水中。

(12)降低调节管管口至试样中部及下部处。按步骤(10)和(11)的规定重复进行测定。

4.6.5 实验数据

(1)计算干密度 ρ_d 和孔隙比 e。

$$\rho_d = \frac{m_s}{V} \qquad (4.10)$$

$$e = \frac{\rho_w G_s}{\rho_d} - 1 \qquad (4.11)$$

式中: m_s——土的质量;

V——土的体积;

ρ_w——湿密度;

G_s——土粒比重。

(2)计算渗透系数 K。

$$K = \frac{v}{i} \qquad (4.12)$$

$$i = \frac{H}{L} \qquad (4.13)$$

$$v = \frac{Q}{At} \qquad (4.14)$$

式中: H——水位差;

L——渗透深度;

Q——渗入水量;

A——试样截面积;

t——渗透时间;

V——渗流速度;

i——水力梯度。

将三组 v,i 数值画在 v-i 坐标图上,利用直线拟合法确定 K,计算结果填入表 4.6 中。

表 4.6　常水头渗透实验表格

班级＿＿＿＿＿＿＿　实验小组成员＿＿＿＿＿＿＿＿＿＿＿＿＿＿＿＿＿＿＿＿＿＿＿＿＿＿＿＿

实验日期＿＿＿＿＿＿＿　风干土质量＿＿＿＿＿＿＿　试样高度＿＿＿＿＿＿＿　试样面积＿＿＿＿＿＿＿

实验次数	经过时间 t/s	测压管水位/cm			水位差/cm	水位坡降	渗透量	渗透系数
		Ⅰ管	Ⅱ管	Ⅲ管				

第5章　水力学实验

　　水力学实验,是水力学教学的一个重要环节,由于人们对流体运动规律认识的局限性(很多流动的规律和公式是通过实验分析、总结而来的),为了深化教改,完成教学大纲的要求,培养学生独立分析和解决问题的能力,学生能在掌握流体力学与水力学实验的基本方法、技能的基础上,进行水流运动规律研究,完成综合性实验,并为以后的科学研究打下牢固基础。

　　从学科发展看,实验方法是促进其发展的重要手段,实验课要求学生通过实际操作,掌握基本技能,领会使用实验仪器和设备的方法,以及掌握对压强、流速、流量等物理量的测量方法,并通过实验观测流动现象,加深对水力现象的理解和认识,达到验证、巩固和夯实基本概念和基本理论的目的。

　　对于实验成果的综合性分析与讨论,强调以实验测量的成果为依据,并灵活地应用水力学、工程流体力学,应用数学和测量技术的相关知识,以图表、文字、数学分析等形式作深入、系统、全面、详尽的解答,这对于培养学生密切相关知识,增强实验技巧、培训创新意识以及增加工程经验,扩大知识面,都有着特殊的意义。

5.1　流体静力学实验

5.1.1　实验目的

　　(1)充分理解静压强、等压面等基本概念及特性,掌握测定静水压强的测量方法。

　　(2)验证重力作用下不可压缩流体静力学基本方程。

　　(3)观察真空现象,加深对真空压强、真空度的理解。

　　(4)通过对诸多流体静力学水力现象的实验分析研究,提高测定仪器中 U 形管中油重度的实际能力。

5.1.2　实验原理

　　(1)根据流体平衡规律,在重力场中静止液体的压强分布为

$$Z + \frac{p}{r} = C \quad 或 \quad p = p_0 + \gamma \cdot h \tag{5.1}$$

式中：　p——被测点的静水压强,用相对压强表示(以下类同);

　　　　p_0——水箱中水面的表面压强;

　　　　γ——液体容重;

　　　　h——被测点的液体深度。

式(5.1)表明,在连通的同种静止液体中各点对于同一基准面的测压管水头相等。

(2) 测压管的一端与大气相通,这样就把测管水头显示出来。再利用液体的平衡规律,可知连通的静止液体区域中任何一点的压强,包括测点处的压强。这就是测压管测量静水压强的原理。

(3) 压强水头 p/r 和位置水头 Z 之间的相互转换,决定了液柱高和压差的对应关系为 $\Delta p = r\Delta h$,在压差相同的情况下,不同的液体对应不同的液柱高。用这个原理可以测定液体的重度。即利用本装置,在不附带其他读尺的情况下,测定某种液体,比如油的容重 γ。

当 U 形管内装有两种液体:一是盛有与水箱内相同的水;二是待测容重的油。设水和油的容重分别为 γ_w、γ_0,先使水箱加压,使 U 形管内水面和油水交界面处在同一水平面上(见图 5.1)。

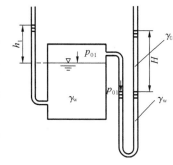

图 5.1

从测压管标尺上读取 h_1,有

$$p_{01} = \gamma_w h_1 = \gamma_0 H \tag{5.2}$$

再使水箱减压,使 U 形管中水面和油面处于同一水平面(见图 5.2),从测压管标尺中读取 h_2,又有

$$p_{02} = -\gamma_w h_2 = \gamma_0 H - \gamma_w H \tag{5.3}$$

联立式(2.2)、式(2.3),可得 $H = h_1 + h_2$

$$\gamma_0 = \frac{h_1}{h_1 + h_2}\gamma_w \tag{5.4}$$

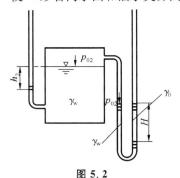

图 5.2

5.1.3　实验器材

图 5.3 所示为静水压强实验器材图。

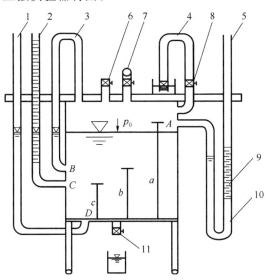

图 5.3　静水压强实验器材图

1—测压管;2—带标尺测压管;3—连通管;4—真空测压管;5—U 形测压管;6—通气阀;
7—加压打气球;8—截止阀;9—油柱;10—水柱;11—减压放水阀

5.1.4　实验步骤

(1) 预习实验指导书,认真阅读实验目的要求、实验原理和注意事项;测记本实验常数 B、C、D 各点的标尺读数 ∇_B、∇_C、∇_D。

(2) 打开通气阀,记录水箱液面标尺读数 ∇_0($p_0 = p_a = 0$ 简称常压法)。

(3) 关闭通气阀与截止阀,然后捏动打气球向箱内慢慢打气加压。再调节放气螺母使水箱内 $p_0 > 0$,且使 U 形管中水面与油水交界面齐平。这时记录测管液面标尺读数(分别记入表 5.1 和表 5.2)。

(4) 打开通气阀,使箱体内减压后,再关闭好,然后打开放水阀门,使水箱内的空气压力减至 $p_0 < 0$,且使 U 形管中水面与油面齐平,同样记下测压管液面读数(分别记入表 5.1 和表 5.2)。

(5) 测定 4 号测压管插入水杯水中的深度,同时测定 B、C、D 各点压强(记入表 5.1)。

(6) 调整压力 $p_B < 0$ 时,记下水箱液面和测压管液面读数(记入表 5.1)。

(7) 实验结束后,清理实验桌面及场地。

5.1.5　实验结果

1. 实验操作需掌握的内容

(1) 熟练地进行加压、减压及常压的操作。

(2) 灵活掌握静水力学基本原理,确定真空度的大小及真空区域。

2. 实验需掌握的要点

(1) 通过实验,加深对静水力学基本方程的物理、几何意义的理解,即对位置水头、压强水头及测压管水头的理解。

(2) 掌握静水压强的测量方法,验证静止液体中,不同点对于同一基准面的测压管水头为常数。

(3) 正确判别和理解基准面与等压面、测压管与连通管之间的关系。

3. 注意事项

(1) 在对系统加压时,应轻轻打气,以免油、水溅出,影响实验的正常进行。

(2) 在读取测管读数时,一定要等液面稳定后再读,并注意使视线与液面最低点处于同一水平面上。

5.1.6　思考与讨论

1. 分析思考问题

(1) 以实验结果为据,举例说明重力作用下的静止液体压强分布的基本规律。

(2) 如何利用测压管测量静止液体中任意一点的压强(包括液面压强)?

(3) 表面压强 p_0 及基准面 0—0 线位置的改变,对 B、C 两点的位置水头与压强水头有何影响?

2. 完成实验报告

1) 实验成果计算及要求

(1) 记录有关常数。

$\nabla_B =$ _____ cm;$\nabla_C =$ _____ cm;$\nabla_D =$ _____ cm;$\gamma_w =$ _____ N/cm³。

(2) 求出各次测量时 B、C、D 点的压强,并选择一基准面,验证同一静止液体内的任意

二点 C、D 的 $Z+P/r=C$。

表 5.1　流体静压强测量记录及计算表格　　　　　　　　（单位：cm）

测次	水箱液面标尺读数 ∇_0	测压管液面标尺读数 ∇_h	压强水头				测压管水头		备注
			$\dfrac{p_A}{\gamma}=\nabla_h-\nabla_0$	$\dfrac{p_B}{\gamma}=\nabla_h-\nabla_B$	$\dfrac{p_C}{\gamma}=\nabla_h-\nabla_C$	$\dfrac{p_D}{\gamma}=\nabla_h-\nabla_D$	$Z_C+\dfrac{p_C}{\gamma}$	$Z_D+\dfrac{p_D}{\gamma}$	
1									
2									
3									
4									
5									

注：基准面选在 _____。

（3）求油的容重。

将油容重测量及计算结果填入表 5.2 中。

表 5.2　油容重测量记录及计算表格　　　　　　　　（单位：cm）

工况	测次	水箱液面标尺读数 ∇_0	测压管液面标尺读数 ∇_h	$h_1=\nabla_h-\nabla_{01}$	$\overline{h_1}$	$h_2=\nabla_{02}-\nabla_h$	$\overline{h_2}$	$\dfrac{\gamma_0}{\gamma_w}=\dfrac{\overline{h_1}}{\overline{h_1}+\overline{h_2}}$	$\gamma_0/$ (N/m³)
加压至 U 形管中水面与油水交界面平齐	1								
	2								
	3								
减压至 U 形管中水面与油面平齐	1								
	2								
	3								

2）实验成果分析与讨论

（1）以实验数据证明：同一静止液体内的测压管水头线是一条水平线。

（2）若有一根直尺，请用最简便的方法测定 U 形管中油的容重 γ_0。

（3）4 号测压管插入水杯水中的吸程与 1 号、2 号、5 号管发生真空现象时的关系分别是什么？

（4）哪根测压管液面标尺读数代表水箱液面标尺读数，为什么？

5.2　不可压缩流体恒定流能量方程实验

5.2.1　实验目的

（1）掌握流速、流量、压强等动水力学水力要素的实验测量技术。

（2）验证流体恒定总流的能量方程，理解各项中的几何、水力学与能量的意义。

（3）通过对动水力学诸多水力现象的实验分析研究，进一步掌握有压管流中动水力学的能量转换特性。

5.2.2　实验原理

（1）理想状态流体的运动方程（欧拉方程）在恒定、质量力仅有势能（重力）、流体不可压缩的条件下由伯努利积分得到，即

$$Z + \frac{p}{\gamma} + \frac{v^2}{2g} = \text{const（常数）}　\text{（沿流线）} \tag{5.5}$$

上式的物理意义是：对于不可压缩的理想流体的恒定流动，总水头（位置水头、压强水头和速度水头之和）或单位质量液体的总机械能（位置势能、压强势能和动能之和）沿流线是保持不变的。

（2）伯努利积分可直接运用于恒定元流——重力场中，理想状态下不可压缩的流体恒定元流的 1-1、2-2 两个断面上，总水头相等，即

$$Z_1 + \frac{p_1}{\gamma} + \frac{\alpha_1 v_1^2}{2g} = Z_2 + \frac{p_2}{\gamma} + \frac{\alpha_2 v_2^2}{2g} \tag{5.6}$$

（3）毕托管利用测压管和总压管（测速管）测得总水头和测压管水头之差——速度水头，即可用来测量流场中某点的流速。

（4）在渐变流的过水断面上。因惯性力的分量为零，质量力与压差力的分量在此平面上相互平衡，所以渐变流的过水断面上，动水压强是按静水压强规律分布的，即测压管水头 $H = Z_1 + p_1/\gamma = C$ 为常数；在急变流管段中，因惯性力在过水断面上有分量，它也参与了质量力与压差力的平衡，所以动水压强不是按静水压强规律分布的。

内弯处动水压强

$$p = \rho\left(g + \frac{v^2}{r}\right)h$$

外弯处动水压强

$$p = \rho\left(g - \frac{v^2}{r}\right)h$$

式中：　g——重力加速度；

$\dfrac{v^2}{r}$——圆周运动的液体质点的法向加速度；

u——质点的速度；

r——液体质点作圆弧曲线运动的曲率半径。

（5）理想状态下不可压缩的流体恒定总流的能量方程为

$$Z_1 + \frac{p_1}{\gamma} + \frac{\alpha_1 v_1^2}{2g} = Z_2 + \frac{p_2}{\gamma} + \frac{\alpha_2 v_2^2}{2g} \tag{5.7}$$

式中：　α_1、α_2——两断面的动能修正系数。

若考虑实际（黏性）流体流动时的能量损失，则

$$Z_1 + \frac{p_1}{\gamma} + \frac{\alpha_1 v_1^2}{2g} = Z_2 + \frac{p_2}{\gamma} + \frac{\alpha_2 v_2^2}{2g} + h_{w1\text{-}2} \tag{5.8}$$

其中，断面 1—1 是上游断面、断面 2—2 是下游断面、$h_{w1\text{-}2}$ 为管段断面 1—1、2—2 之间单位质量流体的能量损失（包括沿程水头和局部水头损失）。

（6）恒定总流能量方程的各项的量纲都是长度量纲，所以可将它们沿程变化的情况用几何形式表示出来，称为水头线。故可分别画出测压管水头线和总水头线。

在实验管路中沿管内水流方向取 n 个过水断面，可以列出进口断面 1 至断面 $i(i = 2, 3,$

$\cdots,n)$的能量方程式为

$$Z_1 + \frac{p_1}{\gamma} + \frac{\alpha_1 v_1^2}{2g} = Z_i + \frac{p_i}{\gamma} + \frac{\alpha_i v_i^2}{2g} + h_{w1\text{-}i} \qquad (5.9)$$

取 $\alpha_1 = \alpha_2 = \cdots = \alpha_n = 1$,选好基准面,从已设置的各断面的测压管中读出 $Z + P/\gamma$ 值,测出通过管路的流量,即可计算出断面平均流速 v 及 $\alpha v^2/(2g)$,从而可得到各断面测管水头和总水头。

5.2.3　实验器材

本实验所用器材如图 5.4 所示。

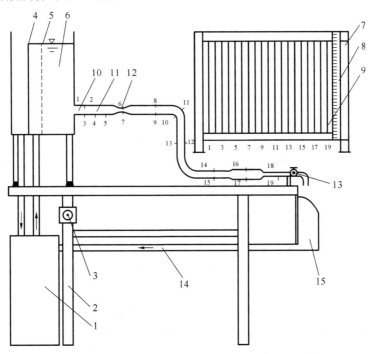

图 5.4　能量方程实验器材图

1—自循环供水器;2—实验台;3—可控硅无级调速器;4—溢流板;5—稳水孔板;6—恒压水箱;7—测压计;8—滑动测量尺;9—测压管;10—实验管道;11—普通测压点;12—毕托管测压点;13—流量调节阀;14—回水管;15—汇水器

5.2.4　实验步骤

(1)熟悉实验设备,分清各测压管与各普通测压点,毕托管测点的对应关系;测记本实验的有关常数。

(2)打开开关供水,使水箱充水,待水箱溢流后,检查泄水阀关闭时所有测压管水面是否齐平,若不平,则进行排气调平(开关几次)。

(3)打开阀 13,观察测压管水头线和总水头线的变化趋势及位置水头、压强水头之间的相互关系。观察当流量增加或减少时测管水头的变化情况。

(4)调节阀 13 的开度,待流量稳定后,测记各测压管液面读数,同时测记实验流量(与毕托管相连通的是演示用的,不必测记读数)。

(5)调节阀 13 的开度 1~2 次,其中一次使阀门开度最大(以液面降到标尺最低点为限),按步骤(4)重复测量。

(6)实验结束后,关闭电源,清理实验桌面及场地。

5.2.5 实验结果

1. 实验操作技能需掌握的内容

(1) 如何对整个系统排气,为什么? 保证实验满足连续性条件?

(2) 流量的测量和秒表的使用。

2. 实验需掌握的要点

(1) 观察在恒定流下,管道水流的位置势能、压强势能和动能的沿程转化规律,加深理解能量方程的物理意义及几何意义。

(2) 考察均匀流、渐变流与急变流在水流特征及断面压强分布规律方面的差别,明确恒定总流能量方程的运用条件。

(3) 学习使用测压管、总压管测水头的实验技能及绘制水头线的方法。

3. 注意事项

(1) 每次改变流量,测量必须在水流恒定后方可进行。

(2) 注意普通测压管与毕托管测压管的区别,测点的读取应一一对应。

(3) 流速较大时,测管水面若有脉动现象,则要待稳定 2~3 min 后再读取时均值。

(4) 两个同学一组参加测量实验,一定要相互配合好测压管液面高程的读取、掌握阀门开度、流量的测量。

5.2.6 思考与讨论

1. 分析思考问题

(1) 为什么测压管开口方向应与流速垂直,而总压管(毕托管—测速管)开口方向则应迎着流速方向?

(2) 均匀流(渐变流)和急变流断面上的压强分布规律有何不同? 为什么急变流断面上的测管水头不等于常数? 2、3、4 断面上各测点的测压管水头大小顺序如何?

(3) 使用能量方程时,为什么上下游断面都必须选在渐变流、均匀流所在的管段上。

(4) 实验中,毕托管在测点测到的总水头是过流断面的总水头吗?

2. 完成实验报告

1) 实验成果计算及要求

(1) 把有关常数记入表 5.3 至表 5.6 内。

水箱液面高程▽$_0$=_____cm;上管轴线高程▽$_z$=_____cm。

表 5.3 有关常数记入表

测点编号	水箱~1	1#~2,3	2,3~4	4~5	5~6#、7	6#、7~8#、9	8#、9~10、11	10、11~12#、13	12#、13~14#、15	14#、15~16#、17	16#、17~18#、19
管径/cm											
面积/cm²											
两点距离/cm	4	4	6	6	4	13.5	6	10	29.5	16	16

注:① 打"#"为毕托管测点(测点编号见图 5.4),用于测量毕托管探头对准管轴中心点处的总水头 $H'=Z+\dfrac{p}{\gamma}+\dfrac{u^2}{2g}$;其他普通测点断面总水头 $H=Z+\dfrac{p}{\gamma}+\dfrac{v^2}{2g}(v\neq u)$。

② 2、3 点为直管均匀流段同一断面上的两个测压点,10、11 点为弯管非均匀流段同一断面上的两个测压点。

（2）计算实验成果（基准面选在标尺的零点上）。

表 5.4　计算测压管水头 $Z+\dfrac{p}{\gamma}$

测点编号	2、3	4	5	7	9	10	11	13	15	17	19
管径 d/cm											
流量 $Q_1/(\mathrm{cm^3/s})$											
流量 $Q_2/(\mathrm{cm^3/s})$											

表 5.5　计算流速水头 $\dfrac{\alpha v^2}{2g}$

测点编号	2、3	4	5	7	9	10	11	13	15	17	19
流量 $Q_1/(\mathrm{cm^3/s})$											
流量 $Q_2/(\mathrm{cm^3/s})$											

表 5.6　计算总水头 H　　　　　　　　　　　（单位：cm）

测点编号	2、3	4	5	7	9	10	11	13	15	17	19
H_1											
H_2											

2）实验成果分析与讨论

（1）用实例分析测压管水头线和总水头线的变化趋势。

（2）若流量增加，测压管水头线有何变化？为什么？

（3）阐述实验管道中测点 2、3 和测点 10、11 处测管读数不同的原因。

（4）绘制成果中最大流量的总水头线和测压管水头线，求出各管段的水头损失。

5.3　局部水头损失实验

5.3.1　实验目的

（1）掌握测量局部阻力损失与局部阻力损失系数的方法和技能。

（2）对圆管突扩局部阻力系数的包达公式和突缩局部阻力系数的经验公式的实验验证与分析，熟悉用理论分析法和经验法建立函数式的途径。

（3）了解产生局部阻力损失的原因。

5.3.2　实验原理

（1）水流在流动过程中，水流边界条件或过水断面改变，会使得水流内部各质点的流速、压强发生变化，产生旋涡，其具体表现在：有压管道恒定流遇到管道边界的局部突变→流动分离形成剪切层→剪切层流动不稳定，引起流动结构的重新调整，并产生旋涡→平均流动能量转化成脉动能量，造成不可逆的能量耗散。在此过程中，水流质点间相对运动加强，水流内部摩擦阻力所做的功增加，与沿程因摩擦造成的分布损失不同，这部分损失可以看成是集中损失在管道边界的突变处,每单位质量流体所承担的这部分能量损失称为局部水头损失。

局部水头损失的一般表达式为

$$h_{\mathrm{j}} = \xi \frac{v^2}{2g} \tag{5.10}$$

式中：　h_{j}——局部水头损失;

　　　　ξ——局部水头损失系数;

　　　　v——过流断面平均流速。

(2) 由能量方程,局部水头损失为

$$h_{\mathrm{j}} = \left(Z_1 + \frac{p_1}{\gamma}\right) - \left(Z_2 + \frac{p_2}{\gamma}\right) + \frac{\alpha_1 v_1^2}{2g} - \frac{\alpha_2 v_2^2}{2g} \tag{5.11}$$

因边界突变造成的能量损失,全部产生在 1-1、2-2 两断面之间,故不再考虑沿程损失。那么上游断面 1-1 应取在由于边界的突变,水流结构开始发生变化的渐变流段中。下游断面 2-2 则取在水流结构调整刚好结束,重新形成渐变流段的地方。总之,两断面距离应尽可能接近,同时又要保证局部水头损失全部产生在两断面之间。我们经过测量两断面的测压管水头差和流经管道的流量,然后计算两断面的速度水头差,就可得出局部水头损失。

(3) 局部水头损失系数是局部水头损失折合成速度水头的比例系数,即

$$\xi = \frac{h_{\mathrm{j}}}{\frac{\alpha v^2}{2g}} \tag{5.12}$$

在上下游断面平均流速不同时,通常情况下对应的是下游的速度水头。对于突扩圆管就有 $\xi_1 = 2gh_{\mathrm{j}}/(\alpha_1 v_1^2)$ 和 $\xi_2 = 2gh_{\mathrm{j}}/(\alpha_2 v_2^2)$ 之分。其他情况的局部损失系数在查表或使用经验公式确定时也应注意。

(4) 局部水头损失系数随流动的雷诺数的不同而变化,即 $\xi = f(Re)$,但当雷诺数大到一定程度后,ξ 值成为常数。工程中使用的表格或经验公式中的 ξ 值就是指这个范围的数值。

(5) 写出沿水流方向的局部阻力前后两断面的能量方程,根据推导条件,扣除沿程水头损失可得如下结论。

① 突然扩大,采用三点法计算。下式中的 $h_{\mathrm{f1\text{-}2}}$ 由 $h_{\mathrm{f2\text{-}3}}$ 按流长比例换算得出

实测值:

$$h_{\mathrm{je}} = \left[\left(Z_1 + \frac{p_1}{\gamma}\right) + \frac{\alpha_1 v_1^2}{2g}\right] - \left[\left(Z_2 + \frac{P_2}{\gamma}\right) + \frac{\alpha_2 v_2^2}{2g} + h_{\mathrm{f1\text{-}2}}\right] \tag{5.13}$$

$$\xi_{\mathrm{e}} = \frac{h_{\mathrm{je}}}{\frac{\alpha_1 v_1^2}{2g}} \tag{5.14}$$

理论值:

$$\xi_{\mathrm{e}}' = \left(1 - \frac{A_1}{A_2}\right)^2 \tag{5.15}$$

$$h_{\mathrm{je}}' = \xi_{\mathrm{e}}' \frac{\alpha v_1^2}{2g} \tag{5.16}$$

② 突然缩小,采用四点法计算。下式中的 B 点为突缩点,$h_{\mathrm{f4\text{-}B}}$ 由 $h_{\mathrm{f3\text{-}4}}$ 按流长比例换算得出,$h_{\mathrm{fB\text{-}5}}$ 由 $h_{\mathrm{f5\text{-}6}}$ 按流长比例换算得出实测值:

$$h_{\mathrm{js}} = \left[\left(Z_4 + \frac{p_4}{\gamma} \right) + \frac{\alpha_4\, v_4^2}{2g} - h_{f4\text{-}B} \right] - \left[\left(Z_5 + \frac{p_5}{\gamma} \right) + \frac{\alpha_5\, v_5^2}{2g} + h_{fB\text{-}5} \right] \tag{5.17}$$

$$\xi_s = \frac{h_{\mathrm{js}}}{\dfrac{\alpha_5\, v_5^2}{2g}} \tag{5.18}$$

经验值：

$$\xi_s' = 0.5 \left(1 - \frac{A_5}{A_3} \right) \tag{5.19}$$

$$h_{\mathrm{js}}' = \xi_s' \frac{\alpha_5\, v_5^2}{2g} \tag{5.20}$$

5.3.3　实验器材

本实验所用器材如图 5.5 所示。

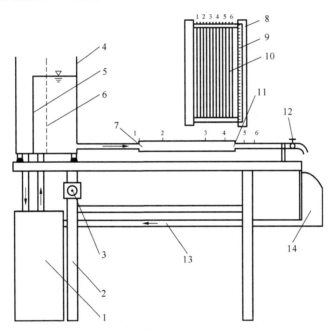

图 5.5　局部阻力系数测定实验器材图

1—自循环供水器；2—实验台；3—可控硅无级调速器；4—恒压水箱；5—溢流板；6—稳水孔板；7—突然扩大实验管段；
8—测压计；9—滑动测量尺；10—测压管；11—突然收缩实验管段；12—实验流量调节阀；13—回水管；14—汇水器

5.3.4　实验步骤

（1）认真预习实验指导书，理解实验目的、要求、原理和注意事项，测记各有关常数。

（2）打开电子调速器开关，使恒压水箱充水，排除实验给水管道中的滞留气体。待水箱溢流后，检查泄水阀全关时，各测压管液面是否齐平，若不平，则需排气调平。

（3）打开泄水阀至最大开度（但必须保证每根测管的液面在零点之上），待流量稳定后，测记测压管读数，同时用体积法测记流量。

（4）改变泄水阀开度 5～6 次，分别测记测压管读数及流量。

（5）实验完成后，关闭泄水阀，检查测压管液面是否齐平。

（6）实验结束后，关闭电源，清理实验桌面及场地。

5.3.5　实验结果

1. 实验操作技能需掌握的内容

（1）二点法、三点法、四点法的测量技能。

（2）熟练地调整实验仪器和设备，并对实验给水管道进行排气。

（3）测压管的正确读取、秒表的使用及流量的测量技巧。

2. 实验需掌握的要点

（1）观察突扩管旋涡区测管水头线，以及其他各种边界突变情况下的测管水头变化情况，加深对局部水头损失机理的感性认识和理性认识。

（2）掌握测定管道局部水头损失系数的方法，并将突扩管的实测值与理论值比较；将突缩管的实测值与经验值比较。

（3）学习用测压管测量压强和用体积法测流量的实验技能。

（4）在实验管道流速水头的计算中，应始终取与其计算断面相对应管径的流速来进行计算。

3. 注意事项

（1）实验给水管道必须在清除气泡后，保证被测液体的连续性方可进行实验。

（2）每次改变流量后，测量必须在水箱水流恒定时方可进行。

（3）实验管道流速水头的计算，应始终取与其计算断面相对应管径的流速来进行。

（4）注意爱护秒表等仪器设备。

（5）实验结束后，关闭电源，清理实验桌面及场地。

5.3.6　思考与讨论

1. 分析思考问题

（1）突扩管的局部水头损失的实测值与理论值为什么会有差别，这种差别是由哪些因素造成的？

（2）怎样才能减少局部水头损失？

（3）局部水头损失系数是否与雷诺数有关？通常给定的局部水头损失系数是常数，应该怎么理解？

（4）怎样用两点法去测量某个零部件的局部阻力系数？

（5）在管径相同、流量相同的条件下，突扩管和突缩管的局部水头损失是否相同？为什么？

（6）影响局部水头损失系数测量精度的因素有哪些？本实验测得的突扩管和突缩管的结果，哪个精度高？原因是什么？

（7）如不考虑管段的沿程水头损失，所测出的局部水头损失系数 ξ 值比实际的偏大还是偏小？在工程中使用此 ξ 值是否安全？

（8）为什么在实验中要反复强调保持水流恒定的重要性？

2. 实验报告

1）实验成果计算及要求

（1）记录有关常数。

$d_1 = D_1 =$ ＿＿＿＿＿ cm, $A_1 =$ ＿＿＿＿＿ cm^2；

$d_2 = d_3 = d_4 = D_2 =$ ＿＿＿＿＿ cm, $A_2 =$ ＿＿＿＿＿ cm^2；

$d_5 = d_6 = D_3 =$ ＿＿＿＿＿ cm, $A_3 =$ ＿＿＿＿＿ cm^2；

$L_{1\sim2}=12\ \text{cm}; L_{2\sim3}=24\ \text{cm};$

$L_{4\sim B}=6\ \text{cm}; L_{B\sim5}=6\ \text{cm}; L_{5\sim6}=6\ \text{cm};$

$$\xi_e'=\left(1-\frac{A_1}{A_2}\right)^2=\underline{\qquad};\qquad \xi_s'=0.5\left(1-\frac{A_5}{A_3}\right)=\underline{\qquad}.$$

（2）填写记录表格（见表 5.7～表 5.9）。

表 5.7　记录表格

次数	体积/cm³	时间/s	流量/(cm³/s)	测压管读数/cm					
				h_1	h_2	h_3	h_4	h_5	h_6
1									
2									
3									
4									
5									

表 5.8　突扩计算表

次数	流量/(cm³/s)	流速/(cm/s)		前断面动能、能量/J		后断面动能、能量/J		h_j/cm	ξ	h_j'/cm
		v_1	v_2	$\dfrac{\alpha_1 v_1^2}{2g}$	E_1	$\dfrac{\alpha_2 v_2^2}{2g}$	E_2			
1										
2										
3										
4										
5										

表 5.9　突缩计算表

次数	流量/(cm³/s)	流速/(cm/s)		前断面动能、能量/J		后断面动能、能量/J		h_j/cm	ξ	h_j'/cm
		v_2	v_3	$\dfrac{\alpha_1 v_1^2}{2g}$	E_4	$\dfrac{\alpha_5 v_5^2}{2g}$	E_5			
1										
2										
3										
4										
5										

2）实验成果分析与讨论

（1）根据实验成果,分析突扩管与突缩管在外界条件相同情况下局部损失大小的关系。

（2）实验管道上有一被测直管段（两端设有测压点）,管道长度与调节阀长度相同（内径也相同）,如何测定阀门的局部阻力及阻力系数?

（3）试说明实测的突扩局部水头损失系数 ξ_e 与理论值 ξ_e' 有误差的原因,为什么?

（4）实测的 h_j 与理论计算值 h_j' 有何不同,为什么?

（5）水流流经突扩断面处,测压管水位有何变化?

5.4　沿程水头损失实验

5.4.1　实验目的

(1) 掌握管道沿程阻力系数的测量技术和应用气-水压差计测量压差的方法。

(2) 理解圆管中沿程水头损失的概念和影响沿程阻力系数的因素,以及沿程损失随平均流速变化的规律。

(3) 将测得的 λ-Re 曲线与莫迪图对比,分析其合理性,进一步提高实验成果分析能力。

5.4.2　实验原理

(1) 沿程水头损失是指单位质量的液体,从一个过流断面流到另一个过流断面,由于克服摩擦阻力做功消耗能量而损失的水头。其特点:随流程的增加而增加,且在单位长度上的损失率相同。

对于通过直径不变的圆管的恒定水流,沿程水头损失为

$$h_\mathrm{f} = \left(Z_1 + \frac{p_1}{\gamma}\right) - \left(Z_2 + \frac{p_2}{\gamma}\right) = \Delta h \tag{5.21}$$

即上下游测量断面的比压计读数差。沿程水头损失也常表达为

$$h_\mathrm{f} = \lambda \frac{l}{d} \frac{v^2}{2g} \tag{5.22}$$

式中：　λ——沿程水头损失系数;

　　　　l——上下游测量断面之间的管段长度;

　　　　d——管道直径;

　　　　v——断面平均流速。

若在实验中测得 l、h_f 和断面平均流速 v,则可直接得到沿程水头损失系数为

$$\lambda = \frac{h_\mathrm{f} \cdot d \cdot 2g}{l v^2} = K \frac{h_\mathrm{f}}{Q^2} \tag{5.23}$$

式中：　K——常数,$K = \dfrac{\pi^2 g d^5}{8l}$;

　　　　Q——流量,$\mathrm{m^3/s}$。

(2) 不同流动形态及流区的水流,其沿程水头损失与断面平均流速的关系是不同的。层流流动的沿程水头损失与断面平均流速的 1 次方成正比;紊流流动的沿程水头损失与断面平均流速的 $1.75 \sim 2.0$ 次方成正比。

(3) 沿程水头损失系数 λ 的计算。

① 圆管层流流动时,

$$\lambda = \frac{64}{Re} \tag{5.24}$$

上式表明,λ 仅与 Re 有关,是雷诺数 Re 的函数。

② 光滑圆管紊流流动(水力光滑管区)时,

$$\lambda = \frac{0.3164}{Re^{0.25}} \quad (Re < 10^5) \tag{5.25}$$

上式表明,λ 与雷诺数 Re 有关。

由此可见,在层流流动和紊流光滑区,沿程水头损失系数 λ 取决于雷诺数。

③ 粗糙圆管紊流流动(水力粗糙区或称阻力平方区)时,

$$\lambda = \frac{1}{[2 \times \lg(3.7d/\Delta)]^2} \tag{5.26}$$

式中: Δ——粗糙度。

上式表明,沿程水头损失系数 λ 完全由粗糙度决定,此时沿程水头损失仅与断面平均流速的平方成正比,而与雷诺数无关。在紊流光滑区和紊流粗糙区之间存在过渡区,此时沿程水头损失系数 λ 与雷诺数和粗糙度都有关。

(4)粗糙系数 n。

粗糙系数

$$n = \left(\frac{\lambda}{8g}\right)^{1/2} R^{1/6} \tag{5.27}$$

式中: R——管道的水力半径,其计算式为

$$R = \frac{d}{4} \quad (适用于紊流粗糙区)$$

5.4.3 实验器材

本实验所用器材如图 5.6 所示。

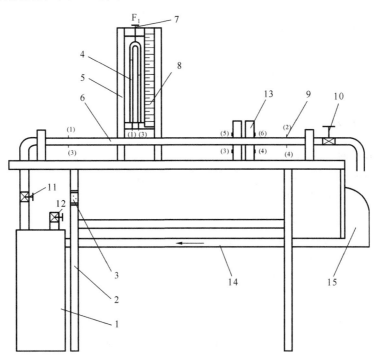

图 5.6 自循环沿程水头损失实验器材图

1—自循环高压恒定全自动供水器(蓄水箱);2—实验台;3—电源插座;4—气-水压差计;5—测压计;6—实验管道;
7—压差计放气阀;8—滑动测量尺;9—测压点;10—实验流量调节阀;11—供水阀与供水管;
12—旁通阀与分流管;13—水封器;14—回水管;15—汇水器

5.4.4 实验步骤

（1）认真预习实验指导书，搞清各组成部件的名称、作用及工作原理；检查蓄水箱水位；记录有关实验常数。

（2）供水装置有自动启闭功能，接上电源以后，打开阀门，水泵能自动开机供水；关掉阀门，水泵会随之断电停机。若水泵连续运转，则供水压力恒定，但在供水流量很小（如层流实验）时，水泵会时转时停，供水压力波动很大。旁通阀 12 的作用为小流量测量时，以分流来增加水泵的出水量，避免时转时停造成的压力波动。

（3）排气。

① 对系统充水排气：全开阀 11 和阀 12→启闭流量调节阀 10 若干次→调节阀 10 由小到大逐次进行→当阀 10 全开时，再逐次关闭阀 12，使实验流量呈最佳状态。

② 对水压差计充水排气：开启分流阀 12→松开止水夹→开启供水阀 11→启闭流量调节阀 10 若干次→关闭阀 10→开启阀 11→旋开旋塞 F_1→等水压差计中的水位齐升至大约 1/2 高程时再拧紧 F_1→开启阀 10 和阀 11。

③ 对调压筒充水排气：当筒中水位过低（接近进口高程）时，开启供水阀 11→关闭调节阀 10→斜置调压筒→启闭阀 10 若干次→自动充水至筒高的 2/3 以上。

④ 每次调节流量后，稳定 2~3 min，然后用滑尺测定各测压管液面值，并用量筒秒表测定流量，每次测量的时间应尽可能长些。

⑤ 要求测量 9 次以上，其中层流区（Δh 为 3~4 cm H_2O 以下）测量 3~5 次。

⑥ 由于水泵运转过程中水温有变化，要求每次实验均需测水温一次。

⑦ 整理所测数据，绘制 $\lg h_f$-$\lg v$ 的关系曲线，确定流区。

⑧ 实验结束前先关闭调节阀 10，检查比压计是否回零，然后再关闭阀 11，关闭电源，清理实验桌面及场地。

5.4.5 实验结果

1. 实验操作技能需掌握的内容

（1）能熟练地对系统、水压差计、调压筒进行充水排气。

（2）气-水压差计的正确使用。

（3）系统运行静止状态的检验。

（4）流量的测量及秒表的使用方法。

2. 实验需掌握的要点

（1）测定管道沿程水头损失系数 λ 的原理及方法。

（2）分析圆管恒定流动的水头损失规律，验证在各种情况下沿程水头损失 h_f 与平均流速 v 的关系以及 λ 随雷诺数 Re 和相对粗糙度 K_s/d 变化而变化的规律。

（3）根据紊流粗糙区的实验结果，计算实验管壁的粗糙系数 n 及管壁当量粗糙度 K_s，并与莫迪图比较。

3. 注意事项

（1）每次改变流量，测量必须在水流恒定后方可进行。

（2）流速较大时，测管水面会有脉动现象，读数时要读取时均值。

（3）严禁水压差计上的止水夹没夹紧时，进行大流量实验，否则会使 U 形测压管内的气体流入连通管里,且使测压点上的静水压能部分转换成流速动能,造成实测失真。若出现此情况,必须再次排气,方可继续实验。

(4) 两个同学一组参加测量实验,读压差计、调节阀门、测量流量、记取温度的同学要相互配合好。

(5) 注意爱护秒表等仪器设备。

(6) 实验结束后,关闭电源开关,拔掉电源插头。

5.4.6　思考与讨论

1. 分析思考问题

(1) 为何压差计的水柱差即为沿程水头损头? 实验管道若安装成向下倾斜,是否会影响沿程水头损失的实验结果?

(2) 为了得到管道的沿程水头损失系数,在实验中需要测量沿程水头损失 h_f、管径 d、管段长度 l、流量 Q 等,其中哪一个的精度对 λ 的影响最大? 测量时应考虑什么?

(3) 如果要测定管道的粗糙度,实验应怎样进行? 成果应如何分析整理?

(4) 为什么要把实验结果点绘在对数纸上? 使用对数纸时要注意哪些问题?

2. 完成实验报告

1) 实验成果计算及要求

(1) 记录有关常数。

圆管直径 $d=$ _____ cm;测量段长度 $l=85$ cm。

常数 $K=\pi^2 g d^5/(8l)=$ _____ cm^5/s^2。

(2) 记录及计算。

将测量及计算结果填入表 5.10、表 5.11 中。

表 5.10　沿程水头损头测量记录

测次	体积/cm³	时间/s	流量/(cm³/s)	水温/℃	比压计读数/cm	
					h_1	h_2

表 5.11　沿程水头损头计算表

测次	流速/(cm/s)	黏度/(cm²/s)	雷诺数 Re	沿程水头损失/cm $h_f=h_1-h_2$	沿程水头损失系数 λ	$Re<2300$, $\lambda=64/Re$

（3）绘图分析。

绘制 $\lg h_f$-$\lg v$ 关系曲线，根据实际情况连成一段或几段直线（直线的斜率为 $m=(\lg h_{f2}-\lg h_{f1})/(\lg v_2-\lg v_1)$），将从图上求得的 m 值与已知各流区的 m 理论值进行比较，确定各流区，并分析在不同流态下沿程水头损失的变化规律。

2）实验成果分析与讨论

（1）根据实测 m 值判别本实验的流区。

（2）在同一管道和流量的前提下，欲得到较大的雷诺数，实验应在冬天还是在夏天进行？为什么？

（3）当管路使用年限增加时，λ-Re 关系曲线有何变化？

（4）如何测得管道的当量粗糙度？

（5）在水力工况一定的条件下，为何管径越小，两断面测压管水位的高差越大？其变化规律是什么？

（6）流量减小时，测压管的水面如何变化？h_c 是增大还是减小？为什么？

5.5 雷诺实验

5.5.1 实验目的

（1）在恒定流下，观察圆管中层流和紊流两种流态下断面流速的分布情况，以及转换规律。

（2）通过下临界雷诺数的测定分析，掌握圆管中两种不同流态的运动学与动力学的特性及判别准则。

（3）学习古典流体力学中应用无量纲参数进行实验研究的方法，并了解其实用意义。

5.5.2 实验原理

（1）实际流体在实验管道中流动会呈现出两种不同的形态：层流和紊流。区别层流和紊流，则需观看流体层间是否发生混掺现象（在紊流流动过程中存在随即变化的脉动量，而在层流流动中则没有）。两种不同的流动形态，既反映了流体质点的运动轨迹，又揭示了整个流动结构的不同，即在水头损失和扩散的规律也有所不同。

（2）实际流体的流动之所以会呈现出两种不同的形态，是由于扰动因素与黏性稳定作用之间存在对比和抗衡。圆管中处于恒定流状况，即处在 d 减小、v 减小、v 加大的三种情况。总之，小雷诺数流动时趋于稳定，而大雷诺数流动时则稳定性差，易发生紊流现象。

（3）圆管中恒定流的流态转化取决于雷诺数：

$$Re=\frac{vd}{v}=\frac{4Q}{\pi dv}=KQ;\quad Q=\frac{V}{T};\quad K=\frac{4}{\pi dv} \tag{5.28}$$

式中：　d——圆管直径；

　　　　v——圆管断面水流的平均流速；

　　　　v——水流的运动黏度。

（4）圆管中恒定流的流态发生转化时，以临界雷诺数 $Re_c\approx2300$ 来判断。临界雷诺数分为上临界雷诺数和下临界雷诺数。

实验的方法不同,所得的临界雷诺数也不同。上临界雷诺数取值范围为12000～20000,有时高达40000～50000,这要看液流平静程度和来流有无扰动而定。在实际工程中,水流被扰动是普遍存在的,超过上临界雷诺数的流动必为紊流,因上临界雷诺数的取值范围不稳定,故上临界雷诺数无实用意义。小于临界雷诺数的流动必为层流,下临界雷诺数较稳定(圆管恒定流的下临界雷诺数取为 $Re_c = 2300$,实际工作中常取下临界雷诺数为 $Re_c = 2000$),因而下临界雷诺数有实际意义,常把下临界雷诺数作为判别液体流动形态的标准。

(5) 在圆管中的恒定流的流态为层流时,沿程水头损失与平均流速成正比,紊流时则与平均流速的1.75～2.0次方成正比,此表明两种流态的流场结构和动力特性存在很大的差异。

(6) 在相同流量下,圆管层流流速呈旋转抛物面分布,而紊流流速则呈指数或对数分布。紊流的流速分布比层流的抛物线分布要均匀得多,则壁面流速梯度和切应力都比层流时的大。

5.5.3　实验器材

本实验所用器材如图 5.7 所示。

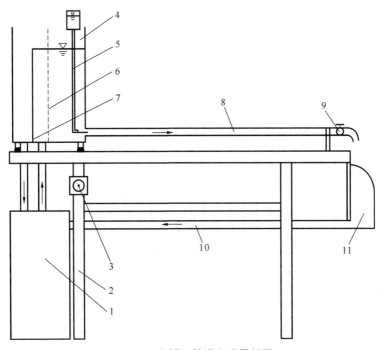

图 5.7　自循环雷诺实验器材图

1—自循环供水器;2—实验台;3—可控硅无级调速器;4—恒压水箱;5—有色指示水供给箱;6—稳水孔板;
7—溢流板;8—实验管段;9—实验流量调节阀;10—回水管;11—汇水器

5.5.4　实验步骤

(1) 认真预习实验指导书,理解实验目的要求、原理和注意事项,测记本实验的有关常数。

(2) 接通电源,对水箱充水并使水箱水位恒定。打开调节阀9至最大,排出实验管道及颜色水管中的气泡,关闭调节阀9。

(3) 观察两种流动形态。

微微开启调节阀9,并注入颜色水于实验管内,仔细观察管中分别为层流和紊流时的流动形态和过流断面的流速分布状况。通过颜色水质点的运动,观察管内水流的层流流态,然后逐步开大调节阀,通过颜色水形态的变化,观察层流转变到紊流的水力特征,待管中出现完全紊流后,再逐步关小调节阀,观察由紊流转变为层流的水力特征。

(4)下临界雷诺数的测定。

① 将调节阀打开,使管中颜色水完全紊流,再逐步关小调节阀,当流量调节到使颜色水在全管中刚好成一稳定直线状态时,即为下临界状态(每调节阀门一次,均需等待稳定几分钟)。

② 待管中出现临界状态时,测定流量,由此计算下临界雷诺数。

③ 重新打开调节阀,使其形成完全紊流,按照上述步骤重复测量不少于三次。

④ 由水箱中的温度计测记水温,从而计算水的运动黏度,记录不同流量情况下的数据,确定下临界雷诺数。

(5)上临界雷诺数的测定。

逐渐开启调节阀,使管中水流由层流过渡到紊流,当颜色水线刚开始散开时,即为上临界状态,测定上临界雷诺数1~2次。

(6)观察圆管中层流和紊流两种流态下的断面流速分布情况及其转换规律,分析圆管中不同流态的运动学与动力学的特性。

(7)实验结束后,关闭电源,清理实验桌面及场地。

5.5.5　实验结果

1. 实验操作技能需掌握的内容

(1)掌握实验技巧并准确地测量和计算稳定直线、稳定略弯曲、旋转、断续以及完全散开状态下的雷诺数。

(2)使注入的颜色水能确切地反映出水流流态应注意的问题。

(3)实验中,同组同学流量的测量及秒表的使用时应注意的问题。

2. 实验需掌握的要点

(1)圆管恒定流下,两种不同流态的流速分布特点及其转换规律的影响因素。

(2)测定圆管恒定流下两种不同流态的临界雷诺数,分析临界流速的实用意义。

(3)测定圆管恒定流在层流和紊流两种流态下的临界雷诺数,试分析临界流速的实际意义。

3. 注意事项

(1)调节阀门必须缓慢,不可开得过大,以免引起水箱中的水体扰动;若因水箱中水体扰动而干扰进口水流时,须半闭阀门,静止3~5 min,再按步骤(1)重复进行。尤其是将要达到临界状态时。

(2)调节阀门过程中,只许向一个方向旋转,不许逆转,以免影响流动流态。

(3)注意保持实验环境的安静,切勿扰动实验台。实验时一定要待水箱中水流呈溢流状态后,方可测量实验数据。

(4)实验水温,分别在实验开始和结束时测量水温,并取平均值作为实验水温。

(5)两个同学一组参加测量实验,须掌握阀门、秒表计时、流量的测量等技巧,保证测量精度。

(6)注意爱护秒表、温度计等仪器设备。

(7)实验结束后,关闭电源,清理实验桌面及场地。

5.5.6　思考与讨论

1. 分析思考问题

（1）为什么实验中特别强调实验环境须安定的重要性？

（2）影响雷诺数的主要因素是什么？

（3）本实验所测量的流量较小,尤其是层流时问题更加突出。实验中应如何尽可能提高测量精度？

（4）实验中应如何测量水的温度？

2. 完成实验报告

（1）实验成果计算及要求。

① 记录计算有关常数。

$K=$＿＿＿＿s/cm³；管径 $d=$＿＿＿＿cm；；水温 $t=$＿＿＿＿℃。

运动黏度 $\upsilon=\dfrac{0.01775}{1+0.0337t+0.000221t^2}=$＿＿＿＿cm²/s

② 填写表 5.12。

表 5.12　计算表

测次	颜色水形态	水体积 V/cm^3	时间 T/s	流量 $Q/(\text{cm}^3/\text{s})$	雷诺数 Re	流速 $v/(\text{cm/s})$	温度/℃
1							
2							
3							
4							
5							
6							

注：颜色水形态为稳定直线、稳定略弯曲、旋转、断续、完全散开等。

（2）实验分析与讨论。

① 为何可用雷诺数作为流体流态的判据,而不采用临界流速？

② 为何认为上临界雷诺数无实际意义,而采用下临界雷诺数作为流态的判据？ 实测的下临界雷诺数为多少？

③ 雷诺实验得出的圆管流动下临界雷诺数为 2320,而目前一般教科书中采用的下临界雷诺数是 2000,原因何在？

④ 从层流到紊流的上临界流速与从紊流到层流的下临界流速的关系怎样？

⑤ 实验中,观察水流流态时,应观察实验管道的哪一部位？ 为什么？

5.6　孔口与管嘴出流实验

5.6.1　实验目的

（1）掌握孔口、管嘴出流的流速系数、流量系数、侧收缩系数,以及局部阻力系数的测量技术。

（2）通过观察不同孔口、管嘴自由出流的水流现象和对其流量系数的测量分析,以及圆柱形管嘴内的局部真空现象,了解出口形状对出流能力的影响及水力要素对孔口出流能力的相关作用性,进一步提高解决工程实际问题的能力。

5.6.2　实验原理

（1）液体从孔口以射流状态流出,流线不能在孔口处急剧改变方向,因而在流出孔口后,在孔口附近形成收缩断面,收缩断面面积 A_c 与孔口断面面积 A 的关系为 $A_c=\varepsilon A$,ε 称为收缩系数。

（2）孔口出流的分类:小孔口出流、大孔口出流（按 H/d 是否大于 10 来判定）;定常出流、非定常出流;淹没出流、非淹没出流;薄壁出流、厚壁出流。

薄壁出流即是锐缘孔口出流,流体与孔壁只在周线上接触。孔壁厚度不影响射流形态的为薄壁出流,否则就是厚壁出流。若孔边修圆,此时孔壁参与了出流的收缩,但收缩断面还是在流出孔口后形成。如果壁厚达到（3~4）d 就称为管嘴,收缩断面将会在管嘴内形成,而后再扩展成满流流出管嘴。管嘴出流的能量损失只考虑局部损失,如果管嘴再长一些,以至于必须考虑沿程损失的即是短管。

（3）薄壁孔口出流。

① 收缩断面流速。

非淹没出流的收缩断面上相对压强均为零。对上游断面 1—1 和收缩断面 C—C（见图 5.8)运用能量方程,即可得到收缩断面流速为

$$v_c = \frac{1}{\sqrt{\alpha_c+\zeta}}\sqrt{2gH_0} = \varphi\sqrt{2gH_0} \tag{5.29}$$

式中:　$H_0=H+\dfrac{\alpha_0 v_0^2}{2g}$,如不计趋近流速水头 $\alpha_0 v_0^2/(2g)$,$v_c=\varphi\sqrt{2gH}$;

φ——流速系数,$\varphi=\dfrac{1}{\sqrt{\alpha_c+\zeta}}$;

ζ——阻力系数,$\zeta=\dfrac{1}{\varphi^2}-\alpha_c$;

α_c——一般收缩断面上的动能修正系数,$\alpha_c=1.0$。

② 流量计算。

流量公式为

$$Q = v_c A_c = \varphi A_c\sqrt{2gH} = \varphi\varepsilon A\sqrt{2gH} = \mu_Q A\sqrt{2gH} \tag{5.30}$$

式中:　μ_Q——流量系数,$\mu_Q=\varepsilon\varphi$。

③ 小孔口淹没出流的相应公式,只需将式（5.30)中的作用总水头改成孔口上下游水位差即可。

④ 大孔口出流的流量公式形式不变,只是相应的水头应为孔口形心处的值,具体的流量系数也与小孔口出流的不同。

（4）厚壁孔口出流。

厚壁孔口出流与薄壁孔口出流的差别在收缩系数和边壁性质不同,收缩系数定义中的 A 为孔口外侧面积,若孔边修圆,则收缩减小,收缩系数和流量系数都增大。

（5）圆柱形外伸管嘴出流。

① 管嘴出流的局部损失由两部分组成,即孔口的局部水头损失及收缩断面后扩展产生

的局部损失。但管嘴出流为满流,收缩系数为 1.0,因此流量系数仍比孔口的大,其出流公式为 $v=\varphi_x\sqrt{2gH}$。

出流流量为
$$Q = \varphi_x A_x\sqrt{2gH} = \mu_{Qx} A_x\sqrt{2gH} \tag{5.31}$$

② 管嘴出流流量系数的加大,是由于管嘴收缩断面处存在真空造成的。由于收缩断面在管嘴内,压强要比孔口出流时的压强低,必然会提高过流流量的能力。

(6) 孔口与管嘴出流流量为
$$Q = \varphi \varepsilon A\sqrt{2gH} = \mu_Q A\sqrt{2gH} \tag{5.32}$$

式中: μ_Q——流量系数, $\mu_Q=\dfrac{Q}{A \cdot \sqrt{2gH}}$;

$\quad\quad\varphi$——流速系数, $\varphi=\dfrac{v_c}{\sqrt{2gH}}=\dfrac{\mu_Q}{\varepsilon}=\dfrac{1}{\sqrt{1+\zeta}}$;

$\quad\quad\zeta$——阻力系数, $\zeta=\dfrac{1}{\varphi^2}-1$;

$\quad\quad\varepsilon$——收缩系数, $\varepsilon=\dfrac{A_c}{A}=\dfrac{d_c^2}{d^2}=\left(\dfrac{d_c}{d}\right)^2$。

5.6.3 实验器材

孔口、管嘴实验器材如图 5.8 所示。

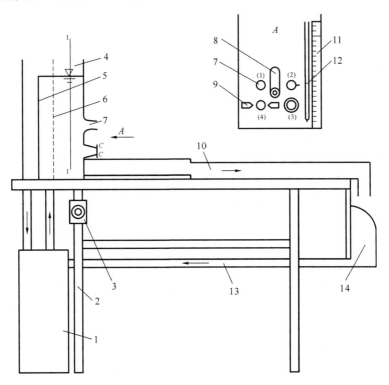

图 5.8 孔口、管嘴实验器材图

1—自循环供水器;2—实验台;3—晶闸管无级调速器;4—恒压水箱;5—溢流板;6—稳水孔板;

7—孔口或管嘴,A 向视图中,(1)为圆角形进口管嘴,(2)为直角形进口管嘴,(3)为圆锥形管嘴,(4)为孔口;

8—旋板;9—测量孔口射流收缩直径的移动触头;10—上回水槽;11—标尺;12—测压管;13—回水管;14—汇水器

5.6.4　实验步骤

（1）认真预习实验指导书，理解实验目的要求、原理和注意事项，测记各有关常数，并检查各孔口、管嘴是否用橡皮塞塞紧。

（2）打开调速器开关，使恒压水箱充水，至溢流后，再打开 1 号圆角形管嘴（先旋转旋板挡住 1 号管嘴，然后拔掉橡皮塞，最后再旋开旋板），待水面稳定后，测记水箱液面高程标尺的读数 H_1，用体积法（或重量法）测定流量 Q（要求重复测量三次，时间尽量长些，以求准确），测量完毕，先旋转旋板，将 1 号管嘴出口挡住，再塞紧橡皮塞。

（3）依照上法，打开 2 号直角形管嘴，测记水箱液面高程标尺读数 H_1 及流量 Q，观察和测量 2 号管嘴出流时测压管 H_2、H_3 的真空情况（其他同上）。

（4）打开 3 号圆锥形管嘴，测定 H_1 及 Q（其他同上）。

（5）打开 4 号孔口，观察孔口出流的现象，测定 H_1 及 Q，并按下述注意事项（3）中的方法测量孔口收缩断面的直径（重复测量三次）。然后改变孔口出流的作用水头（可关闭电源开关），观察孔口收缩断面直径随水头变化的情况（即流股形态）。

（6）实验结束后，关闭电源，清理实验桌面及场地。

5.6.5　实验结果

1. 实验操作技能需掌握的内容

（1）流速系数、流量系数、侧收缩系数、局部阻力系数正确测量应考虑的前提条件。

（2）导致实验测量误差产生的因素。

（3）实验中秒表、游标卡尺的使用技术。

2. 实验需掌握的要点

（1）分析和比较各种典型孔口、管嘴出流时的流动现象，即流股的水力特征及其工程应用。

（2）观测直角圆柱管嘴的局部水头损失和真空现象。

（3）掌握收缩率以及收缩系数的基本概念和内容。

（4）分析和比较圆角形管嘴、直角形管嘴和圆锥形管嘴流股的物理和水力特征。

（5）掌握收缩率以及收缩系数的基本概念和内容。

3. 注意事项

（1）进水阀不宜开得太大，水箱液面呈恒定溢流状态，管嘴、孔口出流必是满管流时，方可进行实验，以保证测量精度。

（2）为了在测量过程中保持水头恒定，避免相互干扰，实验测量的次序是先管嘴后孔口，测量哪个管嘴、孔口就开启哪个管嘴、孔口，每次塞橡皮塞前，先用旋板将出水口挡住，再塞橡皮塞。

（3）收缩断面直径的测量。采用孔口两边的移动触头。首先松开一面触头的螺丝，移动触头与流股面相切，并旋紧螺丝，再松开另一面触头的螺丝，移动触头，使之与流股另一面相切，并旋紧螺丝。再将旋板挡住出水孔口，用游标卡尺测量两触头间距，即为射流收缩直径。

（4）实验时应及时将旋板置于不工作的孔口管嘴上，尽量减少旋板对工作孔口、管嘴的干扰，并注意避免水溅湿秒表和游标卡尺。

（5）每做完一个实验测定，都要及时用橡皮塞塞紧孔口或管嘴，并注意观察各出流的流股形态特征，并做好记录。

5.6.6　思考与讨论

1. 分析思考问题

（1）为什么孔口出流水股呈扭变形多棱体时的侧收缩是"S"形截面？

（2）为什么同样直径与同样水头条件下，管嘴的流量系数 μ_Q 值比孔口的大？圆锥形管嘴的值比圆角形管嘴的大？

（3）为什么直角形管嘴测管的水柱低于管轴轴心测管的水柱？流出的流股呈麻花状？

2. 完成实验报告

（1）实验成果计算及要求（记入表 5.13）。

记录有关常数。

圆角管嘴直径 $d_1 =$ _____ cm；　　出口高程 $Z_1 = Z_2 =$ _____ cm

直角管嘴直径 $d_2 =$ _____ cm；

圆锥管嘴直径 $d_3 =$ _____ cm；　　出口高程 $Z_3 = Z_1 =$ _____ cm

孔口直径 $d_4 =$ _____ cm；

表 5.13　孔口与管嘴计算表

分类　　项目	圆角管嘴			直角管嘴			圆锥管嘴			孔口		
水面读数 H_1/cm												
体积 V/cm³												
时间 T/s												
流量 Q/(cm³/s)												
平均流量 $\overline{Q}$/(cm³/s)												
作用水头 H/cm												
出流面积 A/cm²												
流量系数 μ_Q												
测管读数 H_2/cm												
负压水柱 H_3/cm												
收缩直径 d_c/cm												
收缩断面面积 A_c/cm²												
收缩系数 ε												
流速系数 φ												
阻力系数 ζ												
流股形态												

（2）实验成果分析与讨论。

① 观测不同类型管嘴与孔口出流的流股特征,分析在相同直径和水头的条件下,流量系数不同的原因,谈谈你对增大过流能力的技术改造方案。

② 观察 $d/H>0.1$ 时,孔口出流的侧收缩率较 $d/H<0.1$ 时有何不同?

5.7　文丘里实验

5.7.1　实验目的

（1）了解文丘里流量计的构造、原理及使用方法。

（2）通过测定流量系数,掌握应用文丘里流量计测量管道流量的技术和应用气-水多管压差计测量压差的技术。

（3）通过实验与量纲分析,了解应用量纲分析与实验结合研究水力学问题的途径,并理解文丘里流量计的水力特性,进一步提高解决实际问题的能力。

5.7.2　实验原理

1）文丘里流量计的构造及安装

文丘里流量计是一种常用的测量有压管道流量的装置,属于压差式流量计。文丘里管分为圆锥型和喷嘴型两种,每一种又分为长管型和短管型,此实验采用的是圆锥型文丘里流量计。

圆锥型文丘里流量计由入口圆锥管段、收缩段、喉颈、扩散段及出口圆锥管段组成。标准文丘里管的喉颈直径 d_2 与管道直径 d_1 之比为:$d_2/d_1=0.5$;其扩散段的角度不宜太大,一般以 $5°\sim7°$ 为宜;喉颈直径与喉颈长度相同;在喉颈处和上游收缩段前 $d_1/2$ 的圆管段上设置测压孔,以便测出这两个过流断面的压差。

文丘里管通常采用铜制造,其抗腐性强。制作中应严格按图纸加工,以便获得准确的 μ 值,一般情况下,其测流精度为 1% 左右。安装时,文丘里管在上游 10 倍管径至下游 6 倍管径的距离以内均不得安装其他管件,以免水流与边界脱离产生旋涡而影响流量系数。

文丘里管安装在需要测定流量的管道上。在收缩段进口断面 1-1 和喉道断面 2-2 上设测压孔,并接上比压计,通过测量两个断面的测管水头差 Δh,就可计算管道的理论流量 Q'。

2）文丘里管的特性及应用

由于文丘里管具有能量损失较小、水流干扰较小和使用方便等优点,故在实际工程和实验室中被广泛地应用。它的缺点是测流范围小,对管内壁面的加工精度要求较高。

3）文丘里管的测流原理

（1）理论流量。

水流流经入口圆锥管 1-1 断面和喉道 2-2 断面,测量这两个断面的测管水头差 Δh,由于过水断面的收缩,流速增大,根据恒定总流能量方程和连续性方程,可得不计阻力作用时的文丘里管的过水能力为

$$\Delta h = h_1 - h_2 = \left(z_1 + \frac{p_1}{\gamma} \right) - \left(z_2 + \frac{p_2}{\gamma} \right)$$

$$= \frac{\alpha_2 v_2^2}{2g} - \frac{\alpha_1 v_1^2}{2g} \tag{5.33}$$

若假设动能修正系数 $\alpha_1 = \alpha_2 = 1.0$，则

$$\left(z_1 + \frac{p_1}{\gamma} \right) - \left(z_2 + \frac{p_2}{\gamma} \right) = \frac{v_2^2}{2g} - \frac{v_1^2}{2g} \tag{5.34}$$

另一方面，由恒定总流连续性方程有

$$A_1 v_1 = A_2 v_2^2 \quad 即 \quad \frac{v_1}{v_2} = \left(\frac{d_2}{d_1} \right)^2 \tag{5.35}$$

理论流量

$$Q' = \frac{\frac{\pi}{4}}{\sqrt{\left(\frac{d_1}{d_2} \right)^4 - 1}} \sqrt{2g \left[\left(Z_1 + \frac{p_1}{\gamma} \right) - \left(Z_2 + \frac{p_2}{\gamma} \right) \right]}$$

$$= \kappa \sqrt{\Delta h} \tag{5.36}$$

式中： κ——实验常数，$\kappa = \dfrac{\frac{\pi}{4}}{\sqrt{\left(\frac{d_1}{d_2} \right)^4 - 1}} \sqrt{2g}$；

Δh——两断面测压管水头差，$\Delta h = \left(Z_1 + \dfrac{p_1}{\gamma} \right) - \left(Z_2 + \dfrac{p_2}{\gamma} \right)$。

实际上由于阻力的存在，通过的实际流量 Q 恒小于 Q'。

若引入一无量纲系数 $\mu_Q = Q/Q'$（μ_Q 称为流量系数），对计算所得的流量值进行修正，即

$$Q = \mu_Q Q' = \mu_Q \kappa \sqrt{\Delta h} \tag{5.37}$$

对于水银差压计，有

$$Q = \mu_Q \kappa \sqrt{12.6 \Delta h} \tag{5.38}$$

（2）流量系数 μ_Q。

流量计通过实际液体时，由于两断面测管水头差中还包括了因黏性造成的水头损失，流量应修正为 $Q = \mu_Q \kappa \sqrt{\Delta H}$，其中 $\mu_Q < 1.0$，称为流量计的流量系数。

流量系数 μ_Q 除了反映黏性的影响外，还反映了在推导理论流量时将断面动能修正系数 α_1、α_2 近似取为 1.0 所带来的误差。

流量系数 μ_Q 同时还体现了渐变流在假设的情况下，是否得到了严格的满足这个因素。对于文丘里流量计，下游断面设置在喉道，可以说渐变流假设得到了严格的满足。而对于孔板流量计，因下游的收缩断面位置随流量而变，而下游的测量断面位置是固定不变的，所以渐变流假设得不到严格的满足。

实验表明，μ_Q 是雷诺数 $Re = v_2 d_2/v$ 的函数，当雷诺数 $Re < 2 \times 10^5$ 时，流量系数随雷诺数的增大而增大，当雷诺数 $Re > 2 \times 10^5$ 时，流量系数 $\mu_Q = 0.92 \sim 0.98$。

5.7.3 实验器材

文丘里实验器材如图 5.9 所示。

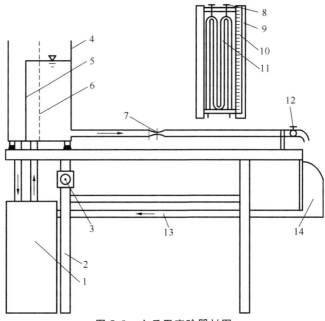

图 5.9 文丘里实验器材图

1—自循环供水器;2—实验台;3—晶闸管无级调速器;4—恒压水箱;5—溢流板;6—稳水孔板;7—文丘里实验管段;
8—测压计气阀;9—测压计;10—滑尺;11—多管压差计;12—实验流量调节阀;13—回水管;14—汇水器

5.7.4 实验步骤

(1)预习实验指导书,认真阅读实验目的要求、实验原理和注意事项;测记各有关常数,并检查当调节阀全关时,如果测管液面读数 $\Delta h = h_1 - h_2 + h_3 - h_4 \neq 0$,需查出原因并予以排除。

(2)调整测管液面高度,使在调节阀全开时各测管液面处在滑尺读数范围内。

(3)全开调节阀门,待水流稳定后,读取各测压管的液面读数 h_1、h_2、h_3、h_4,并用秒表、量筒测量流量。

(4)逐次关小调节阀,改变流量,测量 5~6 次,注意调节阀门的动作应缓慢。

(5)把测量值记录在实验表格内,若测管内液面波动时,应测取时均值,并进行有关计算。

(6)实验完毕,需按步骤(1)校核比压计是否回零,实验结束后,关闭电源,清理实验桌面及场地。

5.7.5 实验结果

1. 实验操作技能需掌握的内容

(1)实验中,如何检验系统处于工作状态?

(2)气-水压差计的正确使用方法。

2. 实验需掌握的要点

(1)掌握文丘里流量计的原理。

(2)学习用比压计测压差和用体积法测流量的实验技能。

(3)学习利用测量到的收缩前后两端面 1-1 和 2-2 的测管水头差 Δh,根据理论公式计算管道流量的方法,并与实测流量进行比较,对理论流量作出修正,从而得到流量计的流量系数。

3. 注意事项

（1）流量调节阀的开启一定要缓慢，并注意测压管中水位的变化，不要使测压管水面下降太多，以免空气倒吸入管路系统，影响实验正常进行。

（2）两个同学一组参加测量实验，读压差计、调节阀门、测量流量、记取温度，同学之间要配合好。

（3）每次改变流量时，测量必须在水流恒定后方可进行。

（4）实验结束后，关闭电源，清理实验桌面及场地。

5.7.6　思考与讨论

1. 分析思考问题

（1）文丘里流量计的实际流量与理论流量为什么会有差别，是由哪些因素造成的？

（2）文丘里流量计的流量系数为何小于1，此流量系数是否与雷诺数有关？

（3）简述使用文丘里流量计量测流量时的注意事项，以及正确使用率定的流量计方法。

2. 完成实验报告

1）实验成果计算及要求

（1）记录有关常数，填写表 5.14。

管道直径 $d_1 =$ _____ cm；文丘里流量计喉管直径 $d_2 =$ _____ cm；

水温 $t =$ _____ ℃；$\kappa =$ _____ ；$v =$ _____ cm^2/s；

水箱液面标尺值 $\bigtriangledown_0 =$ _____ cm；管轴线高程标尺值 $\bigtriangledown =$ _____ cm。

表 5.14　记录表　　　　　　　　　　　　　　　　　　（单位：cm）

次数	测压管读数				水量/cm³	测量时间/s	$Q/(cm^3/s)$
	h_1	h_2	h_3	h_4			

（2）填写表 5.15。

表 5.15　计算表

次数	R_e	$\Delta h=(h_1-h_2+h_3-h_4)/cm$	$Q'=\kappa\sqrt{\Delta h}/(cm^3/s)$	$Q/(cm^3/s)$	$\mu_Q=Q/Q'$

（3）绘制 Q-μ_Q、Q-Δh、μ_Q-Re 关系曲线图。

2）实验分析与讨论

（1）影响文丘里管流量系数的因素有哪些？用实例说明最敏感的因素。

（2）为什么实际流量 Q 与理论流量 Q' 不相等？

（3）实验中 Q 是否与 Δh 同时增减？是否合理？为什么？

5.8   流线演示实验

5.8.1   实验目的

（1）通过流谱流线显示仪的演示，掌握流体流动的流线、迹线和色线的基本特性。

（2）通过对三种不同类型的仪器演示，理解层流、渐变流、急变流的基本理论，加深对流体运动规律的认识。

（3）通过对诸多水力现象的观察，进一步理解动水力学中动能和势能间的关系。

5.8.2   实验原理

流谱流线显示仪共有三种型号，分别是演示机翼绕流、圆柱绕流和管渠局部阻力流线过流特性的流谱流线显示仪，显示液工作原理。本实验采用浙大电化学法电极染色，即试想流场中液体质点的运动状态，用流线或迹线来描述，流线是在某一瞬时由无数液体质点组成的一条光滑曲线，在该曲线上任意一点的切线方向为该点的流速方向；迹线是某一质点在某一时段内运动的轨迹。流谱仪则用电化学法，借助电极对化学液体的作用，通过狭缝式流道组成流场来显示液体质点的运动状态。由于色线显示了同一瞬时内无数有色液体质点的流动方向，整个流场内的"流线谱"形象地描绘了液流的流动趋势，当这些色线经过各种形状的固体边界时，又可以清晰地反映出流线的特性及性质。

1. 流谱流线Ⅰ型显示仪

流谱流线Ⅰ型显示仪，为单流道显示仪，演示机翼绕流的流线分布。流线的形状与边界密切相关，随着边界的变化，流线有疏有密，机翼向天侧（外包线曲率较大）流线较密集，由连续性方程和能量方程知，流线密集表明流速较大，压强较低；而在机翼向地侧，流线较稀疏，即流速较小，压强较高，这表明整个机翼受到一个向上的合力，该力称为举升力（或称浮力），在机翼腰部设有连通上下两侧的孔道，此孔道设有染色电极。机翼在两侧压力差的作用下，可见有分流经此孔道从向地侧流至向天侧，孔道中的染色液体流动的方向即为升力方向。

另外，在流道出口端可观察到流线汇集到一处，形成平面汇流，流线很密集，但并无交叉，至此可验证流线不会重合的特性。

2. 流谱流线Ⅱ型显示仪

流谱流线Ⅱ型显示仪，为单流道显示仪，演示在恒定流下圆柱绕流的流线分布。因流道中流体流速很低（约为 $0.5\sim1.0\times10^{-2}$ cm/s），能量损失极小，故可忽略，其流动可视为势流，因此所显示的流谱上下游几乎完全对称，这与圆柱绕流势流理论流谱基本是一致的；圆柱两侧转捩点趋于重合，零流线（沿圆柱表面的流线 $v=0$，因为液体是不可压缩的，且流体具不可堆积性）在前驻点将压能部分转化为动能，改变了原来的运动方向，分成左右 2 支沿圆柱两侧向前流动，经 $90°$ 点（$v=v_{max}$），而后又在背驻点处合二为一了。由伯努利方程可知，圆柱绕流在前驻点（$v=0$）处势能最大，$90°$ 点（$v=v_{max}$）处势能最小，而到达后驻点（$v=0$）处时，动能又全部转化为势能，且势能再次达到最大。故其流线又恢复到原驻点前的液体流动形状。

驻点的流线可分又可合,是因为在驻点上流速为零,而静止液体中同一点的任意方向都可能是流体的流动方向。

在操作显示仪时,适当增大流速(Re 增大),流动则由势流变为涡流,流线的对称性就不复存在,虽然此时的圆柱上游流谱不变,但下游原合二为一的染色线被分开,尾流出现。由此可知,势流与涡流是性质完全不同的两种流动形态。

3.流谱流线Ⅲ型显示仪

流谱流线Ⅲ型显示仪,为双流道显示仪,演示了在较小 Re 下的恒定流液体,在流经文丘里管、孔板、明渠闸板、突扩管、突缩管、渐扩管、渐缩管这些局部管流段纵剖面上的流谱流线,由于边界本身亦是一条流线,在边界上布设的电极可使该流线得以演示。若提高流动的Re,经过一定的流动起始时段后,就会看到在突扩管拐角处的液体质点受惯性力作用,流线脱离边界,产生涡流区,从而显示出实际液体的总体流动图谱。

上述各类仪器的演示还可说明均匀流、渐变流、急变流的流线特征。如直管段流线平行,为均匀流,文丘里管段流线的切线大致平行,为渐变流。突缩、突扩处的流线夹角大或曲率大,为急变流。而仪器流道中的流动均为恒定流。因此所显示的染色线既是流线又是迹线和色线(脉线)。因为根据定义,流线是某一瞬时的曲线,线上任一点的切线方向与该点的流速方向相同;迹线是某一质点在某一时段内的运动轨迹线;色线是源于同一点的所有质点在同一瞬时的连线。

4.流线的特性

(1) 通常,流线不相交,也不能突然转折,且只能是一条光滑曲线。

(2) 流场中每一点都有流线通过,流线充满整个流场,这些流线构成某一时刻流场内的流谱。

(3) 恒定流下,流线的形状、位置以及流谱不随时间变化,且流线与迹线重合。

(4) 对于不可压缩流体,流线族的疏密程度反映了该时刻流场中各点的速度大小。流线密的地方速度大,流线疏的地方速度小。

实际上,流线是空间流速分布的形象化,是流场的几何描述。它类似于电磁场中的电力线与磁力线。若能在某一瞬时获得许多流线,也就了解了该时刻整个流体运动的图像。

5.8.3　实验器材

流谱流线显示仪如图 5.10 所示。

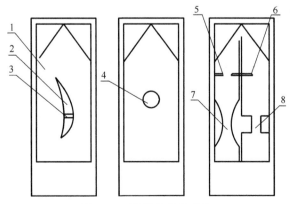

图 5.10　流谱流线显示仪

1—显示盘;2—机翼模型;3—孔道;4—圆柱模型;5—孔口;6—闸板;7—文丘里管模型;8—突扩和突缩流段

5.8.4　实验步骤

(1) 熟悉演示设备后,接通电源,此时内置灯管亮,水泵启动,并驱动狭缝流道内的液体流动。
(2) 调节水流达到最佳显示效果。
(3) 待整个显示流谱稳定后,观察分析流场内的流动情况及流线特征。
(4) 演示结束,切断电源,拔下电源插头。

5.8.5　实验结果

1. 实验需掌握的要点
(1) 流线有哪些运动特性? 驻点的流线运动是什么?
(2) 流体流经不同固体边界时的运动规律。

2. 注意事项
(1) 本实验工作液的 pH 值要求在 7～8 之间,溶液呈橘黄色为佳。
(2) 流道流速调到 0.005～0.015m/s 为佳。

5.8.6　思考与讨论

(1) 观察并描述流经各绕流体时,流线的流动形态和水力特征。
(2) 观察并描述流线在加速区、减速区、分离区的运动规律。

5.9　动量方程实验

5.9.1　实验目的

(1) 验证不可压缩流体恒定流的动量方程,理解动量方程的物理意义。
(2) 通过对动量与流速、流量、出射角度、动量矩等因素间相关性的分析研究,掌握流体动力学的动量守恒特性。
(3) 了解活塞式动量定律实验仪的原理和构造,启发与培养创造性思维的能力。

5.9.2　实验原理

1. 设备工作原理
如图 5.13 所示,自循环供水装置 1 由离心式水泵和蓄水箱组合而成。接通电源、开启水泵,水流经供水管供给恒压水箱,工作水流经管嘴 6 形成射流,射流冲击到带活塞和翼片的抗冲平板 9 上,并以与入射角成 90°的方向离开抗冲平板。带活塞的抗冲平板在射流冲力和测压管 8 的静水总压力作用下处于平衡状态。活塞形心在水中深度 h。可由测压管 8 测得,即可求得反映射流冲力的在活塞一侧所受的静水总压力,带翼片的活塞另一侧所受的射流冲力,即动量力 F_c 由管嘴射流速度根据动量方程求得。冲击后的废弃水经集水箱 7 汇集后,由上回水管 10 流出,在出口处测定流量。水流最后经汇水器和下回水管流回蓄水箱。

本实验装置采用自动控制的反馈原理和动摩擦减阻技术,以达到自动调节测压管内的水位,使带活塞的平板受力平衡并减小摩擦阻力对活塞的影响,其构造如下:带活塞和翼片的抗冲平板和带活塞套的测压管如图 5.11 所示,此图所示的是活塞退出活塞套时的部件示意图。活塞中心设有一细导水管 1,进口端位于平板中心,出口端向下转向 90°伸出活塞头部。在平板上设有翼片 2,在活塞套上设有溢流孔 3。

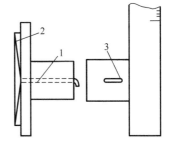

图 5.11　抗冲平板和测压管示意图
1—导水管;2—翼片;3—溢流孔

工作时,在射流冲击力作用下,水流经导水管 1 向测压管内加水。当射流冲击力大于测压管内水柱对活塞的静水总压力时,活塞产生内移,溢流孔 3 关小,水流外溢减少,使测压管内水位升高,水压力增大;反之,活塞产生外移,溢流孔 3 开大,水流外溢增多,测压管内水位降低,水压力减小。在恒定射流冲击下,经短时间的自动调整,即可达到射流冲击力和水压力的平衡。此时活塞处在半进半出,溢流孔部分开启的位置上,经过导水管 1 流进测压管的水量和过溢流孔 3 的水量相等。由于平板上设有翼片 2,在水流冲击下,平板带动活塞旋转,因而克服了活塞在沿轴向滑移时的静摩擦力。

为验证本装置的灵敏度,只要在实验中的恒定流受力平衡状态下,人为地增减测压管中的液位高度,可发现即使改变量不足总液柱高度的 ±5‰(约 0.5～1 mm),活塞在旋转下亦能有效地克服摩擦力而作轴向位移,开大或减小溢流孔 3,使过高的水位降低或过低的水位提高,恢复到原来的平衡状态,此表明该装置的灵敏度高达 0.5‰,亦即活塞轴向摩擦力不足总动量力的 5‰,故实验中可忽略不计。

2. 实验基本原理

恒定总流动量方程为

$$F = \rho Q(\beta_2 v_2 - \beta_1 v_1) \tag{5.39}$$

取脱离体如图 5.12 所示,因滑动摩擦阻力水平分力 $f_x < 0.5\% F_x$,可忽略不计,在 x 方向上的动量方程可简化为

$$F_x = -P_c A = -\gamma h_c \frac{\pi}{4} D^2 = \rho Q(0 - \beta_1 v_{1x}) \tag{5.40}$$

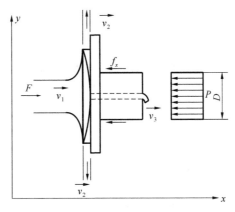

图 5.12　活塞受力分析图

即

$$\beta_1 \rho Q v_{1x} - \frac{\pi}{4} \gamma h_c D^2 = 0 \tag{5.41}$$

式中： h_c——作用在活塞形心处的水深；

D——活塞的直径；

Q——射流流量；

v_{1x}——射流的速度；

β_1——动量修正系数。

实验中,在平衡状态下,只要测量流量 Q 和活塞形心在水中的深度 h_c,将给定的管嘴直径 d 和活塞直径 D 代入上式,便可验证动量方程并率定射流的动量修正系数 β_1 值。其中,测压管的标尺零点已固定于活塞的圆心处,标尺的液面读数,即为活塞圆心在水中的深度。

5.9.3 实验器材

动量方程实验器材简图如图 5.13 所示。

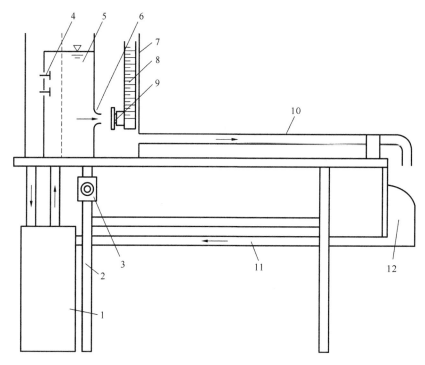

图 5.13 动量方程实验器材简图

1—自循环供水器；2—实验台；3—晶闸管无级调速器；4—水位调节阀；5—恒压水箱；6—管嘴；7—集水箱；
8—带活塞套的测压管；9—带活塞和翼片的抗冲平板；10—上回水管；11—下回水管；12—汇水器

5.9.4 实验步骤

(1) 准备工作:熟悉实验装置各部分名称、结构特征、作用性能;记录有关常数。

(2) 开启水泵:打开调速器开关。水泵启动 2～3 min 后,短暂关闭 2～3 s,以利用回水排除离心式水泵内滞留的空气后,向恒压水箱供水。

(3) 调整测压管位置:待恒压水箱满顶溢流后,松开测压管固定螺丝,调整方位,要求测压管垂直、螺丝对准十字中心,使活塞转动轻快,然后固定好螺丝。

(4) 测读水位:标尺的零点已固定在活塞的圆心处。待测压管内的液面稳定后,记下测压管内液面的标尺读数 h_c 值。

（5）测量流量:在上回水管的出口处测量射流的流量(接水时间尽可能长些)。

（6）改变水头重复实验:逐次打开不同高度上的溢水孔盖,改变管嘴的作用水头。待水头稳定后,按步骤(3)～(5)重复进行实验。

（7）验证 $v_{2x} \neq 0$ 时的 F_x 影响:取下平板活塞,使水流冲击到活塞套内,调整好位置,使反射水流的回射角度一致,记录回射角度的目测值、测压管作用水深 h'_c 和管嘴作用水头 H_0。

（8）实验结束后,关闭电源,清理实验桌面及场地。

5.9.5　实验结果

1. 实验操作技能需掌握的内容

（1）掌握用体积法测量流量的原理、技巧和步骤。

（2）调速器旋钮逆时针转至关机前的临界位置,此时水泵转速最快,即出水流量最大。

（3）调整测压管位置,保持活塞转动轻快。

2. 实验需掌握的要点

（1）理解动量方程各项的物理意义。

（2）验证动量方程的原理。

（3）x 方向的动量方程与平板上有无翼片没有关系。

3. 注意事项

（1）泄水阀门一定要关严,喷嘴与实验板中心定位要准确。

（2）开启阀门时一定要慢,不能使水冲到实验板上面,待水流冲击翼轮,观察翼轮转动情况,如翼轮转动不畅或不转,可用 4B 铅笔芯涂抹活塞及活塞套表面。

（3）每次实验开始时,开启水泵待恒压水箱满顶溢流后,松开测压管固定螺丝,用手轻轻晃动,排除测压管中的气泡,并调整测压管至垂直位置,同时,将螺丝中心对准十字交叉点,使活塞转动轻快。

（4）实验完毕必须检查调速器是否关闭,切勿将其调至最小流量处,否则,长时间易损坏调速器,然后关闭水泵及进水调节阀。

5.9.6　思考与讨论

1. 分析思考问题

（1）恒定总流动量方程的适用条件是什么? 可用来解决什么问题?

（2）为什么在实验中要反复强调保持水流恒定。

（3）试分析实验板所受射流冲击力理论值与实验值之间存在差别的原因。

（4）喷嘴与实验板中心位置如果没有对准,会出现什么问题?

2. 完成实验报告

1）实验成果计算及要求

（1）记录有关常数。

管嘴内径 $d =$ _____ cm;活塞直径 $D =$ _____ cm。

（2）编制实验参数记录、计算表格并填入实验参数。

（3）取某一流量,绘出脱离体图,阐明分析计算的过程,并填写表 5.16。

表 5.16   测量记录及计算表

测次	体积 V /cm³	时间 T/s	管嘴作用水头 H_0/cm	活塞作用水头 h_c	流量 Q /(cm³/s)	流速 v /(cm/s)	动量力 F/N	动量修正系数 β_1	备注
1									
2									
3									
4									
5									
6									
7									
8									

2）实验分析与讨论

（1）带翼片的平板在射流作用下获得力矩,这对分析射流冲击无翼片的平板沿 x 方向的动量方程有无影响？为什么？

（2）通过细导水管的分流,其出流角度与 v_2 的相同,试问对以上受力分析有无影响？

（3）滑动摩擦力 f_x 为什么可以忽略不计？试用实验来分析验证 f_x 的大小,记录观察结果(提示:平衡时,向测压管内加入或取出 1 mm 左右深的水,观察活塞及液位的变化)。

（4）v_{2x} 若不为零,会对实验结果带来什么影响？试结合实验步骤(7)的结果予以说明。

（5）实测 $\bar\beta$ 与公认值($\beta=1.02\sim1.05$)符合与否？如果不符合,试分析原因。

5.10   水头损失综合实验

5.10.1   实验目的

（1）掌握用测压管测量管道中局部水头和沿程水头损失的技能。
（2）加深了解圆管中沿程水头损失随平均流速变化的规律。
（3）通过对动水力学诸多水力现象的实验分析研究,进一步掌握有压管流中动水力学的能量转换特性。

5.10.2   实验原理

（1）在实验管路中沿管内水流方向取 n 个过水断面。可以列出进口断面 1 至断面 $i(i=2,3,\cdots,n)$ 的能量方程式

$$Z_1+\frac{p_1}{\gamma}+\frac{\alpha_1 v_1^2}{2g}=Z_i+\frac{p_i}{\gamma}+\frac{\alpha_i v_i^2}{2g}+h_{w1-i} \tag{5.42}$$

取 $\alpha_1 = \alpha_2 = \cdots = \alpha_n = 1$,选好基准面。从已设置的各断面的测压管中读出 $Z + \dfrac{p}{\gamma}$ 值,测出管路的流量,即可计算出断面平均流速 v 及 $\dfrac{\alpha v^2}{2g}$,从而可得到各断面测压管水头和总水头。

（2）由 D-W 公式:沿程水头损失也常表达为

$$h_f = \lambda \frac{l}{d} \frac{v^2}{2g} \tag{5.43}$$

式中：　λ——沿程水头损失系数；

　　　　l——上下游测量断面之间的管段长度；

　　　　d——管道直径；

　　　　v——断面平均流速。

若在实验中测得 l 和断面平均流速 v,则可直接得到沿程水头损失系数为

$$\lambda = \frac{\Delta h \cdot d \cdot 2g}{lv^2} = \frac{2dgh_f}{lv^2} = K \frac{h_f}{Q^2} \tag{5.44}$$

式中：　K——常数,$K = \pi^2 g d^5 / (8l)$；

　　　　Q——流量,$\mathrm{m^3/s}$。

（3）写出沿水流方向的局部阻力前后两断面的能量方程（根据推导条件,扣除沿程水头损失）。

① 突然扩大。

采用三点法计算,实测值为

$$h_{je} = \left[\left(Z_1 + \frac{p_1}{\gamma} \right) + \frac{\alpha_1 v_1^2}{2g} \right] - \left[\left(Z_2 + \frac{p_2}{\gamma} \right) + \frac{\alpha_2 v_2^2}{2g} + h_{f1\text{-}2} \right] \tag{5.45}$$

式中:$h_{f1\text{-}2}$ 由 $h_{f2\text{-}3}$ 按流长比例换算得出。

$$\zeta_e = \frac{2h_{je}g}{\alpha_1 v_1^2} \tag{5.46}$$

理论（经验）值为

$$\zeta_e' = \left(1 - \frac{A_1}{A_2} \right)^2, \quad h_{je}' = \zeta_e' \frac{\alpha v_1^2}{2g} \tag{5.47}$$

② 突然缩小。

采用四点法计算,式中:点 B 为突缩点,$h_{f4\text{-}B}$ 由 $h_{f3\text{-}4}$ 换算得出,$h_{fB\text{-}5}$ 由 $h_{f5\text{-}6}$ 换算得出。

实测值为

$$h_{js} = \left[\left(Z_4 + \frac{p_4}{\gamma} \right) + \frac{\alpha_4 v_4^2}{2g} - h_{f4\text{-}B} \right] - \left[\left(Z_5 + \frac{p_5}{\gamma} \right) + \frac{\alpha_5 v_5^2}{2g} + h_{fB\text{-}5} \right] \tag{5.48}$$

$$\zeta_s = \frac{2h_{js}g}{\alpha_5 v_5^2} \tag{5.49}$$

理论（经验）值为

$$\zeta_s' = 0.5 \left(1 - \frac{A_5}{A_3} \right), \quad h_{js}' = \zeta_s' \frac{\alpha_5 v_5^2}{2g} \tag{5.50}$$

5.10.3　实验器材

水头损失综合实验器材简图如图 5.14 所示。

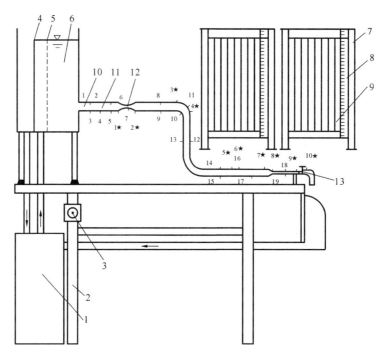

图 5.14　水头损失综合实验器材图

1—自循环供水器;2—实验台;3—晶闸管无级调速器;4—溢流板;5　稳水孔板;6—恒压水箱;7—测压计;8—滑动测量尺;
9—测压管;10—实验管道;11—普通测压点;12—毕托管测压点;13—实验流量调节阀;1★～2★为文丘里流量计;
3★～4★为管道弯曲处;5★～6★为管道渐扩处;7★～8★为管道减缩处;9★～10★为管道阀门

5.10.4　实验步骤

(1)熟悉实验设备。分清各测压管与各普通测压点,毕托管测点的对应关系。

(2)打开供水阀,使水箱充水,待水箱溢流后,检查泄水阀关闭时所有测压管水面是否齐平,若不平,则进行排气调平(开关几次)。

(3)打开阀13,观察测压管水头线和总水头线的变化趋势及位置水头、压强水头之间的相互关系,观察当流量增加或减少时测压管水头的变化情况。

(4)调节阀13开度,待流量稳定后,测记各测压管液面读数,同时测记实验流量(与毕托管相连通的用于演示,不必测记读数)。

(5)再调节阀13的开度1～2次,其中一次使阀门开度最大(以液面降到标尺最低点为限),按步骤(4)重复测量。

5.10.5　实验结果

1.实验特点

(1)本实验是在进行基础实验的基础上开设的综合性实验。此实验包含了沿程水头损失、局部水头损失、文丘里流量、毕托管测速,以及恒定流下的能量方程等多个实验项目的实验内容;该设计主要用来研究分析由水泵—水塔—城市供水总干管—引水支管—供水用户—用户排水—城市总排水管道的水流状态,涵盖了整个供水、排水系统,剖析了一个完整系统的给排水工程设计方案、设计计算等多方面的综合性专业知识。

(2)本实验教学,可训练学生的创新意识、实践能力和创新能力,形成较为完整的逻辑思维体系;开阔视野和思维方式,使学生间、师生间既达到了交流又互通了感情;增强了学生学好工程技术的自信心和兴趣;从而达到在新常态的形势和需求下,以新的教学理念,因材施教、改革实验课程教学,根据不同人才培养对基础课程的不同要求,优化课程体系,改进教学内容和方法的目的。

2. 实验需掌握的要点

(1)熟练理解并掌握沿程水头损失、局部水头损失、文丘里流量、毕托管测速,以及恒定流下的能量方程等多个实验项目的实验基本理论、目的、内容、机理和现实作用。

(2)熟悉理论分析法与建立函数经验法表达式的关系,并理解文丘里流量计、毕托管测速仪等传统的流体力学实验仪器及装置在实际工程中的广泛应用。

(3)深刻理解能量的含义,以及其在实际工程中的实用性。

(4)了解绘制测压管水头线及总水头线的理论并指导工程实际。

3. 注意事项

(1)流量调节阀开启时一定要缓慢,并注意测压管中水位的变化,不要使测压管水面下降太多,以免空气倒吸入管路系统,影响实验进行。

(2)每次改变流量时,测量必须在水流恒定后方可进行。

(3)同学们在参加测量实验的过程中,读取测压管液面高程、测取流量、记取时间、调节阀门开度等环节要相互配合好,保证测量精度。

(4)注意爱护秒表等仪器设备。

(5)实验结束后,关闭电源开关、拔掉电源插头。

5.10.6　思考与讨论

1. 分析思考问题

(1)在实验管道中,沿程水头损失是按怎样的流速规律分布的?

(2)当流速急剧加大时,其测压管的水头线及总水头线又是如何变化的?

(3)是流量大,还是流量小的能量损失大? 能量三要素的关系如何?

(4)毕托管测压管的水头与普通测压管的水头有何差异?

2. 完成实验报告

1)实验成果计算及要求

(1)记录有关常数(见表 5.17、表 5.18)。

(2)水箱液面高程 $\nabla_。$ =_____cm, ∇_z =_____cm。

表 5.17　有关常数记录表

测点编号	1#	2,3	4	5	6#,7	8#,9
管径/cm	1.37	1.37	1.37	1.37	1.01	1.37
两点距离/cm	4	4	6	6	4	13.5

测点编号	10,11	12#,13	14#,15	16#,17	18#,19	
管径/cm	1.37	1.37	1.37	2.00	1.37	
两点距离/cm	6	10	29	16	16	

注:打"#"的为毕托管测点,没有标记的为普通测点。

表 5.18　有关常数记录表

测点编号	1★	2★	3★	4★	5★	6★
管径/cm	1.37	1.37	1.37	1.37	1.37	2.00
两点距离/cm	6		4.5		3.5	

测点编号	7★	8★	9★	10★
管径/cm	2.00	1.37	1.37	1.37
两点距离/cm	3.5		6.5	

注:① 打"★"的为局部水头损失测点,没有标记的为普通测点(测点编号见图 5.15);

② 2、3 为直管均匀流段同一断面上的两个测压点;10 为弯管非均匀流段同一断面上的两个测压点。

2) 测量 $\left(Z+\dfrac{p}{\gamma}\right)$ 并记入表格

将测量结果记入表 5.19~表 5.22 中。

表 5.19　测记 $\left(Z+\dfrac{p}{\gamma}\right)$ 数值表(基准面选在标尺的零点上)　　　　(单位:cm)

测点编号		2	3	4	5	7	9	T/s	Q/mL	$Q/(cm^3/s)$
实验次数	1									
	2									
	3									

表 5.20　测记 $\left(Z+\dfrac{p}{\gamma}\right)$ 数值表(基准面选在标尺的零点上)　　　　(单位:cm)

测点编号		10	11	13	15	17	19	T/s	Q/mL	$Q/(cm^3/s)$
实验次数	1									
	2									
	3									

表 5.21　测记 $\left(Z+\dfrac{p}{\gamma}\right)$ 数值表(基准面选在标尺的零点上)　　　　(单位:cm)

测点编号		1★	2★	3★	4★	5★	T/s	Q/mL	$Q/(cm^3/s)$
实验次数	1								
	2								
	3								

表 5.22 测记 $\left(Z+\dfrac{p}{\gamma}\right)$ 数值表（基准面选在标尺的零点上） （单位：cm）

测点编号		6★	7★	8★	9★	10★	T/s	Q/mL	$Q/(cm^3/s)$
实验次数	1								
	2								
	3								

（1）普通测点处的测压管水头 $\left(Z+\dfrac{p}{\gamma}\right)$。

（2）局部零部件测点处的测压管水头 $\left(Z+\dfrac{p}{\gamma}\right)$。

3）实验计算

将计算结果记入表 5.23～表 5.27 中。

表 5.23 流速水头（基准面选在标尺的零点上） （单位：cm）

管径 D/cm	面积 A/cm^3	$Q=$ (cm³/s)		$Q=$ (cm³/s)		$Q=$ (cm³/s)	
		$v/(cm/s)$	$\dfrac{\alpha v^2}{2g}/cm$	$v/(cm/s)$	$\dfrac{\alpha v^2}{2g}/cm$	$v/(cm/s)$	$\dfrac{\alpha v^2}{2g}/cm$

表 5.24 总水头（基准面选在标尺的零点上） （单位：cm）

测点编号		2	3	4	5	7	9	$Q/(cm^3/s)$
实验次数	1							
	2							
	3							

表 5.25 总水头（基准面选在标尺的零点上） （单位：cm）

测点编号		10	11	13	15	17	19	$Q/(cm^3/s)$
实验次数	1							
	2							
	3							

表 5.26　局部水头损失测点(基准面选在标尺的零点上)　　　　　　(单位:cm)

测点编号	1★	2★	3★	4★	5★	$Q/(\mathrm{cm^3/s})$
流速水头						
总水头						

注:打"★"的为局部零部件测点。

表 5.27　局部水头损失测点(基准面选在标尺的零点上)　　　　　　(单位:cm)

测点编号	6★	7★	8★	9★	10★	$Q/(\mathrm{cm^3/s})$
流速水头						
总水头						

注:打"★"的为局部零部件测点。

(1) 计算流速水头 $\dfrac{\alpha v^2}{2g}$。

(2) 计算总水头 $E=\left(Z+\dfrac{p}{\gamma}+\dfrac{\alpha v^2}{2g}\right)$。

(3) 局部零部件测点的流速水头和总水头。

4) 综合实验成果分析与讨论

(1) 如何计算文氏管沿程水头损失和局部水头损失? 为什么?

(2) 给水管道中 3★~4★ 弯曲处的水头损失为多少? 为什么?

(3) 结合本实验说明,在外界条件相同的前提下,渐扩与减缩水头损失的关系如何?

(4) 陈述在渐变流、急变流的过水断面上,动水压强与静水压强的分布规律并写出表达式。

第6章　建筑 CAD 实训

6.1　实训一　AutoCAD 基本操作、图层及显示控制命令

6.1.1　实训目的及要求

熟悉 AutoCAD 的绘图界面,掌握 AutoCAD 绘图系统的基本操作;掌握 AutoCAD 绘图系统提供的图层功能及图层的设定、控制操作;要求能使用图层功能,并结合简单绘图命令在不同图层绘制基本图形,而且还能进行实体属性的设定及更改。

6.1.2　仪器和设备

计算机。

6.1.3　实训内容、方法、步骤

1. 实训内容

(1) AutoCAD 绘图系统的启动和预置模板文件的调用。

(2) 工作屏幕中菜单的调用。

(3) 工具条及工具按钮操作。

(4) 命令及坐标值的输入。

(5) 文件的保存及文件的打开。

(6) AutoCAD 绘图系统的正常退出。

(7) 图形图层的设定及图层属性管理。

(8) 实体属性的设定及更改。

(9) 使用图形的显示控制及视图平移功能来进一步绘制平面图。

2. 方法及步骤

1) 创建新图

用缺省设置,创建一张新图,比例为 1:1,图形界限设置为 8000×6000,单位为 mm,精度为 0。最后将图形保存为 E:\自己名\SX1-1. DWG,即计算机 E 盘自己名目录下的文件名为 SX1-1. DWG。

操作步骤:

运行软件,打开"启动"对话框,选择缺省设置,测量单位为"公制",单击"OK"按钮,创建一张新图。

选"格式"下拉菜单"图形界限"命令。输入左下角坐标值，或直接回车，接受当前值 (0.0000,0.0000)；输入右上角坐标值，在命令行输入(8000,6000)回车。

选"格式"下拉菜单"单位"命令。在弹出的"图形单位"对话框的"长度类型"栏中选"小数"，"精度"栏中选"0"(单位精度小数位为0)，"单位"栏中选"mm"。单击"OK"按钮退出。

选"文件"下拉菜单"保存"命令，设置路径及名称，并保存。

2）创建建筑图

用缺省设置，创建一张新图，比例为1∶100，图纸大小为国家标准建筑 A_3 图幅，尺寸单位为 mm，精度为0。即图形界限为(0,0)～(42000,29700)，最后将图形保存为 E:\自己名\SX1-2.DWG。

3）创建交通图

用缺省设置，创建一张新图，比例为1∶100，图纸大小为国家标准交通 A_3 图幅，尺寸单位为 cm。即图形界限为(0,0)～(4200,2970)，最后将图形保存为 E:\自己名\SX1-3.DWG。

4）创建测绘图

用缺省设置，创建一张新图，比例为1∶1000，图纸大小为 50 cm×50 cm，尺寸单位为 m，精度为0.000，左下角点的坐标为(521300,12560)。即图形界限为(521300.000,12560.000)～(521300.500,12560.500)，最后将图形保存为 E:\自己名\SX1-4.DWG。

5）建立建筑平面图的图层

打开 SX1-2，建立建筑平面图的图层，并按原名保存，图 6.1 所示的为建筑平面图的图层。

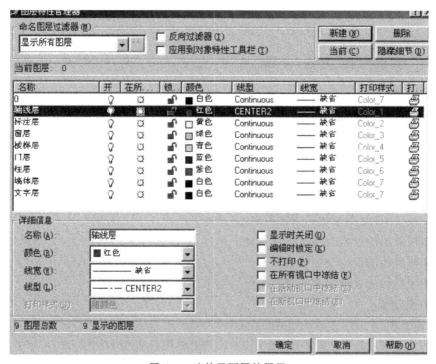

图 6.1　建筑平面图的图层

6.1.4　实训纪律和有关注意事项

按微机室有关规定使用计算机，签到并注明计算机号，如不按正规操作损坏计算机要照价赔偿。

6.1.5　成绩考核标准及办法

每次上机,要独立完成实训内容,并根据实训成果质量、成果的创造性,以及出勤情况等打分。

成绩按五级评定(优,良,中,及格,不及格),最后与上机考试、课后作业等一同汇总为本学期总成绩。

6.2　实训二　辅助绘图工具及基本绘图、编辑命令的使用

6.2.1　实训目的

使用 LINE、CIRCLE、ARC、RECTANG、POLIGON、ELLIPSE 等命令绘制简单图形,熟悉掌握 AutoCAD 绘图系统的基本绘图环境的设定,使用 LINE、POINT、CIRCLE、ARC等命令绘制基本图形。

6.2.2　实训仪器和设备

计算机。

6.2.3　实训内容

(1) 绘制窗框。
(2) 绘制阳台及窗台。
(3) 绘制植物、盆景、树等简单图形。

6.2.4　实训步骤

(1) 绘制窗框(见图 6.2)。

打开图形文件 SX1-1,利用直线命令,按图中标注的尺寸,采用不同的坐标输入法绘制图形,并保存为 LX2-1。

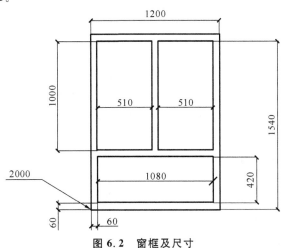

图 6.2　窗框及尺寸

（2）绘制窗框（见图 6.3）。

打开图形文件 SX1-1，利用直线命令，按图中标注的尺寸，采用不同的坐标输入法绘制图形，并保存为 LX2-2。

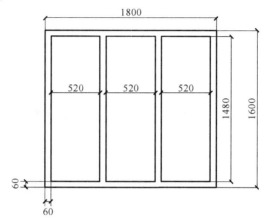

图 6.3　窗框及尺寸

（3）绘制阳台及窗台（见图 6.4）。

打开图形文件 SX1-2，按图中标注的尺寸，使用多段线命令绘制图形，并保存为 LX2-3。

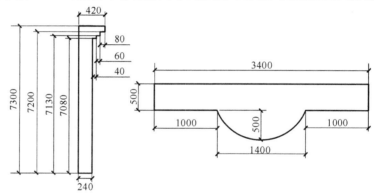

图 6.4　阳台、窗台及尺寸

提示：

左图在正交状态下完成，绘制右图的操作如下：

命令:_Pline

指定起点：

当前线宽为 0.0000

指定下一点或［圆弧（A）/闭合（C）/半宽（H）/长度（L）/放弃（U）/宽度（W）］:500

指定下一点或［圆弧（A）/闭合（C）/半宽（H）/长度（L）/放弃（U）/宽度（W）］:1000

指定下一点或［圆弧（A）/闭合（C）/半宽（H）/长度（L）/放弃（U）/宽度（W）］:A

指定圆弧的端点或

［角度（A）/圆心（CE）/闭合（CL）/方向（D）/半宽（H）/直线（L）/半径（R）/第二点（S）/放弃（U）/宽度（W）］:S

指定圆弧上的第二点：@700,－500

指定圆弧的端点：@700,500

指定圆弧的端点或

［角度（A）/圆心（CE）/闭合（CL）/方向（D）/半宽（H）/直线（L）/半径（R）/第二点（S）/放弃（U）/宽度（W）］:L

指定下一点或［圆弧（A）/闭合（C）/半宽（H）/长度（L）/放弃（U）/宽度（W）］:1000

指定下一点或［圆弧（A）/闭合（C）/半宽（H）/长度（L）/放弃（U）/宽度（W）］:500

指定下一点或［圆弧（A）/闭合（C）/半宽（H）/长度（L）/放弃（U）/宽度（W）］:C

最后存盘，文件名为阳台及窗台.DWG。

（4）绘制植物（见图 6.5）。

灵活使用各种绘图命令，图形形状美观准确，并以"植物.DWG"为文件名存盘。

（5）绘制扳手（见图 6.6）。

灵活使用各种绘图命令，图形形状准确，并以"扳手.DWG"为文件名存盘。

（6）绘制吊车勾（见图 6.7）。

灵活使用各种绘图命令，图形形状准确，并以"吊车勾.DWG"为文件名存盘。

图 6.5　植物

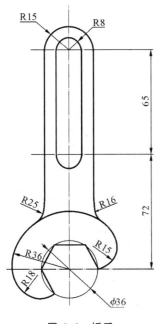

图 6.6　扳手

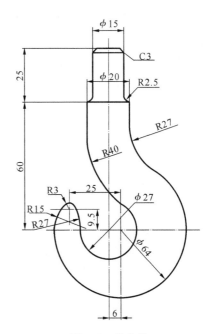

图 6.7　吊车钩

6.3　实训三　精确绘图

6.3.1　实训目的及要求

掌握目标捕捉、对象捕捉追踪、栅格显示和栅格捕捉、极轴跟踪、正交及图形镜像等精确绘图命令的使用方法(补充阵列命令)。

6.3.2 仪器和设备

计算机。

6.3.3 实训内容、方法、步骤

1. 实训内容

(1) 绘制五角星。

(2) 绘制环行楼梯。

(3) 绘制地面拼花图案。

(4) 绘制三面正投影图。

2. 方法及步骤

(1) 绘制五角星(见图6.8)。

利用"端点捕捉"、"中点捕捉"、"交点捕捉"功能,在正交状态下应用正五边形命令绘制五角星,并进行颜色填充;利用"延伸线捕捉"命令绘制中点辐射线方向的两根光芒线,执行环行阵列,阵列数目为45,阵列角度为360°;以"五角星.DWG"为文件名存盘。

(2) 绘制环行楼梯(见图6.9)。

利用"中点捕捉"功能,执行多段线命令,绘制楼梯通行方向线,并设置线宽绘制箭头,以"环行楼梯.DWG"为文件名存盘。

图6.8 五角星

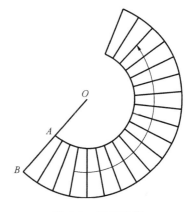

图6.9 环行楼梯

制图步骤如下。

利用极轴绘制 BA、AO 直线。

以 O 为中心,对 BA 边执行环行阵列,阵列数目为20,阵列角度为360°。

执行圆弧命令,利用"端点捕捉"命令绘制楼梯边缘线。

执行多段线命令,利用"中点捕捉"命令绘制楼梯通行方向圆弧,并设置线宽绘制箭头。

(3) 绘制地面拼花图案(见图6.10)。

用换形阵列命令进行编辑,以"地面拼花图案.DWG"为文件名存盘。

(4) 绘制 AB 直线在三面正投影体系中的投影(见图6.11)。

注意:利用"对象追踪"命令引线,应符合"长对正、高平齐、宽相等"的原则。

图 6.10　地面拼花图案

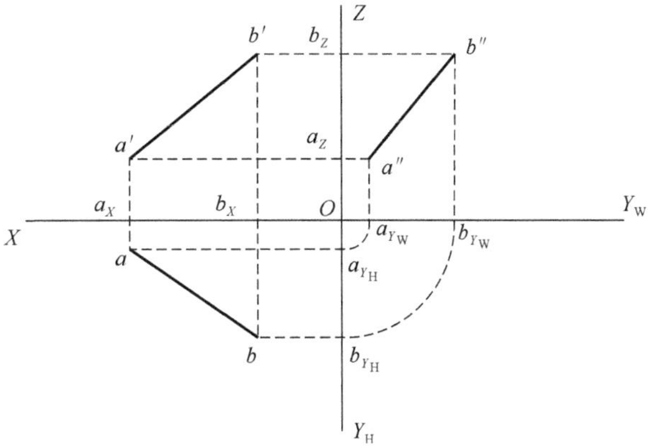

图 6.11　直线的三面正投影图

制图步骤如下。

建立一个新图形文件:使用样本文件 ACAD. DWT 进入图形界面。

设置图形界限(0,0)(420,297)。

设置所用单位与精度。

长度单位取 Decimal,精度取 0;角度单位取 Decimal Degrees,精度取 0.0。

设置所用图层及线型、颜色如表 6.1 所示。

表 6.1　层名、线型表

层　　名	颜　　色	线　　　型	线　　宽	用　　途
xishixian	White	Continuous	0	绘制细实线
cushixian	Blue	Continuous	0.3mm	绘制粗实线
fuzhuxian	Cyan	Dot	0	绘制辅助线
Text	Yellow	Continuous	0	书写文本

绘制 OX、OY_W(即 XY_W)投影轴。

绘制 OZ、OY_H 投影轴。

绘制直线 AB 的正面投影 $a'b'$。

设置目标捕捉功能和对象捕捉追踪功能。

绘制直线 AB 的水平投影 ab。

绘制投影线 aa_{Y_H},bb_{Y_H}。

绘制辅助圆。

剪切辅助圆。

绘制投影线 $a_{Y_W}a''$ 与 $b_{Y_W}b''$。

绘制直线 AB 的侧面投影。

绘制各个投影线(连接 $a'a''$、$b'b''$、aa'、bb')。

以"AB 直线的三面正投影图. DWG"为文件名存盘。

(5) 绘制三角形 ABC 在三面正投影体系中的投影(见图 6.12)。

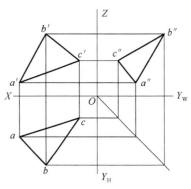

图 6.12　三角形的三面正投影图

将所绘图形以"三角形 ABC 的三面正投影图.DWG"为文件名存盘。

6.4　实训四　常用编辑命令操作

6.4.1　实训目的及要求

使用 MOVE、STRETCH、COPY、OFFSET、ARRAY、TRIM、MIRROR、EXTEND、FILLET、CHAMFER 等命令进行图形编辑。

6.4.2　仪器和设备

计算机。

6.4.3　实训内容、方法、步骤

1.实训内容

（1）绘制阳台。

（2）绘制电话机。

（3）绘制国旗。

（4）绘制门扇。

2.方法及步骤

（1）绘制阳台（见图 6.13）。

用矩形阵列及镜像命令进行编辑，以"阳台.DWG"为文件名存盘。

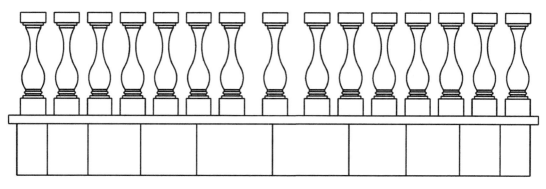

图 6.13　阳台

（2）绘制电话机（见图 6.14）。

用样条曲线绘制电话线，并将电话线绘制在不同的图层上，电话线线宽设置为0.3，以"电话机.DWG"为文件名存盘。

（3）绘制国旗（见图 6.15）。

启动 AutoCAD，建立一个新图形文件。

设置图形界限(0,0)(200,100)。

设置所用单位与精度。

设置所用图层及图层线型、图层颜色如表 6.2 所示。

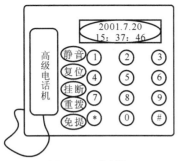

图 6.14　电话机

图 6.15　国旗

表 6.2　图层线型、颜色表

层　　名	颜　　色	线　　型	线　　宽	用　　途
guoqi	Red	Continuous	0	绘制国旗底色
guoqixian	Blue	Continuous	0	绘制国旗框线
wujiaoxing	Yellow	Coutinuous	0	绘制五角星

绘制国旗框线(将"guoqixian"层设置为当前层)150×100。

绘制大五角星(外接圆半径为 15)。

绘制四个小五角星(大五角星缩小 0.5)。

填充图案。

以"国旗. DWG"为文件名存盘。

(4) 绘制门扇(见图 6.16)。

(a)

(b)

图 6.16　门扇

用偏移、镜像等命令进行编辑,图案单独建立图层并设置你喜欢的颜色,以"门扇.DWG"为文件名存盘。

6.5 实训五 图块、图案填充、文字注释、工程标注

6.5.1 实训目的及要求

要求能使用 AutoCAD 绘图系统提供的 BLOCK、WBLOCK 和 INSERT 命令,定义内、外部图块并建立图形库。掌握在图形绘制过程中插入已定义的内、外部图块。使用 AutoCAD 绘图系统提供的图案填充功能和文字注释功能,对工程图形进行图案填充和文字注释操作。使用 AutoCAD 提供的尺寸标注功能,对工程图形进行尺寸标注样式的设定、各类型的尺寸标注和编辑。

6.5.2 仪器和设备

计算机。

6.5.3 实训内容、方法、步骤

1. 实训内容
(1) 制作钢筋规格表。
(2) 绘制房屋建筑平面图。
(3) 图案填充。
(4) 绘制空心板断面图。

2. 方法及步骤
(1) 制作表格(见表 6.3)。

文字采用仿宋体,宽高比为 0.7∶1,标题字高为 5 mm,表头字高为 3.5 mm,其他字高为 2.5 mm。以"钢筋规格表.DWG"为文件名存盘。

表 6.3 钢筋规格表

编号	直径 /mm	每根长 /cm	根数	共长 /m	单位重 /(kg/m)	共重 /kg	总重 /kg
1	$\phi20$	992	14	138.88	2.466	342.5	
2	$\phi20$	958	4	38.32	2.466	94.5	455.1
3	$\phi20$	92	8	7.36	2.466	18.1	
4	$\phi16$	74	32	23.68	1.578	37.4	
5	$\phi16$	1082	4	43.28	1.578	68.3	105.7
6	$\phi10$	167	79	131.93	0.617	81.4	81.4

编号	直径 /mm	每根长 /cm	根数	共长 /m	单位重 /(kg/m)	共重 /kg	总重 /kg
7	$\phi 8$	207	79	163.53	0.395	64.6	
8	$\phi 8$	162	79	127.98	0.395	50.6	149.6
9	$\phi 8$	60	79	47.40	0.395	18.7	
10	$\phi 8$	78	51	39.78	0.395	15.7	
11	$\phi 10$	992	1	9.92	0.617	6.1	
12	$\phi 10$	64	79	50.56	0.617	31.2	80.2
13	$\phi 10$	992	7	69.44	0.617	42.85	
C25 混凝土/m³							4.2

（2）绘制房屋建筑平面图（见图 6.17）。

打开图形文件 SX1-1，创建窗与门的图形块，按图中标注尺寸进行图形绘制，以"房屋建筑平面图.DWG"为文件名存盘。

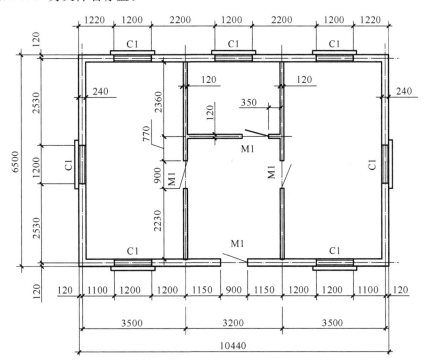

图 6.17 房屋建筑平面图

制图步骤如下。

新建图形文件，设置绘图界限(0,0)(12500,8000)及单位与精度。

设置建筑平面图的图层及图层颜色、线型、线宽等。

设置线形比例因子为 100，绘制轴线。

设置多线样式及比例，绘制墙。

创建窗与门的块并插入到建筑平面图中。

以"建筑平面图.DWG"为文件名存盘。

（3）绘制空心板断面图（见图 6.18）。

按图中标注尺寸进行图形绘制,边线采用多段线绘制并设置线宽,以"空心板断面.DWG"为文件名存盘。

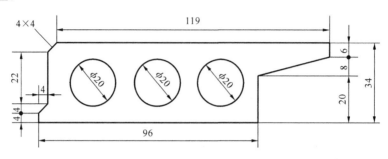

图 6.18　空心板断面图

附录 6-1　常用命令的简化输入方式
及各种输入法的特点

附表 6.1　常用命令的简化输入方式

命令	简化输入形式	中文名称	命令	简化输入形式	中文名称
Line	L	直线	Erase	E	删除
MLine	ML	多行平行线	Copy	CP	复制
PLine	PL	多义线	Offset	O	偏移
Rectang	REC	矩形	Mirror	MI	镜像
Arc	A	圆弧	Array	AR	阵列
Circle	C	圆	Move	M	移动
Polygon	POL	多边形	ROtate	RO	旋转
SPline	SPL	样条曲线	Scale	SC	比例缩放
Donut	DO	圆环	Stretch	S	拉伸
Point	PO	点	Trim	TR	剪切
Block	B	块	Extend	EX	延伸
Wblock	W	写块	Break	BR	打断
Insert	I	插入块	CHamfer	CH	倒角
Text	T	多行文本	Fillet	F	圆角
DText	DT	单行文本	Explode	X	分解
Bhatch	H	填充	Zoom	Z	缩放
Region	REG	创建面域	Pan	P	平移

各种输入法的特点如下。

命令按钮法输入命令较快捷,但命令按钮占用大量的屏幕空间。下拉菜单法调用命令不需要记忆命令单词,且下拉菜单不用时折叠在菜单栏上,占用极少的屏幕空间,但是使用时要翻菜单,因而效率较低。键盘输入法虽然需要记忆命令,但一些常用命令设置了简化输入方式,对于这些命令,键盘输入极为方便,其效率远远高于命令按钮法。因为不用命令按钮时,也可用下拉菜单法输入命令,有时需要拿起鼠标,单击按钮,再放下鼠标,到键盘输入坐标值,在这拿起与放下的过程中浪费了大量的宝贵时间。

建议如下。

最常用命令,特别是有简化输入形式的命令,视情况从键盘输入或单击按钮输入。

较常用命令,单击按钮输入。

不常用命令,调用菜单输入。

附录 6-2　构造选择集及建议

模式如下。

点选；

W(Window)：窗口选择；

C(Cro s sin g)：交叉窗口；

L(La st)：选择最近新绘制在屏幕上的可见目标；

R(Remove)：目标选择过程中进入"删除"模式；

A(Add)：增加选择；

F(Fence)：围栏方式，与边界相交的图形才被选中；

WP(Wpolygon)：多边形窗选，以多边形区域选择目标；

CP(Cpolygon)：多边形框选，以多边形区域选择目标，与边界相交的图形也被选中；

ALL：全选。

建议如下。

直接单击图标与混合"窗选"(W)、"框选"(C)、"篱选"(F)等选择项快速选取图形。

先打开窗口，将所有图标一次选取，再使用"R"选择项，将不选的少数图形剔除或使用"A"来增加选择。

使用"WP"、"CP"等选项选择复杂图形。

附录 6-3　保存和加载图框样板文件

图框样板文件的扩展名为. DWT。

在图框样板文件里,我们可以记录下图框、常用文字样式和线型的加载、图层定义、单位定义等相关画图环境的资料。因此,当下次调用这个图框样板文件时,这些例行性的定义操作工作就可以不用再去执行,而直接开始画图。

画好图框并做好相关的设置后,您就可使用 SAVE 或 SAVEAS 命令将图形文件以. DWT 格式保存到:/program Files/acad2004/Template 这个目录中,您下次再进入 AutoCAD 时,就可以单击此图框,很快进入编辑状态。您应该将会用得到的各种尺寸图纸都分别制作一个图框样板文件,以供需要时调用。

图框样板文件的制作流程如附图 6.1 所示。

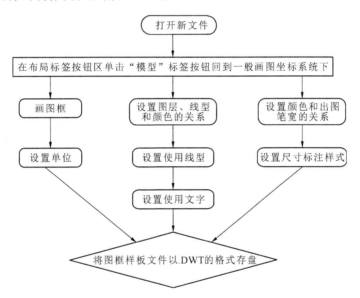

附图 6.1　创建样板文件流程图

附录 6-4　多文档设置环境

打开多个图档步骤如下。

从"标准"工具栏上单击"打开"按钮,弹出"选择文件"对话框。

按住"Ctrl"键,选择多个图形文件并打开。

在"窗口"菜单中选择"层叠"命令或其他方式,以显示打开的窗口。

移动和复制对象步骤如下。

(1) 在打开的多个图形文件中拖曳对象,可以实现对象的移动和复制,操作如下。

① 选择要拖曳的对象。

② 将光标移动到对象上,拖曳到另一个图形文件上。

③ 若上面的操作中按住"Ctrl"键,则实现对象的复制。

④ 若用鼠标右键拖曳对象,释放鼠标右键,弹出一个快捷菜单。

⑤ 利用该菜单中的选项可以实现移动、复制、粘贴等操作。

(2) 多图档设计环境的功能如下。

① 在激活的文件或多个文件之间,采用拖曳方式复制或移动对象。

② 在不同的图形之间进行特性匹配,例如,匹配图层、颜色和线型。

③ 可以从系统的资源管理器中向当前进程中拖曳文件,以打开多个图形。

④ 可以在图形之间剪切(复制)和粘贴对象,在操作过程中,可以指明基点或保持原有坐标。

附录 6-5　图形块的使用技巧

技巧提示如下。

拾取点是拾取块的插入点,可利用"捕捉"功能进行,图框的基准点一般拾取图纸左下角点。

当您制作的"写块"逐渐增多时,就会产生"写块"图形的管理问题。所以您必须创建一个文件夹,例如,"\我的图形块"目录资料夹,文件名称必须能表现块的内容。

绘制专业块时,要使用 1∶1 的原始尺寸,方便快速地以 1∶1 比例插入。

插入块时选择"分解"选框,可将块分解,再配合 Stretch 命令拉伸到适当的长度(拉伸时注意经验和技巧,可利用"捕捉"功能)。

将插入后的同类的所有的图形块统一修改——例如,改块颜色,其方法是先将其中的一个块分解,再改变颜色,最后用原名及相同的路径、基准点重新创建块,这样新块替换了原有块,您会看到所有的同类块颜色都发生了变化。

注意事项如下。

图块一定要在 0 层创建,并在特性工具栏中将颜色、线型、线宽分别选择为随层、随层、随层。

在块的插入时,要在"目标层"插入,并在插入对话框中设置插入基点、横纵向比例因子及旋转角度。

在块的插入时,用户也可以指定 X、Y 的比例因子中的一个为负值或均为负值,以使块在插入时作镜像变换。

制作含有属性的"块"的步骤如下。

单击"绘图"下拉菜单"块"子菜单下的"定义属性"选项来执行 Attribute 命令,并按对话框依次定义属性(见附图 6.2)。

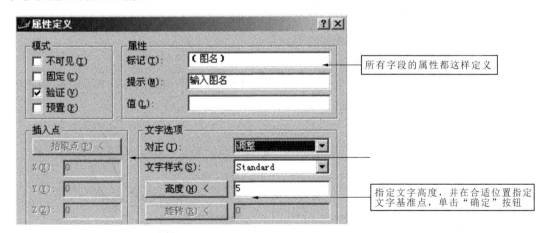

附图 6.2　属性定义

将图框和属性文字一同创建为写块。

插入属性块。

命令:_in sert。

输入属性值。

输入图名:路线平面图。

验证属性值。

输入图名〈路线平面图〉。

在规划图中,图形块的使用技巧如下。

(1) 陡坎符号(见附图 6.3)的绘制。

(2) 直线命令绘制坎毛,并创建名为"pp"的块。

块的基准点设为坎毛的左上角点。

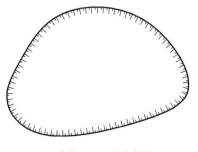

附图 6.3　陡坎符号

(3) 绘制边界线。

(4) 查询边界线的长度。

(5) 确定分段数。

(6) 绘制坡毛线。

单击"绘图"菜单,"点"子菜单下的"定数等分"或"定距等分"命令,插入图形块。这是图块在道桥专业的重要应用。

命令:_divide。

选择要定数等分的对象:(单击边界线)。

输入线段数目或[块(B)]:b(选择图块模式)。

输入要插入的块名:pp(输入坎毛的图块名)。

是否对齐块和对象?[是(Y)/否(N)]〈Y〉:(保持图块与插入位置的切线垂直)。

输入线段数目:80(图块的个数)。

注意事项如下。

坎毛的块需要朝北画。

坎毛插入在陡坎边缘线前进方向的左侧。

坎毛插入的位置与块的基准点有关,一般捕捉长线端点。

当知道陡坎边缘长度时可采用"定数等分插入图形块"命令,而一般采用"定距等分插入图形块"命令。距离为规范规定的相邻符号间距。

路基边坡坎毛线的绘制步骤如下。

由于路基两侧坡度方向相反,要定义两个图块才行,且两个图块的方向相反。适用于公路或铁路两侧的路堤与路堑的绘制(见附图 6.4)。

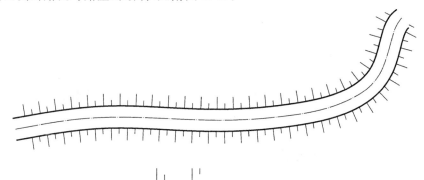

附图 6.4　路堤陡坎符号

绘制路堤与路堑技巧如下。

（1）将路边线编辑为多段线并连接为一体。

（2）偏移路边线获得路堤与路堑的坎顶线与坎底线。

（3）按规范绘制坎毛，长短坎毛间距为 0.15 cm×M；创建名为"坎毛.DWG"的图块。

（4）执行定距等分插入坎毛，间距为 0.3 cm×M。

（5）在"是否对齐块和对象？［是（Y）/否（N）］〈Y〉："的提示下直接回车。

（6）当陡坎为未加固时对坎毛的剪切与延伸技巧——围栏方式选择剪切边与延伸边。

注意事项如下。

（1）图形块的大小按"规范的出图标准×出图比例尺分母 M"绘制。

（2）定距等分间距为"规范的相邻符号基点间距×出图比例尺分母 M"。

（3）插入一般图形块需对齐块和对象，而对路灯等独立符号的插入需选"否"。

（4）图形块插入在线的左侧。

（5）如插入后方向不对，可重新创建块并修改基准点或对原位置线利用多段线进行反向描绘后再插入原块。

第7章 工程地质实验

建筑物和构筑物都是建设在地表或者地下,但是所有地基基础都是建设在岩土上的工程。对于土木类专业的学生来说,"工程地质"是一门很重要的专业基础课程。矿物与岩石的认识和鉴定是"工程地质"整个教学过程中的一个主要部分。课堂上所学的有关矿物、岩石以及工程地质的理论知识必须通过直接的观察、鉴定,即通过感性认识,才能加深理解,得以巩固和提高。为此,根据土木类工程专业的需要,安排一定数量的矿物与岩石实验是非常必要的。

对于土木专业类的同学,工程地质学的实验目的与要求有以下几点。

(1)学会较全面地观察矿物形态及物理性质等特征,初步掌握肉眼鉴定的基本方法。

(2)认识和掌握三大类岩石的特征,熟悉各类岩石的命名原则,基本学会岩石肉眼鉴定方法。

(3)初步学会运用地质术语来描述矿物和各类岩石。

通过野外地质教学实习,学生可从自然界许多具体的地质事物和现象中获得一些生动的感性认识,以验证和巩固课堂所学的基本理论,并对某些地段的不良地质现象及岩体稳定性问题作出分析、论证,从而为今后工程的设计、施工、管理等方面的专业课学习,奠定必备的工程地质知识。

7.1 实验一 主要造岩矿物的认识和鉴定

1. 实验的目的与要求

矿物的肉眼鉴定是一种简便、迅速而又易掌握的方法,是野外地质工作的基本功之一。矿物的形态和矿物的物理性质,乃是肉眼鉴定矿物的两项主要依据,必须学会使用简便的工具来认识、鉴别、描述矿物的这些性质。

本实验的目的是全面地观察矿物形态及物理性质等特征,初步掌握肉眼鉴定的基本方法,学会常见矿物的鉴定并写出简单的鉴定报告。

2. 实验器材

实验用具一般有小刀、硬度计、放大镜、毛瓷板、稀盐酸等,有条件的情况下,实验室还应提供显微镜供同学进行镜下鉴定。

3. 实验内容与步骤

肉眼鉴定矿物的大致过程是从观察矿物的形态着手,然后观察矿物的光学性质、力学性质,进而参照其他物理性质或借助化学试剂与矿物的反应,最后综合上述观察结果,查阅有关矿物特征鉴定表,即可查出矿物的定名,但对常见矿物的鉴定特征还需要记忆。

1) 矿物的形态

矿物的形态有晶体形态和集合体形态两类。

晶体形态:同种物质同一构造的所有晶体,常具有一定的形态,一般常见的造岩矿物形态有纤维状、柱状、板状、片状、鳞片状、粒状等。

集合体形态:矿物在自然界中多呈集合体产出,故集合体形态的描述具有实际意义。常见的有晶簇状、结核状、肾状、钟乳状、葡萄状、放射状等。

2) 矿物的物理性质

矿物的物理性质是多种多样的。为了便于用肉眼鉴别常见的造岩矿物,这里要求掌握矿物的如下特征。

(1) 颜色。矿物的颜色极为复杂,是矿物对可见光波的吸收作用而产生的。按成色原因有白色、他色、假色等。

(2) 光泽。矿物的光泽是矿物表面的反射率的表现,按其强弱程度可分为金属光泽、半金属光泽和非金属光泽。常见的有玻璃光泽、珍珠光泽、丝绢光泽、油脂光泽、蜡状光泽、土状光泽等。用人为方法严格划分光泽等级是困难的,要多观察、慢慢体会、逐步掌握。

(3) 解理。解理为矿物的重要鉴定特征,解理等级及区分的办法如下。

完全解理:易成解理块,解理面平整光滑,难见断口,如方解石。

中等解理:碎块可见小面,既有解理又有断口,呈阶梯状,解理面光滑程度较差,如长石、辉石、角闪石。

不完全解理:碎块难见小面,断口贝壳状,参差不齐,如磷灰石、黄铁矿、磁铁矿。

后两者较难区分,有时可写成中等-不完全解理。矿物解理的完全程度和断口是此消彼长的。

(4) 硬度。常用的确定矿物硬度的方法为刻划法,刻划工具除摩氏硬度计外,常可借助指甲(2.5)、玻璃(4.5~5.0)、小刀(5.5~6)、石英(7),在野外鉴别矿物的硬度。

污染手的为 1,不污染手而指甲能划动时为 2,指甲划不动而刀刻极易者为 3,刀刻中等者为 4,刀刻费力者为 5,刀刻不动而石英能刻动者为 6,石英能刻动者为 7。

硬度常因集合体方式及后期变化而降低,所以刻划时要先找到矿物的单体及新鲜面。

典型矿物的硬度划分与认识如下。

1 滑石,2 石膏,3 方解石,4 萤石,5 磷灰石,6 长石,7 石英,8 黄玉,9 刚玉,10 金刚石。

3) 实验矿物标本

常见的实验矿物标本包括黄铁矿、石英、正长石、斜长石、方解石、萤石、角闪石、辉石、绿泥石、白云母、黑云母、高岭石、石膏、滑石、磁铁矿、磷灰石、黄玉,等等。

4) 常见矿物的鉴别

(1) 黄铁矿(FeS_2)　形状:立方体或块状。颜色:铜黄色。条痕:绿黑。光泽:金属光泽。硬度:5~6。解理:无。断口:参差状。

主要鉴定特征:形状、光泽、颜色、条痕。

(2) 石英(SiO_2)　形状:柱状或块状。颜色:乳白色或无色。条痕:无色。光泽:玻璃、油脂光泽。硬度:7。解理:无。断口:贝壳状。

主要鉴定特征:形状、光泽、颜色、条痕、断口。

(3) 方解石($CaCO_3$)　形状:菱形粒状或块状。颜色:白色或无色。条痕:无。光泽:玻璃光泽。硬度:3。透明或半透明。解理:三组完全解理。

主要鉴定特征:形状、解理、硬度、遇稀盐酸起气泡。

(4) 正长石($KAlSi_3O_8$)　形状:短柱状或板状。颜色:肉红色。条痕:白。光泽:玻璃光泽。硬度:6。半透明或不透明。解理:中等,解理面成直角。

主要鉴定特征:解理、光泽、颜色。

(5) 黑云母($K(Mg,Fe)_3(OH)_2(AlSi_3O_{10})$)　形状:片状或鳞片状。颜色:黑色或棕黑色。条痕:无。光泽:珍珠光泽。硬度:2～3。透明;解理:一组完全解理。

主要鉴定特征:形状、光泽、颜色、解理。

(6) 角闪石($Ca,Na(Mg,Fe)_4(Al,Fe)【(Si,Al)_4O_{11}(OH)_2】$)　形状:长柱状。颜色:绿黑色。条痕:淡绿。光泽:玻璃光泽。硬度:6。解理:两组解理交角为124°(56°)。断口:锯齿状。

主要鉴定特征:形状、光泽、颜色。

(7) 辉石($(Si,Al)_2O_6$)　形状:短柱状,在岩石中常表现为粒状。颜色:深黑色、褐黑色、紫黑色或棕黑色。条痕:黑色。光泽:玻璃光泽。硬度:5～6。半透明或不透明。解理:具有两组完全解理,两组交角90°。断口:呈八边形。

主要鉴定特征:形状、光泽、颜色、解理。

(8) 白云石($(Mg,Ca)CO_3$)　形状:常见菱面体块状。颜色:灰白色、淡黄色、浅红色。条痕:灰白。光泽:玻璃光泽。硬度:3.5～4。透明或半透明。解理:三组完全解理。断口:镜面常有变形或鞍状。

主要鉴定特征:形状、光泽、颜色、少量盐酸起气泡。

(9) 石膏($CaSO_4 \cdot 2H_2O$)　形状:板状、条状。颜色:无色、灰白、白色。条痕:白色。光泽:玻璃光泽、纤维状呈绢丝光泽。硬度:2。透明或半透明。解理:一组完全解理。断口:纤维状集合体。

主要鉴定特征:硬度、形状、光泽、颜色。

(10) 滑石($Mg_3(Si_4O_{10})$)　形状:条状、块状。颜色:淡红色、浅灰色。光泽:脂肪光泽或珍珠光泽。硬度:1。半透明或不透明。解理:一组完全解理。

主要鉴定特征:硬度、形状、光泽、颜色。

(11) 高岭土($Al_4(Si_4O_{10})(OH)_8$)　形状:土状、鳞片状。颜色:白色、无色。光泽:无。条痕:白色。硬度:1。不透明。解理:一组完全解理。

主要鉴定特征:硬度、形状、颜色。

(12) 绿泥石($(Mg,Fe)_5Al[AlSi_3O_{10}](OH)_8$)　形状:片状或板状。颜色:深绿色。光泽:珍珠光泽。硬度:2～2.5。半透明或不透明。解理:一组完全解理。

(13) 褐铁矿($Fe_2O_3 \cdot nH_2O$)　形状:块状或结核状。颜色:黄褐色或棕褐色。光泽:半金属光泽。硬度:4～5.5。不透明。解理:一组中等解理。断口呈粒状或肾状。

主要鉴定特征:形状、颜色、光泽。

(14) 磁铁矿(Fe_3O_4)　形状:块状或八面体块状。颜色:黑色。光泽:金属光泽或半金属光泽。硬度:5.5～6。不透明。解理:无。断口:无。对磁铁有吸附作用,比重(4.9～5.2),是矿物中较大的。

主要鉴定特征:比重、磁性、颜色。

4. 实验结果

每位同学根据自己观察的标本,将其特征填入表7.1中。

表 7.1　常见矿物鉴定表

矿物标本名称	形态	颜色	透明度	光泽	解理及断口	硬度	其他特征
实验过程记录							

7.2　实验二　常见岩浆岩的认识和鉴定

1. 实验目的

岩浆岩的认识和鉴定是野外地质工作的基本功之一。本次实验的目的是:加强课程中有关内容的理解,帮助同学全面地观察岩浆岩的矿物成分和结构构造;初步掌握肉眼鉴定岩浆岩的基本方法;学会常见岩浆岩的鉴定并能做出简单的鉴定报告。

2. 实验方法与步骤

肉眼描述和鉴定岩浆岩的基本内容为矿物成分、结构和构造,这是岩浆岩分类命名的基础。

一块岩石一般描述的顺序是:颜色→结构→矿物成分→构造→次生变化等。现将描述各种特征的方法及注意要点简述如下。

1) 颜色

这里所指的颜色是岩石的整体颜色,不是指岩石中某一种矿物的颜色,特别要注意那些矿物颗粒比较粗大的岩石,我们很容易着眼于这类岩石中个别矿物的颜色,而忽略对整块岩石颜色的观察。颜色不是孤立的,它与岩石所含的矿物种类、含量及岩石的化学成分有内在的联系。因此,颜色也能大致反映出岩石的成分和性质。我们观察岩石的颜色是指从深色到浅色这个变化范围的大体色调。岩浆岩常见的颜色有黑色—黑灰色—暗绿色(超基性岩),灰黑色—灰绿色(基性岩),灰色—灰白色(中性岩),肉红色,淡红色(酸性岩)等。

因此,可以根据颜色的深浅初步判断此种岩石是基性的,还是中性的,或是酸性的,以此作为综合鉴定的一个依据。

2) 结构与构造

岩浆岩的结构,是指组成岩石的矿物的结晶程度、晶粒大小、形状及其相互结合情况。通过观察岩浆岩的结构可以判断岩石是深成岩、浅成岩还是喷出岩。如果是结晶质的岩石,矿物颗粒一般较为粗大,肉眼可以清楚地分辨出各种矿物颗粒,一般有等粒结构、不等粒结构及似斑状结构,都属于深成岩类的结构特征,不论它是深色还是浅色的岩石都基本上是这样。如果岩石中矿物颗粒微细致密不易辨认,只见到斑状结构、隐晶质结构及玻璃质结构,也不论颜色的深浅,一般都属于喷出岩的结构特征。而浅成岩的结构特征,介于深成岩与喷出岩之间,常为细粒状、微晶粒状及斑状结构。

岩浆岩的构造特征大多数具有致密块状构造,尤以深成岩类最为普遍,但深成岩有时也有流线流面构造,一般出现于岩浆岩体边缘部分,反映岩浆形成时的相对流动方向。喷出岩常有流纹状构造、气孔构造、杏仁构造,特别是,流纹状构造是酸性喷出岩的显著标志。浅成岩的构造特征也介于两者之间。通过岩石的结构与构造特征的辨别,可以区分出岩石是属于深成的、浅成的或喷出的,可以逐步缩小它的鉴定范围。

3) 矿物成分

进一步观察组成岩石的矿物成分特征,这是最关键最本质的方面,应努力将岩石中的全部造岩矿物鉴定出来(可根据各种矿物的形态及其物理性质、利用简单工具如小刀、放大镜等进行鉴定),并且大致目测估计各种矿物的颗粒大小和质量分数。区分出哪些是主要矿物,哪些是次要矿物,逐一加以记录描述,作为岩石特征综合分析与定名的依据。

观察矿物成分时,应首先鉴定浅色矿物,然后鉴定暗色矿物。具体来说,先看岩石是否存在石英,及其含量多少,含量多的应属酸性岩类,也必然属浅色岩的范围。再看是否有长石存在,如果不含长石,即为无长石岩,应属超基性岩类,必然属于深色岩的范围(此时,若暗色矿物以橄榄石为主的为橄榄岩,以辉石为主的则为辉岩)。如果岩石含有长石,必须仔细观察确定此长石是正长石还是斜长石,哪种量多,哪种量少,确定其主次,以区分酸性岩、中性岩或基性岩。如果以正长石为主,石英含量又多,则可确定为酸性岩类;如果以斜长石为主,再看暗色矿物,如果暗色矿物含量多,且以辉石为主,则属基性岩类,如果以角闪石为主,则应属中性岩类。

对所观察的岩石,如果从岩石的结构上已确定为喷出岩,一般应先鉴定其基质,再看是否存在斑晶,并确定斑晶的矿物成分。如果斑晶为石英或长石,而岩石颜色又浅,则应属酸性喷出岩;如果确定为斜长石斑晶或暗色矿物斑晶,则应属中、基性的喷出岩,其中以角闪石斑晶为主的属中性岩,以辉石斑晶为主的属基性岩。

4) 岩石定名

岩浆岩命名的规则:主要根据岩石中含量最多的主要矿物命名。

主要矿物是指岩石中其质量分数超过20%的矿物,例如,以角闪石和斜长石组合而成的岩石,命名为闪长岩。在岩石中其质量分数在3%~20%的矿物称为次要矿物,对岩石的种属命名起到补充的作用,次要矿物放在岩石名称之前。

在野外地质工作中,应采用全名法描述岩石:颜色＋结构＋构造＋特征矿物＋基本名称。

5）实验标本

闪长岩、花岗岩、玄武岩、玢岩、花岗斑岩、辉长岩、流纹岩、辉绿岩、安山岩、正长岩、粗面岩、煌斑岩、火山碎屑岩、火山凝灰岩、伟晶岩和细晶岩等。

6）实验标本的主要特征

根据岩浆岩的生成条件和组成岩浆岩的矿物成分不同,岩浆岩特征具有以下规律:

属性:超基性→基性→中性→酸性。

颜色:深→浅。

石英(含量):无→少量→多。

暗色矿物:橄榄石→辉石→角闪石→黑云母。

长石:基性斜长石→中性斜长石→正长石。

深成岩浆岩一般为等粒结构,部分为似斑状结构,但基质都是显晶质。浅成岩结晶颗粒较细,颗粒呈隐晶质结构,常见斑状结构。喷出岩的结晶一般较细,大都是隐晶质或玻璃质。

深成岩、浅成岩的标本呈致密块状构造,喷出岩具有流纹状构造及杏仁状构造等。

7）实验举例

（1）花岗岩　深成的侵入岩,分布相当广泛。肉红色、灰色,风化面呈黄色。全晶质等粒结构,块状构造,有时为斑状构造,矿物成分主要为石英和正长石,其次有黑云母、角闪石。

花岗岩质地坚硬,性质均一,岩块抗压强度一般可达 2000～2500 kg/cm²,是良好的建筑地基和建筑材料。

（2）花岗斑岩　成分与花岗岩相同。斑状结构,斑晶为长石、石英组成,石基多为由细小的长石、石英及其他矿物构成。若斑晶以石英为主,则称为石英斑岩。

（3）流纹岩　一种喷出岩,呈岩流状产出。颜色一般较浅,大多是灰色、灰白色、浅红色、浅黄褐色等。具有流纹构造,斑状结构,细小的斑晶为长石和石英等矿物组成,石基多为由隐晶质和玻璃质的很致密矿物组成。流纹岩可作良好的建筑材料,若作为建筑物地基,则需要注意下层岩层的性质。

（4）正长岩　多为微红色、浅黄色或灰白色。中粒、等粒结构,块状构造。主要矿物成分为正长石,其次为黑云母和角闪石等,有时含少量的斜长石和辉石,一般石英含量极少。其物理力学性质与花岗岩的相似,但不如花岗岩坚硬,且易风化。常呈岩株产出。

（5）粗面岩　颜色呈淡红色、浅褐黄色或浅灰色。斑状结构,斑晶为正长石,一般石英含量极少。石基很细为隐晶质,具有细小孔隙,表面粗糙。若岩石中有石英斑晶,可称为石英粗面岩。

（6）闪长岩　多为浅灰色至深灰色,也有黑灰色。主要矿物成分为斜长石、角闪石,其次有辉石、云母等,暗色矿物在岩石中占 35％。含石英时称石英闪长岩。常呈细粒的等粒状结构。分布广泛,多为小型侵入体、岩盘或岩墙等产出。岩石坚硬,不易风化。岩块抗压强度可达 2000～2500 kg/cm²。

（7）安山岩　岩浆岩中分布较广的一种中性喷出岩。灰色、浅黄色或浅褐红色。多呈斑状结构,成分主要为斜长石,有时为角闪石或辉石。石基为隐晶质或玻璃质,具有气孔状或杏仁状构造,有不规则的板状或柱状原生节理,常呈岩流产状。

（8）玢岩　成分以斜长石为主的中性或基性浅成岩,呈灰色、深灰色或绿色色,岩石中常有绿泥石、高岭石和方解石等次生矿物。

(9) 辉长岩 岩石多呈黑色或灰黑色。矿物成分以斜长石、辉石为主,也含有少量的黑云母及角闪石矿物。具有中粒或粗粒结构,块状构造,常呈岩盘及岩基产出。抗风化能力强,具有很高的强度,岩块抗压强度达 $2500 \sim 2800$ kg/cm²。

(10) 辉绿岩 岩石多为暗绿色、黑绿色或暗紫色。其矿物成分与辉长岩相当,常含有一些次主矿物,如方解石、绿泥石、绿帘石及蛇纹石等。在显微镜下可见具有特殊的辉绿岩结构,即辉石填充在斜长石晶体格架的空隙中。隐晶质致密结构,常具有杏仁状构造,多呈岩床或岩脉产出。辉绿岩具有良好的物理力学性质,抗压强度也很高,但因节理往往较发育,易风化破碎,强度大为降低。

(11) 玄武岩 暗紫褐色,斑状结构,基质为隐晶质,有气孔构造,气孔呈圆形至椭圆形,孔壁一般比较光滑没有次生矿物充填,成分与辉长岩相似。常含有橄榄石颗粒,当气孔中为方解石、绿泥石及石英充填时,即构成杏仁状构造。岩石致密坚硬、性脆。岩块抗压强度可达 $2000 \sim 5000$ kg/cm²,抗磨损,耐酸性强。

(12) 伟晶岩和细晶岩 这两种岩石矿物成分都与花岗岩的相似,伟晶岩也称为伟晶花岗岩,但其结构则与花岗岩大不相同,常以石英和正长石组成巨大晶体,形成伟晶结构,呈文象构造。

细晶岩一般为细粒的粒状结构,肉眼不易辨别。很像石英岩或细砂岩,岩石坚硬致密。属于酸性和中性岩类,多以岩脉产出。

(13) 煌斑岩 颜色较暗,斑状结构,斑晶主要由角闪石、辉石和黑云母组成,也有少量的正长石或斜长石矿物。属于中性和基性岩类,多以岩脉产出。

(14) 火山碎屑岩 在火山活动时,除溢出熔岩流形成前述各类喷出岩外,还喷出大量的火山弹、火山砾、火山砂及火山灰等碎屑物质。这些碎屑物质堆积在火山口周围,固结而成各种成分复杂的火山碎屑岩,如火山凝灰岩、火山角砾岩、火山集块岩等。其中火山凝灰岩最常见,分布广泛。

(15) 火山凝灰岩 一般由小于 2 mm 的火山灰和碎屑堆积而成。碎屑物质由岩屑、晶屑、玻璃屑等组成,胶结物为火山灰等物质,具有火山碎屑结构。孔隙率大,容重小,易风化,常作为制作水泥的原料。

3. 实验结果

每位同学根据自己观察的岩石标本,将其特征填入表 7.2 中。

表 7.2 常见岩浆岩鉴定表

岩石标本名称	颜　色	矿物成分	结　　构	构　　造	岩石形成类型	其他特性

岩石标本名称	颜　色	矿物成分	结　构	构　造	岩石形成类型	其他特性

实验过程记录

7.3　实验三　常见沉积岩的认识和鉴定

1. 实验目的与要求

沉积岩的认识和鉴定是野外地质工作的基本功之一。本实验的目的是:加强课程中有关内容的理解,帮助同学全面地观察沉积岩的矿物成分和结构构造;初步掌握肉眼鉴定沉积岩的基本方法;学会常见沉积岩的鉴定并能做出简单的鉴定报告。

2. 实验方法与步骤

沉积岩分为碎屑岩、黏土岩、化学岩和生物化学岩四类。在对沉积岩进行鉴定时,应着重注意其颜色、矿物成分、结构和胶结物与胶结类型及生物化石等。先从观察岩石的结构开始,结合岩石的其他特征先分出所属大类(碎屑岩、黏土岩、化学岩)。

触摸碎屑岩时有粗糙感,部分碎屑岩可以用肉眼区分其碎屑颗粒的大小,判断所属亚类。黏土岩颗粒细小,不易观察,但是触摸时有滑腻感,硬度低,具有塑性,断裂面暗淡,呈土状。化学岩具有结晶结构,它一般比较致密,少数有重结晶现象。

肉眼鉴定时,同岩浆岩鉴定一样可借助放大镜、小刀、条痕板等用具,对碳酸盐岩石的鉴定还需用稀盐酸(HCl)滴试。实验时应耐心细致、认真观察,做到实事求是地分析描述。

1）颜色

颜色是指岩石的整体颜色，如成分复杂颜色多样时，则应远离眼睛(0.5~1 m)做整体观察，表示时用复合名称，次要的颜色放在前面，后面才是主要颜色，还常加上形容词说明颜色的深浅、浓淡、亮暗程度，如深紫红色、浅蓝灰色、灰绿色、褐红色等。

2）物质成分

碎屑岩中的碎屑物质是碎屑岩的特征组分，常作为划分类型的定名依据，碎屑成分主要为石英、长石、云母等矿物碎屑和各种岩屑。

黏土岩是一种颗粒十分微小的岩石，成分又较复杂，其矿物成分往往肉眼无法区分，多借助差热分析、X射线分析、电子显微镜分析及薄片鉴定、光谱分析等实验方法进行研究。

化学岩和生物化学岩在形成时经过了严格的分异作用，故多是单矿物岩石，成分较为单一。以硅质岩、碳酸盐岩及盐岩较常见。用肉眼观察时，主要看它们对稀盐酸的反应情况：石灰岩剧烈反应；白云岩微弱反应；泥灰岩剧烈反应，但泡沫浑浊，干后留有泥点。

3）结构

碎屑岩鉴别时，首先要观察碎屑的大小、形状和各碎屑的相对含量，其次要观察碎屑的分选性、滚圆度、排列是否规则及表面特征(粗糙、光滑、有无光泽、擦痕)等。结构还包括胶结物的成分和特征，火山碎屑岩的胶结物主要为火山灰，碎屑岩的胶结物主要有钙质、铁质、泥质和硅质胶结。碎屑岩可分为角砾状结构、粒状结构、砂砾结构、粉砂结构等。

砾岩和角砾岩一般颗粒粗大，显而易见；砂岩颗粒大小可用肉眼或放大镜观察，手感粗糙；粉砂岩用手沾水触摸时除有细砂感外，还有泥质黏手指现象。

黏土岩多呈肉眼不易区分颗粒的显微结构，矿物成分为高岭石、蒙脱石、水云母等，一般为泥质结构。

化学岩和生物化学岩一般为结晶结构及生物结构。

4）构造

碎屑岩中对能够观察到的层理，特别是薄层及微层状岩石要尽可能描述其层的厚度、形态类型，还应注意层面有无波痕、泥裂等层面构造，以及含结核情况。

黏土岩构造观察除应注意层理类型、有无页状层理外，还应注意有无干裂、雨痕、虫迹等层面构造，黏土岩还常有斑点构造及瘤状构造等。此外黏土岩常含生物化石。

生物化学岩、化学岩种类甚多，但以硅质岩、碳酸岩较为常见，而且多为单矿物岩石，成分单一，其有致密块状结构。

5）岩石定名

沉积岩命名的规则：主要是根据结构特征来命名，然后再加上其他方面的特征描述，即按颜色、矿物成分的含量、胶结物等。在野外工作中，常用综合性描述来定名。

碎屑岩类：颜色＋构造＋胶结物＋结构＋成分及基本名称。

黏土岩类：颜色＋黏土矿物＋混合物及基本名称。

化学岩类：颜色＋构造＋结构＋成分及基本名称。

6）实验标本

火山角砾岩、砾岩和角砾岩、砂岩、石灰岩、白云岩、泥灰岩、泥岩、页岩。

7）实验标本的主要特征

（1）火山角砾岩　火山角砾岩主要为紫红色的斑状安山岩岩块，其次为石英及少量黑云母晶屑，棱角状、无分选性，铁质和砖质胶结。

(2) 石灰岩 深灰色、浅灰色,矿物成分以方解石为主,其次含有少量的白云石和黏土矿物。

由纯化学作用生成的石灰岩具有结晶结构,晶粒极细;由生物化学作用生成的石灰岩,含有一定的有机物残骸。一般抗压强度为 $400\sim800$ kg/cm²。石灰岩具有可溶性,易被地下水溶蚀,形成宽大的裂隙和溶洞,是地下水良好的通道,对建筑工程地基渗漏和稳定影响较大。

(3) 砾岩和角砾岩 由 50% 以上直径大于 2 mm 的颗粒碎屑组成。其中由滚圆度较好的砾石、卵石胶结而成的称为砾岩,由带棱角的角砾石、飞碎石胶结而成的称为角砾岩。角砾岩大多数都是由带棱角的岩块或碎石,搬运距离不远即沉积胶结而成。砾岩则多经过较长距离的搬运再沉积胶结而成。砾岩成分可由矿物组成,也可以由岩石碎块组成。胶结物为泥质、钙质、硅质和铁质,硅质砾岩抗压强度高,泥质砾岩胶结不牢固。胶结物的成分与胶结类型对砾岩的物理力学性质有着很大影响。硅质与铁质胶结的砾岩抗压强度可达 2000 kg/cm² 以上,是良好的水工建筑物地基。

(4) 砂岩 由 50% 以上的砂粒胶结而成的。根据颗粒大小的含量可分为粗粒、中粒、细粒及粉粒砂岩。按颗粒主要矿物成分可分为石英砂岩、长石砂岩、硬砂岩和粉砂岩等。石英砂岩中石英质量分数大于 95%,一般为硅质胶结,呈白色,质地坚硬。长石砂岩中长石质量分数大于 25%,故岩石呈浅红色或浅灰色,颗粒圆度、分选性都较差,中粗粒居多,透镜体、斜层理或交错层理较发育。硬砂岩成分复杂,色暗,表面粗糙,颗粒的圆度及分选性较差。粉砂岩中颗粒在 $0.05\sim0.005$ mm 之间的质量分数大于 50%,碎屑成分以石英为主,常含有云母,颗粒圆度差,泥质含量高,常有水平层理。

(5) 泥岩 一般具有泥质结构,成分以高岭石、蒙脱石和水云母等黏土矿物为主。高岭石黏土岩呈灰白色或黄白色,干燥时吸水性、可塑性大。蒙脱石黏土岩呈白色、玫瑰红色,表面有滑感,可塑性小,干燥时表面有裂缝,能被酸溶解,有强吸水能力,吸水后体积急剧膨胀。水云母黏土岩是介于上述两种岩石之间的过渡类型。在自然中,单一矿物成分的黏土岩很少,一般是由几种矿物成分组成的。常为薄层至厚层状,常见水平层理,层面上富有泥裂、雨痕、虫迹等构造。应特别指出,黏土岩夹于坚硬岩层之间,形成软弱夹层浸水后易于泥化滑动。

(6) 页岩 由黏土脱水胶结而成,以黏土类矿物为主,大部分有明显的薄层理,呈页片状,可分为硅质页岩、黏土质页岩、砂质页岩、钙质页岩及碳质页岩,只有硅质页岩强度稍高,其余的易风化成碎片,性质软弱,抗压强度一般为 $200\sim700$ kg/cm²。遇水后强度显著下降。透水性一般很小,强度低,变形模量小,抗滑稳定性差。

(7) 白云岩 矿物成分主要是白云石,一般含有少量方解石,常混有石膏和硬石膏,有时夹有石英和蛋白石等矿物。含有石膏时强度明显降低。白云岩特征与石灰岩的相似,在野外难以区别,可用盐酸起泡程度辨认。纯白云石可作为耐火材料。

(8) 泥灰岩 石灰岩中均含有一定数量的黏土矿物,其含量达 30%~50% 的称为泥灰岩,颜色有灰色、黄色、褐色、红色等。区别它与石灰岩时,滴盐酸起泡后留有泥质斑点的为泥灰岩。致密状结构,但易风化,抗压强度低,一般为 $60\sim300$ kg/cm²。较好的泥灰岩可作为制作水泥的原料。

3. 实验结果

每位同学根据自己观察的岩石标本,将其特征填入表 7.3 中。

表 7.3 常见沉积岩的鉴定表

岩石标本名称	颜 色	矿物成分	结 构	构 造	岩石形成类型	其他特性
实验过程记录						

7.4 实验四 常见变质岩的认识和鉴定

1. 实验目的与要求

变质岩的认识和鉴定是野外地质工作的基本功之一。本次实验的目的是:加强课程中有关内容的理解,帮助同学全面地观察变质岩的矿物成分和结构构造;初步掌握用肉眼鉴定变质岩的基本方法;学会常见变质岩的鉴定并能做出简单的鉴定报告。

2. 实验方法与步骤

变质岩是由原先已经形成的岩浆岩、沉积岩或变质岩,经过变质作用使岩石的矿物成分和结构、构造等发生改变而形成的新的岩石。

变质岩同岩浆岩一样多为结晶质岩石,其描述和鉴定方法略同于岩浆岩的侵入岩。变质岩的结构、构造反映变质作用的类型、变质作用因素及作用方式、变质程度等,而变质岩的矿物成分可反映原岩的性质及变质时的物理化学条件,特别是那些新生成的变质矿物有特殊的指示意义。

肉眼鉴定和描述变质岩时应着重观察变质岩的结构、构造和矿物成分等方面的特征,步骤是先根据岩石构造进行大致划分,再结合结构特征和矿物成分确定岩石名称。

1) 矿物成分

变质岩的矿物成分,除保留有原来的矿物,如石英、长石、云母、角闪石、辉石、方解石、白云石等外,由于发生变质作用而产生了一些变质矿物如石榴子石、滑石、绿泥石、蛇纹石等。根据变质岩特有的变质矿物,可把变质岩与其他岩石区别开来。

2) 结构

变质岩的结构与岩浆岩的类似,全部是结晶结构,但变质岩的结晶结构主要是经过重结晶作用形成的。一般在描述时称为变晶结构,如粗粒变晶结构、斑状变晶结构等。

如果变质作用进行得不彻底,原岩变质后仍保留有原来的结构特征,则称变余结构。命名时一般在原岩名称前加上"变质"二字即可,再进一步可加上主要的新生成矿物名称作为修饰,如变质砾岩、变质流纹岩、变质石英砂岩等。

3）构造

变质岩的构造主要是片理状构造和块状构造,其中片理状构造又可细分为片麻状构造、片状构造、千枚状构造和板状构造。

4）岩石定名

一般具有走向构造的,可按岩石构造进行命名,如千枚岩为千枚状构造,片岩为片状构造;不具有定向构造的,可再按结构和矿物成分进行命名,如大理岩、石英岩等。

5）实验标本

绢云母千枚岩、片麻岩、板岩、千枚岩、片岩、大理岩、石英岩。

6）实验标本的主要特征

(1) 绢云母千枚岩　黄褐色,千枚状构造,肉眼观察为致密结构,显微镜下为显微鳞片变晶结构,主要成分为绢云母、少量石英。

(2) 片麻岩　由岩浆岩变质而来的称正片麻岩,由沉积岩变质而来的称副片麻岩。

正片麻岩的矿物成分与其相应的岩浆岩相似,最常见的是与花岗岩成分一致的片麻岩。主要矿物成分有正长石、石英、云母等矿物。与闪长岩、辉长岩及其喷出岩相应的片麻岩,其主要成分为斜长石、石英、角闪石、黑云母、辉石等。在正片麻岩中副矿物成分有磁铁矿、石榴子石、绢云母等。副片麻岩除含有石英、长石、云母外,常与沉积岩不同,富含有硅铝的变质矿物,如硅线石、蓝晶石、石墨等。

片麻岩可根据成分作进一步的分类和命名,例如,角闪石片麻岩、斜长石片麻岩、正长石片麻岩等。片麻岩具有典型的片麻构造,变晶结构。一般抗压强度达 $1200 \sim 2000$ kg/cm² 。

(3) 片岩　具有典型的片状构造。主要由云母和石英矿物组成,其次为角闪石、绿泥石、滑石、石墨、石榴子石等。以不含长石区别于片麻岩。片岩依所含矿物成分不同分为云母片岩、绿泥石片岩、角闪石片岩、滑石片岩等。片岩的强度较低,且易风化。由于片理发育,易沿片理裂开。

(4) 板岩　由页岩经浅变质而成的。多为深灰色至黑灰色,也有绿色及紫色。主要成分为硅质和泥质矿物组成,肉眼不易辨别。致密均匀,具有板状构造,沿板状构造易于裂开成薄板状,击之发出清脆声可作为与页岩区别的特征。可加工成各种尺寸的石板,用作建筑材料。透水性差,在水的作用下易于泥化形成软弱层。

(5) 千枚岩　变质程度介于板岩与片岩之间的一种岩石,多由黏土质岩石变质而成。矿物成分主要为石英、绢云母、绿泥石等,但结晶程度差,晶粒极细小,结晶致密状,肉眼难以直接辨别。外表呈黄绿色、褐红色、灰黑色。由于含有较多的绢云母矿物,使片理面之间有微弱的丝绢光泽,构成特有的千枚状构造,可作为鉴别标志。

(6) 石英岩　由石英砂岩和硅质岩变质而成。矿物成分主要为石英,其次是云母、磁铁矿和角闪石。石英岩一般呈白色,含铁质氧化物时呈红褐色或紫褐色。具有油脂光泽,具有变余粒状结构、块状构造,是一种抗风化力很强的岩石,最坚硬的石英岩岩块抗压强度可达 3500 kg/cm² 以上,是良好的工程建筑地基材料。但性脆,较易产生密集的裂隙,易形成渗漏通道,应采取必要的防渗措施。

（7）大理岩　由石灰岩重结晶而成，具有细粒、中粒和粗粒结构。主要矿物为方解石和白云石，纯大理岩是白色的，含有杂质时带有灰色、黄色、蔷薇色，具有美丽花纹，是贵重的雕刻和建筑石料。

大理岩硬度较小，与盐酸作用会起气泡，所以很容易鉴别。具有可溶性，强度随其颗粒胶结性质、颗粒大小而异，抗压强度一般为 $500\sim1200\ kg/cm^2$。

3. 实验结果

每位同学根据自己观察的岩石标本，将其特征填入表 7.4 中。

表 7.4　常见变质岩的鉴定表

岩石标本名称	颜　　色	矿物成分	结　　构	构　　造	岩石形成类型	其他特性

实验过程记录

7.5　工程地质野外实习内容和要求

本课程在完成课堂理论、室内实习（实验）教学的同时，还必须进行为期一周的野外地质勘察应用技能的训练——野外地质教学（认识性）实习。

由于土木类专业方向不同，实习内容也不同。建工、港工方向的学生主要是参观施工工地或勘察基坑；道桥专业的学生则要到野外进行实地工程地质测绘。水工、水利、水文、环境等专业的主要实习内容为：地质构造、岩性鉴别、水文地质等。本内容主要是根据各专业的通用特点而编写的。由于各个专业的要求不同，课程安排也不同，所以野外地质教学实习部分内容只能供大家参考。

1. 实习的目的与基本要求

本次实习的目的是在教师的指导下对不同地段的地层、岩土性质、地质构造、地貌、水文地质，以及不良地质现象等进行现场参观、实测、勘察，并对其稳定性作出评价。对此，提出如下基本要求。

（1）针对野外具体的岩石和土层，能借助简易工具和试剂对其性质、结构、构造、类别作出鉴别和描述，能够估测岩石的工程强度和石料品位等级。

（2）运用地质罗盘仪测量岩体结构面的产状、识别不同类型的地质构造，并分析它们对工程稳定性的影响。

（3）认识和区分一般中、小型地貌，以及不同地貌形态，对路线测设、水利工程施工、建筑工程、地下管网工程等方面的影响。

（4）识别常见不良地质现象，分析其发生的原因，对建筑工程的危害，并从中了解和探讨一些有关预防和整治的措施。

（5）初步了解工程地质勘察的内容和一般方法。

2. 组织领导及实习日程安排

（1）成立教学实习小组，每班分为 4～5 组，设学生组长 1 人。确定指导教师，负责实习中的业务、安全、纪律、后勤、生活等事宜。

（2）实习具体日程安排：实习时间为一周，可参考表 7.5 安排。

表 7.5　实习日程安排表

	星期一	星期二	星期三	星期四	星期五
实习内容安排	实习动员，介绍实习地的地质概况，借领实习仪器	到实习地参观地形地貌和地质结构构造	参观施工现场的地质概况，测量地层产状	到地质标本陈列室认识、鉴别各种不同岩石	学习查阅地质图、地质勘察报告。编写实习报告和野外资料，交还仪器

3. 实习地点和方法

实习地点应尽量选在能满足教学实习要求、地质类型比较齐全，具有一定代表性的拟建或已建的工程地区。若建筑工程地区不能满足实习要求，亦可增加几个地质典型地点进行补充实习。

采用穿越法和追踪法相结合的方法时，测绘路线和地质界线（地层界线、断层线、不整合线等）的交点，或沿地质界线按一定精度要求确定的距离点都是测绘路线上的地质观测点。在每个地质观测点上，必须把位置准确的定点标绘在地形图上，然后对地质点附近的地质现象进行观察、记录和描述。其内容有：地层露头形式、风化程度、地层产状、地层厚度、岩性描述、裂隙发育特征、断层产状、性质以及素描图等。最后根据各野外地质点的观察与描述编绘成图。

4. 实习成绩考核

本实习成绩按照国家教委有关规定应单独考核、评定，不及格者，无补考机会。实习成绩的具体评定方法如下。

1）组织纪律考核

包括实习路途、观察点上的纪律规定，按照有关规定执行。

2）罗盘考核

熟悉使用罗盘测定岩层的产状要素，是学生必须掌握的一项基本技能。

3）野外实习记录

在每个观察点上做好观察记录是实习的一项基本要求，同时也是编写地质实习报告的前提。

4）实习报告及附图

实习报告是学生在实习中收获的体现，在评定成绩时占较大的比重。

5. 编写实习报告的内容

1）报告的名头

_____工程地质认识实习报告

班级_____学号_____

姓名_____日期_____

2）报告的内容

（1）介绍实习地点的行政区划、经纬位置、自然地理概况、实习目的、实习时间等。

（2）对不同观察点上所见不同岩层，按三大岩类或由新到老的顺序作具体描述，并判断其工程强度的类别。

（3）描述在实习地区认识的地形、地貌、地质构造及其类型，根据所见实际情况并结合工程的勘测设计、施工等问题作出综合分析，提出自己的见解。

（4）描述在实习地所见到的各种不良地质现象，描述它们对工程可能造成的危害，以及应采取的措施，并给出自己的评价。

（5）写出你所参观的地质标本名称以及它们的岩性特征。

（6）除了安排的观察内容以外，提出自己的新发现、新见解或认为需要探索的问题。

（7）结束语。

要求实习报告的内容简明扼要，叙述有条理，问题的论述要有事实、有分析，结论明确。文字与有关图样应一致，要充分利用插图（素描图）。

第8章 水处理微生物实验

"水处理生物学"课程是高等学校给排水科学与工程专业指导委员会提出的本专业新课程体系中的主干课程之一。近年来,随着水处理与环境水体水质净化技术的不断发展,生物学基础与水处理技术的应用越来越受到关注。通过本专业的实验教学环节,学生可受到微生物学实验研究方法的基本训练,掌握微生物学最基本的操作技能,培养学生分析与解决实际问题的能力,以适应本专业水处理技术的发展。要求学生每次实验前必须对实验内容进行充分预习,以了解实验目的、原理、实验步骤,做到心中有数。

8.1 实验一 培养基的灭菌

8.1.1 实验目的

(1) 了解灭菌的基本原理及应用方法。
(2) 掌握高压蒸汽灭菌的操作方法。
(3) 学会玻璃器皿的洗涤和包扎及灭菌前的准备工作。

8.1.2 实验原理

应用不同的加热方法,使微生物体内的蛋白质凝固变性,从而达到灭菌的目的,蛋白质的凝固变性与蛋白质中含水量的多少有关,含水量较多者,其凝固所需要的温度低;反之,含水量较少者,需要高温才能使蛋白质凝固。因此,杀灭芽孢比杀灭营养体所需的温度高。

在同一温度下,湿热的杀菌效力比干热的大,因为在湿热情况下菌体吸收水分,使蛋白质易于凝固,同时蒸汽穿透力强,蒸汽的导热性也强。而且当蒸汽与被灭菌的物体接触凝结成水时,又可放出热量,使被灭菌物体温度迅速增高,从而增加灭菌效力。

8.1.3 实验器材

高压蒸汽灭菌锅、电热干燥箱、炉;天平、液管、试管、烧杯、量筒、三角瓶、培养皿、玻璃漏斗、刻度吸管、剪子、镊子、托盘;记号笔、报纸、纱布、脱脂棉、线绳;工业酒精、蒸馏水、洗涤剂等。

8.1.4 实验步骤

1. 器皿的洗涤和包装

1) 器皿的洗涤

将三角瓶、试管、培养皿、量筒等浸入含有洗涤剂的水中,用毛刷刷洗,然后用自来水及蒸馏水冲净。移液管先用含有洗涤剂的水浸泡,再用自来水及蒸馏水冲洗。洗刷干净的玻璃器皿置于烘箱中烘干后备用。

2）玻璃器皿的包装

(1) 培养皿的包扎　培养皿一套由一盖一底组成,可用报纸将几套培养皿包成一包,或者将几套培养皿直接置于特制的铁皮圆筒内,加盖灭菌。包装后的培养皿须经灭菌之后才能使用。

(2) 移液管的包扎　在移液管的上端塞入一小段棉花(勿用脱脂棉),它的作用是避免外界及口中杂菌进入管内,并防止菌液等吸入口中。塞入的这一小段棉花应距管口 0.5 cm 左右,棉花自身长度 1～1.5 cm。塞棉花时,可用一外围拉直的曲别针、将少许棉花塞入管口内。棉花要塞得松紧适宜,吹时以能通气而又不使棉花滑下为准。

先将报纸裁成宽 5 cm 左右的长纸条,然后将已塞好棉花的移液管尖端放在长报纸条的一端,约成 45°角,折叠纸条包住尖端,用左手握住移液管身,右手将移液管压紧,在桌面上向前搓转,以螺旋式包扎滚动,上端剩余纸条,折叠打结,准备灭菌(见图 8.1)。

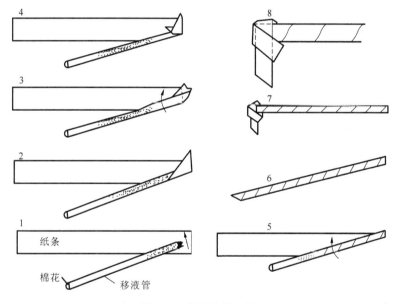

图 8.1　移液管的包扎

3）棉塞的制作及试管、三角瓶的包扎

为了培养好气性微生物,需提供优良通气条件,同时为防止杂菌污染,必须对通入试管或三角瓶内的空气预先进行过滤除菌。通常方法是,在试管及三角瓶瓶口加上棉花塞等。

(1) 试管棉塞的制作与包扎。

制作棉塞时,应选用大小、厚薄适中的普通棉花一块,铺展于左手拇指和食指扣成的圆孔上,用右手食指将棉花从中央压入圆孔中制成棉塞,然后直接压入试管内,也可借用玻璃棒塞入,还可用折叠卷塞法制作棉塞(见图 8.2)。

制作的棉塞应紧贴管壁,不留缝隙,以防外界微生物沿缝隙侵入,棉塞不宜过紧或过松,塞好后以手提棉塞,试管不下落为准。棉塞的 2/3 在试管内,1/3 在试管外。目前也有采用硅胶塞代替棉塞直接盖在试管口上的方法。

将装好培养基并塞好棉塞或硅胶塞的试管捆成一捆,外面包上一层牛皮纸。用记号笔注明培养基名称及配制日期,灭菌待用。

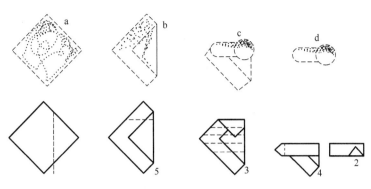

图 8.2　棉塞的制作

（2）三角瓶棉塞制作与包扎。

通常在棉塞外包上一层纱布，再塞在瓶口上。有时为了进行液体振荡培养加大通气量，则可用 8 层纱布代替棉塞包在瓶口上，目前也有采用硅胶塞直接盖在瓶口上的方法。

在装好培养基并塞好棉塞或包扎八层纱布或盖好硅胶塞的三角瓶口上，再包上一层牛皮纸并用线绳捆好，灭菌待用。

2. 灭菌

1）干热灭菌法

此法适用于玻璃器皿，如移液管、试管和培养皿的灭菌。培养基、橡胶制品、塑料制品不能采用干热灭菌。与湿热灭菌相比，干热灭菌所需温度高（160～170 ℃），时间长（1～2 h）。但干热灭菌温度不能超过 180 ℃，否则，包器皿的纸或棉塞就会烧焦，甚至引起燃烧。干热灭菌使用的是电热干燥箱（干燥箱）。

具体操作步骤如下。

（1）装入待灭菌物品　将包好的待灭菌物品放入电热干燥箱内，关好箱门。堆积时要留有空隙，物品不要摆放得太挤，以免妨碍空气流通，灭菌物品不要接触电热干燥箱内壁的铁板、温度探头，以防包装纸烤焦起火。

（2）升温　接通电源，打开开关，适当打开电热干燥箱顶部的排气孔，旋动恒温调节器，使温度逐步上升。当温度升至 100 ℃时，关闭排气孔。在升温过程中，如果红灯熄灭，绿灯亮，表示电热干燥箱内停止加温，此时如果还未达到所需的 160～170 ℃，则需要转动温度调节器使红灯亮，如此反复调节，直至达到所需的温度为止。

（3）恒温　在温度升到 160～170 ℃时，保持此温度 2 h。

（4）降温　切断电源，自然降温。

（5）开箱取物　待电热干燥箱内温度降到 70 ℃以下后，才能打开箱门，取出灭菌物品。同时，应将温度调节旋钮调到零点，并打开排气孔。电热干燥箱内温度未降到 70 ℃以前，切勿自行打开箱门，以免骤然降温导致玻璃器皿炸裂。

2）高压蒸汽灭菌

在相同的温度下，湿热灭菌的效果好于干热灭菌。有三点原因：① 在湿热灭菌中菌体吸收水分，蛋白质容易凝固变性，蛋白质随着含水量的增加，所需凝固温度降低；② 湿热灭菌中蒸汽的穿透力比干热空气的大；③ 蒸汽在被灭菌物体表面凝结，释放出大量的汽化热，能迅速提高灭菌物体表面的温度，从而增加灭菌效力。

具体操作步骤如下。

(1) 加水　首先将内层锅取出,再向外层锅内加入适量的水,使水面没过加热管,与三角搁架相平为宜。切勿忘记检查水位,加水量过少,灭菌锅会发生烧干,引起炸裂事故。

(2) 装料　放回内层锅,并装入待灭菌的物品。注意不要装得太挤,以免妨碍蒸汽流通而影响灭菌效果。装有培养基的容器放置时要防止液体溢出,三角瓶与试管口端均不要与桶壁接触,以免冷凝水淋湿包扎的纸而透入棉塞。

(3) 加盖　将盖上与排气孔相连的排气软管插入内层锅的排气槽内,摆正锅盖,对齐螺口,然后以对称方式同时旋紧相对的两个螺栓,使螺栓松紧一致,勿漏气,并打开排气阀。

(4) 排气　打开电源加热灭菌锅,将水煮沸,使锅内的冷空气和蒸汽一起从排气孔中排出。一般认为当排出的气流很强并有嘘声时,表明锅内的空气已排尽,沸腾后约需 5 min。

(5) 升压　冷空气完全排尽后,关闭排气阀,继续加热,锅内压力开始上升。当压力表指针达到所需压力时,控制电源,开始计时,并维持压力至所需的时间。如本实验中采用 0.1 MPa,121.0 ℃,20 min 的灭菌工艺。灭菌的主要因素是温度而不是压力,因此必须完全排尽锅内的冷空气后,才能关闭排气阀,维持所需压力。

(6) 降压　达到灭菌所需的时间后,切断电源,让灭菌锅温度自然下降,在压力表的压力降至"0"后,方可打开排气阀,排尽余下的蒸汽,旋松螺栓,打开锅盖,取出灭菌物品,倒掉锅内剩水。压力一定要降到"0"后,才能打开排气阀,开盖取物。否则就会因锅内压力突然下降,使容器内的培养基或试剂由于内外压力不平衡而冲出容器口,造成瓶口被污染,甚至灼伤操作者。

(7) 无菌检查　将已灭菌的培养基放入 37 ℃的恒温培养箱中培养 24 h,检查无杂菌生长后,即可使用。

8.1.5　思考与讨论

(1) 干热灭菌的关键是什么? 为什么湿热灭菌比干热灭菌优越?

(2) 干热灭菌为何要比湿热高温蒸汽灭菌所需的温度高,时间长?

8.2　实验二　培养基的制备

8.2.1　实验目的

(1) 明确培养基的配制原理。

(2) 通过对基础培养基的配制,掌握配制培养基的一般方法和步骤。

8.2.2　实验原理

培养基是按照微生物生长繁殖所需要的各种营养物质,用人工方法配制而成的营养基质。一般来说,培养基包括水分、碳源、氮源、无机盐类以及生长因子等五大类营养成分。此外还得有适宜的 pH 值,一定的渗透压(即浓度)以及氧化还原电位等。培养基的分类:① 根据培养基原料来源不同,可分为天然培养基、合成培养基、半合成培养基;② 根据物理性状不同,可分为液体培养基、固体培养基、半固体培养基;③ 根据培养目的不同,可分为鉴别培养基、分离培养基、选择培养基。

8.2.3　实验器材

琼脂、牛肉膏、蛋白胨、NaCl、1 mol/L 的 NaOH 和 HCl 溶液；天平、高压蒸汽灭菌锅、移液管、试管、烧杯、量筒、三角瓶、培养皿、玻璃漏斗；药匙、称量纸、pH 试纸、记号笔、棉花、纱布等。

8.2.4　实验步骤

1. 称药

按营养琼脂培养基的配方准确称取各成分，其中牛肉膏放在小烧杯里称量，其他成分放在称量纸上称量。

营养琼脂（牛肉膏、蛋白胨、琼脂）培养基配方：牛肉膏 0.75 g、蛋白胨 2.5 g、NaCl 1.25 g、琼脂 2.5～5 g、水 250 mL。

2. 溶化

用烧杯先装少许水，依次将药品倒入铝锅中，加足水，然后在电炉上加热溶化。

3. 测定 pH 值

用精密的 pH 试纸测定，并用 1% 的氧化钠或 5% 的盐酸调节到所需的 pH 值，7.4～7.6。

4. 过滤

趁热用纱布将培养基进行过滤。

5. 分装

过滤后根据不同需要，立即趁热装入试管或三角瓶等容器中，培养基的分装如图 8.3 所示。

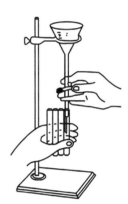

图 8.3　培养基的分装

6. 灭菌

在 121 ℃下灭菌 20 min。

7. 斜面的制作

将已灭菌装有琼脂培养基的试管，趁热置于木棒或玻棒上，使其倾斜适当角度，凝固后即成斜面。斜面长度不超过试管长度的 1/2 为宜（见图 8.4）。如制作半固体或固体深层培养基时，灭菌后则应垂直放置至凝固。

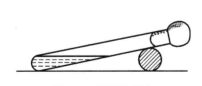

图 8.4　斜面的制作

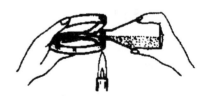

图 8.5　平板的制作

8. 平板的制作

将装在三角瓶或试管中已灭菌的琼脂培养基融化后，待冷至 50 ℃左右倾入无菌培养皿中。温度过高时，皿盖上的冷凝水太多；温度低于 50 ℃，培养基易于凝固而无法制作平板。

平板的制作应在火旁进行，左手拿培养皿，右手拿三角瓶的底部或试管，左手同时用小指和手掌将棉塞打开，灼烧瓶口，用左手大拇指将培养皿盖打开一缝，至瓶口正好伸入，倾入 10～

15 mL 培养基(见图 8.5),迅速盖好皿盖,置于桌上,轻轻旋转培养皿,使培养基均匀分布于整个培养皿中,冷凝后即成平板。

9. 培养基的灭菌检查

灭菌后的培养基,一般需进行无菌检查。最好取出 1~2 管(瓶),置于 37 ℃温箱中培养 1~2 d,确定无菌后方可使用。

10. 注意事项

(1) 不要使培养基沾在管口,如沾上,需用干净的纱布擦干净。

(2) 液体培养基分装高度以试管的 1/4 左右为宜。

(3) 固体培养基分装试管时,其装量为管高的 1/6~1/5,灭菌后制成斜面。分装三角瓶时,其容量为三角瓶容量的一半为宜。

(4) 半固体培养基分装试管时,一般以装满试管高度的 1/3 为宜,灭菌后,垂直待凝成半固体深层琼脂。

8.2.5　思考与讨论

(1) 培养基是根据什么原理配制的? 为何配制培养基后要调节 pH 值?

(2) 总结一下,配制培养基应注意哪些问题。

(3) 培养基的灭菌检查是怎样做的?

(4) 液体培养基、半固体培养基、固体培养基的分装高度是怎样要求的? 搁置斜面时的长度是怎样要求的?

8.3　实验三　显微镜的使用及微生物形态的观察

8.3.1　实验目的

(1) 学习显微镜低倍镜和高倍镜的使用技术。

(2) 了解油浸系物镜的基本原理,掌握油浸系物镜的使用方法。

(3) 观察几个典型细菌形态(示范片)。

8.3.2　实验原理

使用油镜时,需在玻片上滴加香柏油。这是因为油镜的放大倍数较高,而透镜的很小,焦距就很短,直径就很小,光线通过不同密度的介质物体(玻片→空气→透镜)时,部分光线会发生折射而散失,进入镜筒的光线少,视野较暗,物体观察不清。如在透镜与玻片之间滴加和玻璃折射率($n=1.52$)相仿的香柏油($n=1.515$),就可增加进入油镜的光线,视野亮度增强,物像清晰,增加显微镜的分辨率。

8.3.3　实验器材

细菌三型、酵母菌染色玻片;显微镜、香柏油、擦镜液、擦镜纸;试管、培养皿、移液管、纱布、棉花等。

8.3.4　实验步骤

1. 显微镜的安置

将显微镜置于平稳的实验台上,镜座距实验台边沿约为 10 cm,坐正。

2. 调节光源

将低倍物镜转到工作位置,把光圈完全打开,聚光器升至最高位置,调节安装在镜座内的光源灯的电压,获得适当的照明亮度。观察染色玻片时,光线宜强;观察未染色玻片时,光线不宜太强。

3. 低倍镜观察染色玻片

首先下降镜台,将酵母菌染色玻片置于载物台上,用标本夹夹住,将观察位置移至低倍镜正下方,镜台升至距玻片 0.5 cm 处,适当缩小光圈,然后两眼从目镜观察,转动粗调节器使镜台下降至发现物像时,改用细调节器调节到物像清楚为止。移动玻片,把合适的观察部位移至视野中心。

4. 高倍镜观察染色玻片

眼睛离开目镜从侧面观察,旋转物镜转换器,将高倍镜转至正下方,注意避免镜头与玻片相撞再由目镜观察,仔细调节光圈,使光线的明亮度适宜。用细调节器校正焦距,直至物镜清晰为止。将最适宜观察的部位移至视野中心。不要移动玻片位置,准备用油镜观察。

5. 油镜观察染色玻片

提起镜筒约 2 cm,将油镜转至正下方。在玻片标本的镜检部位(镜头的正下方)滴一滴香柏油;从侧面注视,慢慢降下镜筒,使油镜浸在油中,直至油圈不扩大为止,镜头几乎与玻片接触,但不可压及玻片,以免压碎玻片,损坏镜头;将光线调亮,从目镜观察,用粗调节器将镜台徐徐下降(切忌反方向旋转),当视野中有物像出现时,再用细调节器校正焦距。如未找到物像,必须再从侧面观察,将油镜降下,重复操作,直至物像看清为止。仔细观察并绘图;再次提起镜筒,换上细菌三型染色玻片,依次用低倍镜、高倍镜和油镜观察,绘图。重复观察时可比第一次少加香柏油。

6. 镜检完毕后的工作

下降镜台,取出玻片;清洁油镜,油镜使用完毕后,须用擦镜纸擦去镜头上的香柏油,再用擦镜纸沾少许擦镜液擦掉残留的香柏油,最后再用干净的擦镜纸擦干残留的擦镜液;擦净显微镜,将各部分还原。将接物镜呈“八”字形,不可使其正对聚光器,同时降下聚光器,转动反光镜使其镜面垂直于镜座。最后套上镜罩,对号放入镜箱中,置阴凉干燥处存放。

7. 注意事项

(1)使用油镜必须按先用低倍镜,后用高倍镜的原则观察,再用油镜观察。

(2)上升镜台时,一定要从侧面注视,切忌用眼睛对着目镜,边观察边上升镜台的错误操作,以免压碎玻片而损坏镜头。

(3)使用擦镜液擦镜头时,注意擦镜液不能过多,以防溶解固定透镜的树脂。

(4)注意保持显微镜的洁净,金属部分要用软布擦拭,擦镜头则必须用擦镜纸擦拭,切勿用手或用普通布、纸等,以免损坏镜头。

8.3.5　实验结果

绘制观察到的微生物形态。

8.3.6　思考与讨论

(1) 用油镜便于观察细菌的依据是什么？

(2) 使用油镜应特别注意哪些问题？

(3) 当物镜从低倍镜转到高倍镜和油镜时,对照明度有何要求？ 应如何调节？

8.4　实验四　革兰氏染色法

8.4.1　实验目的

(1) 学习微生物图片的操作技术,掌握革兰氏染色的染色方法。

(2) 认识微生物的形态,学习测量微生物的大小。

8.4.2　实验原理

经初染、媒染后,细菌的细胞壁及膜就会染上不溶于水的结晶紫和碘液,形成大分子的紫-碘复合物。革兰氏阳性细菌(G^+)细胞壁较厚、肽聚糖含量较高和分子交联度较紧密,故用酒精脱色时肽聚糖网孔会因脱水而发生明显收缩,再加上它不含脂类,酒精处理也不能在胞壁上溶出大的空洞或缝隙,紫-碘复合物不能溢出细胞,仍阻留在细胞壁内,菌体显蓝紫色,而革兰氏阴性细菌(G^-)的细胞壁较薄,细胞壁含有脂多糖,肽聚糖位于内层,含量较少且交联松散,用酒精脱色时,肽聚糖网孔不易收缩,加上它的脂类含量高且位于外层,所以酒精处理后,类脂溶解,胞壁上就会出现较大的空洞或缝隙,紫-碘复合物流出细胞壁,脱去了原来初染的颜色,当用番红或沙黄复染时,细胞就会呈现红色。

8.4.3　实验器材

显微镜;接种环、酒精灯、托盘、擦镜纸、载玻片、洗瓶、滴管;结晶紫、95%的酒精、草酸铵、蒸馏水、碘片、碘化钾、番红、香柏油、二甲苯、生理盐水;培养好的菌种。

8.4.4　实验步骤

1. 制片

1) 涂片、干燥

在载玻片上滴一小滴蒸馏水,用灼烧过的接种针挑取少量细菌,置载玻片的水滴中与水混合并涂抹开,注意涂抹要均匀平坦,涂抹成直径约为 1 cm 的薄层。自然干燥。

2) 固定

将载玻片在火焰上方快速来回通过一两次,以载玻片的加热面接触手背皮肤,不觉过烫为佳,待冷却后再在火焰上方来回通过一两次,再冷却,这样重复操作直到薄层干了为止。

2. 结晶紫初染

在制好的玻片上滴一滴草酸铵结晶紫,染色 1 min 后用水洗,注意染液要覆盖整个涂片区,若有些菌体没有染上,会出现假性反应。用细水流从涂片区外冲洗,直至流出液为无色为止。注意不要用洗瓶直接冲洗菌膜,以防冲走菌体。

3. 媒染

用碘液媒染 1 min，冲洗，注意事项同前。用滤纸吸干载玻片上残留的水。

4. 脱色

用 95％乙醇脱色 30 s，脱色时轻轻摆动载玻片，直至乙醇脱色刚好不出现紫色为止，一般为 30 s，立即用水冲洗，终止脱色。

5. 番红复染

用番红复染 1～2 min，水洗，用滤纸吸去残留的水，干燥后，用油镜观察。

6. 注意事项

涂片时要注意涂抹均匀，不宜过厚，以淡淡的乳白色为宜。若涂片过厚，G^- 菌会因脱色效果不好而呈紫色，从而呈假 G^+ 菌。

乙醇脱色是关键步骤，注意掌握好脱色时间，为什么呢？因为对于 G^+ 菌，乙醇的脱水作用会使细胞壁肽聚糖的孔径变小，通透性降低，使结晶紫-碘的复合物不易被洗脱，而保留在细胞内，经番红复染后细胞仍保留初染剂的蓝紫色。而 G^- 菌则不同，由于乙醇的脱脂作用，细胞壁的通透性增大，结晶紫-碘的复合物比较容易被洗脱而变成无色，经番红复染而被染上复染剂番红的红色。总之，如脱色过度，革兰氏阳性菌也可被脱色而染成阴性菌；如脱色时间过短，革兰氏阴性菌也会被染成革兰氏阳性菌。

8.4.5　实验结果

画出所看到的细菌形态，并且标注颜色与细菌类别。

8.4.6　思考与讨论

（1）革兰氏染色最后不用沙黄复染，是否能分出革兰氏阴性和阳性细菌？

（2）微生物经固定后，是死了还是仍然活着？固定的目的是什么？

（3）革兰氏染色成败的关键是酒精脱色，为什么？

8.5　实验五　活性污泥性状的观察及微型动物的计数

8.5.1　实验目的

（1）测定活性污泥法曝气池混合液中微型动物的数目，并观察其形态。

（2）学会计数框及血球计数板的使用方法。

8.5.2　实验原理

1. 血球计数板的计数原理

血球计数板是一种专门用于计算较大单细胞微生物的数目的一种仪器（见图 8.6），由一块比普通载玻片厚的特制玻片制成的玻片中有四条下凹的槽，构成三个平台。中间的平台较宽，其中间又被一短横槽隔为两半，每半边上面刻有一个方格网。方格网上刻有 9 个大方格，其中只有中间的一个大方格为计数室。这一大方格的长和宽各为 1 mm，深度为 0.1 mm，其容积为 0.1 mm³。在血球计数板上，一个大格分 400 个小格，每小格面积是 1/400 mm²。血球计数板有两种型号:16×25 型,大方格内分为 16 中格,每一中格又分为 25 小格;25×16 型,大方格内分为 25 中格,每一中格又分为 16 小格。但是不管计数室是哪一种构造,它们都有一个共同的特点,即每一大方格都由 16×25＝25×16＝400 个小方格组成。所以每个小格的面积都是 1/400 mm²。

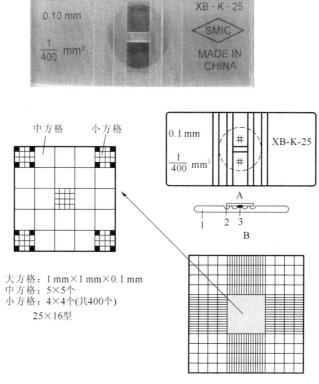

图 8.6　血球计数板

2.计数框计数原理

将悬浮液滴满固定体积的计数框内(见图 8.7),计数微型动物个数,则可得出单位体积内的微型动物数目。

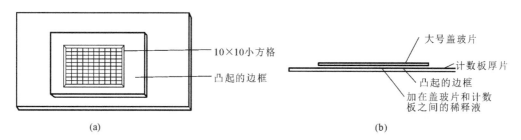

图 8.7　微型动物计数框

8.5.3　实验器材

碘液、量筒、滴管、活性污泥法曝气池混合液、计数板、血球计数板、显微镜、活性污泥样品。

8.5.4　实验步骤

(1) 将活性污泥法曝气池混合液轻轻搅拌均匀。

(2) 将载玻片与盖玻片清洗干净,然后擦干。直接用吸管吸取少量的活性污泥,滴一滴到载玻片中央,然后轻轻将盖玻片盖上,消除气泡,多余的水用纸吸干,要尽量将污泥散开,形成薄薄的一层,这样才有利于观察。转到 40 倍的物镜,调整好亮度后即可以观察。

8.5.5　实验结果

绘制活性污泥中微型生物的形态,并计算 1 mL 污泥液中微型生物的个数。

8.5.6　思考与讨论

(1) 血球计数板,以一个大方格中有 25 个中方格为例,设五个中方格总菌数为 p,菌液稀释倍数为 10^{-3},则 1 mL 菌液中的细菌数为多少?

(2) 根据实验观察结果,试对活性污泥的质量及运行情况作初步评价。

8.6　实验六　饮用水中细菌总数测定

8.6.1　实验目的

(1) 掌握浓度梯度稀释法。

(2) 学习并掌握水中细菌的检测方法。

(3) 了解水质状况与细菌数量在饮用水检测中的重要性。

8.6.2　实验原理

水样在营养琼脂上、有氧条件下保持 37 ℃培养 48 h 后,所得 1 mL 水样所含菌落的总数为水中细菌数目。细菌总数是评价水质污染程度的主要卫生指标,所测定的细菌总数增多,说明水被生活废弃物污染。由于结果不能说明污染的来源,因此必须结合总大肠菌群数来判断污染源和安全程度。

8.6.3　实验器材

高压蒸汽灭菌器、干热灭菌箱、水热恒温培养箱、电炉、天平、冰箱;灭菌培养皿(直径 9 cm)、灭菌试管、刻度吸管、三角烧瓶、采样瓶、酒精灯、消毒水、镊子、试管架、放大镜或菌落计数器、pH 计或精密 pH 试纸、火柴或打火机。

8.6.4　实验步骤

1. 营养琼脂的制备

根据实际需要量,按照 8.2.4 小节中的配方称取各成分混合后,加热溶解,调整 pH 值为 7.4~7.6,分装于玻璃容器中(如用含有较多杂质的琼脂,应先过滤。),经 103.43 kPa (121 ℃)湿热灭菌 20 min,储存于冷暗处备用。

2. 样品采集

1）自来水的取样

先将自来水龙头用酒精棉擦拭，再用酒精灯火焰灭菌，打开龙头放水 3～5 min，用无菌空三角瓶接取水样 200 mL。

2）纯净水取样

用消毒酒精棉擦拭纯水机（或是购买瓶装的纯净水）出口后，先放走部分水，再用无菌空三角瓶接取水样 200 mL。

3）地表水的取样

应取距水面 10～15 cm 的深层水样，先将灭菌的带玻璃塞采样瓶，瓶口向下浸入水中，然后翻转过来，除去玻璃塞，水即流入瓶中，盛满后，将瓶塞盖好，再从水中取出，最好立即检查，否则需放入冰箱中保存。

3. 检验步骤

1）生活饮用水（自来水、纯净水）

以无菌操作方法用灭菌吸管吸取 1 mL 充分混匀的水样，注入灭菌培养皿中，倾注约 15 mL 已融化并冷却到 45 ℃左右的营养琼脂培养基，并立即旋摇培养皿，使水样与培养基充分混匀。每次检验时应做一平行接种，同时另用一个平皿只倾注培养基作为空白对照。待冷却凝固后，翻转平皿，使底面向上，置于 36 ℃±1 ℃条件下连续培养 48 h，进行菌落计数，即为 1 mL 水样中的菌落总数。

2）地表水

以无菌操作方法吸取 1 mL 充分混匀的水样，注入盛有 9 mL 灭菌生理盐水的试管中，混匀呈 1∶10 稀释液。吸取 1∶10 稀释液 1 mL，注入盛有 9 mL 灭菌生理盐水的试管中，混匀呈 1∶100 稀释液。按同法依次稀释成 1∶1000、1∶10000 稀释液备用。如此递增稀释一次，必须更换一支刻度吸管。用灭菌吸管吸取 1 mL 未稀释的水样和 2～3 个适宜稀释度的水样，分别注入灭菌培养皿内，其余操作同生活饮用水的检验步骤。

4. 菌落计数及报告方法

对培养皿菌落计数时，可用眼睛直接观察，必要时用放大镜检查以防遗漏。在记下各培养皿的菌落数后，应求出同稀释度的平均菌落数，供下一步计算时应用。在求同稀释度的平均数时，若其中一个培养皿有较大片状菌落产生，则不宜采用，而应以无片状菌落产生的培养皿作为该稀释度的平均菌落数。若片状菌落不到培养皿的一半，而其余一半中菌落数分布又很均匀，则可将此培养皿计数后乘以 2 来代表全皿菌落数。然后再求该稀释度的平均菌落数。

不同稀释度的选择及报告方法见附表 8.1。

8.6.5　实验结果

将所得数据填入表 8.1 和表 8.2 中。

表 8.1　生活饮用水

平　　板	稀　释　度	菌　落　数	1 mL 自来水中细菌总数
1			
2			

续表

平　　板	稀　释　度	菌　落　数	1 mL 自来水中细菌总数
3			
4			

表 8.2　地表水

平　　板	稀　释　度	菌　落　数	1 mL 自来水中细菌总数
1			
2			
3			
4			

8.6.6　思考与讨论

从生活饮用水的细菌总数结果来看,是否合乎饮用水的标准?

8.7　实验七　生活饮用水中的大肠菌群测定

8.7.1　实验目的

(1) 学习测定水中大肠菌群数量的多管发酵法。
(2) 了解大肠菌群的数量在饮水中的重要性。

8.7.2　实验原理

多管发酵法包括初(步)发酵实验、平板分离和复发酵实验三个部分。

1. 初(步)发酵实验

发酵管内装有乳糖蛋白胨液体培养基,并倒置一德汉氏小套管。乳糖能起选择作用,因为很多细菌不能发酵乳糖,而大肠菌群能发酵乳糖而产酸产气。为便于观察细菌的产酸情况,培养基内加有溴甲酚紫作为 pH 指示剂,细菌产酸后,培养基即由原来的紫色变为黄色。溴甲酚紫还有抑制其他细菌如芽孢菌生长的作用。

水样接种于发酵管内,37 ℃下培养,24 h 内小套管中有气体产生,并且培养基混浊,颜色改变,说明水中存在大肠菌群,为阳性结果,但个别其他类型的细菌在此条件下也可能产气;此外产酸不产气的也不能完全说明是阴性结果。在量少的情况下,也可能延迟到 48 h 后才产气,此时应视为可疑结果,因此,以上两种结果均需继续做下面两部分实验,才能确定是不是大肠菌群。48 h 后仍不产气的为阴性结果。

2. 平板分离

板培养基一般使用复红亚硫酸钠琼脂或伊红美蓝琼脂,前者含有碱性复红染料,在此作为指示剂,它可被培养基中的亚硫酸钠脱色,使培养基呈淡粉红色,大肠菌群发酵乳糖后产生的酸和复红反应会形成深红色复合物,使大肠菌群菌落变为带金属光泽的深红色。亚硫酸钠还可抑制其他杂菌的生长。伊红美蓝琼脂含有伊红与美蓝染料,在此亦作为指示剂,大肠菌群发酵乳糖造成酸性环境时,该两种染料即结合成复合物,使大肠菌群产生与远藤氏培养基相似的、带核心的、有金属光泽的深紫色(龙胆紫的紫色)菌落。初发酵管 24 h 内产酸产气和 48 h 产酸产气的均需在以上平板上划线分离菌落。

3. 复发酵实验

以上大肠菌群阳性菌落,经涂片染色为革兰氏阴性无芽孢杆菌者,通过此实验再进一步证实。原理与初发酵实验相同,经 24 h 培养产酸又产气的,最后确定为大肠菌群阳性结果。

8.7.3　实验器材

乳糖蛋白胨发酵管(内有倒置小套管)、3 倍浓缩乳糖蛋白胨发酵管(瓶)(内有倒置小套管)、伊红美蓝琼脂平板、灭菌水、载玻片、灭菌带玻璃塞空瓶、灭菌吸管、灭菌试管。

8.7.4　实验步骤

1. 水样的采取

同实验六。

2. 自来水检查

(1) 初(步)发酵实验在 2 个含有 50 mL 的 3 倍浓缩的乳糖蛋白胨发酵烧瓶中各加入 100 mL水样。在 10 支含有 5 mL 三倍浓缩乳糖蛋白胨发酵管中各加入 10 mL 水样(见图 8.8)。混匀后,37 ℃培养 24 h,24 h 未产气的继续培养至 48 h。

(2) 平板分离经 24 h 培养后,将产酸产气及 48 h 产酸产气的发酵管(瓶),分别划线接种于伊红美蓝琼脂平板上,再于 37 ℃下培养 18~24 h,将符合下列特征的菌落的一小部分,进行涂片,革兰氏染色,镜检。① 深紫黑色、有金属光泽;② 紫黑色、不带或略带金属光泽;③ 淡紫红色、中心颜色较深。

(3) 复发酵实验经涂片、染色、镜检,如为革兰氏阴性无芽孢杆菌,则挑取该菌落的另一部分,重新接种于普通浓度的乳糖蛋白胨发酵管中,每管可接种来自同一初发酵管的同类型菌落 1~3 个,37 ℃培养 24 h,结果若产酸又产气,即证实有大肠菌群存在。

(4) 证实有大肠菌群存在后,再根据初发酵实验的阳性管(瓶)数查附表 8.2,即得大肠菌群数。

3. 地表水的检查

(1) 将水样稀释 10 倍与 100 倍。

(2) 吸取稀释 100 倍和稀释 10 倍的水样与原水样各 1 mL,分别注入装有 10 mL普通浓度乳糖蛋白胨发酵管中。另取 10 mL 和 100 mL 原水样,分别注入装有 5 mL 和 50 mL 三倍浓缩乳糖蛋白胨发酵液的试管(瓶)中。

(3) 以下步骤同上述自来水的平板分离和复发酵实验。

(4) 将 100 mL、10 mL、1 mL、0.1 mL 水样的发酵管结果查附表 8.3,将 10 mL、1 mL、0.1 mL、0.01 mL 水样的发酵管结果查附表 8.4,即得每升水样中的大肠菌群数。

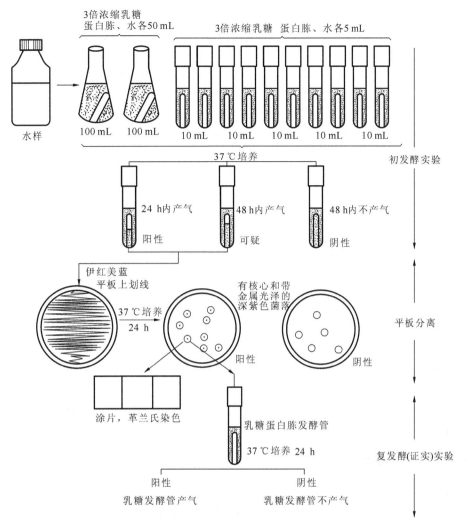

图 8.8   多管发酵法测定水中大肠菌群的操作步骤

8.7.5   实验结果

1. 自来水

100 mL 水样的阳性管数是多少? 10 mL 水样的阳性管数是多少? 查附表 8.2 得每升水样中的大肠菌群数是多少?

2. 池水、河水或湖水

查附表 8.3 得每升水样中的大肠菌群数是多少? 查附表 8.4 得每升水样中的大肠菌群数是多少?

8.7.6   思考与讨论

(1) 大肠菌群的定义是什么?

(2) 为什么要选择大肠菌群作为水源被肠道病原菌污染的指示菌?

(3) 伊红美蓝琼脂培养基含有哪几种主要成分? 在检查大肠菌群时,各起什么作用?

(4) 经检查,水样是否合乎饮用标准?

8.8 实验八 微生物纯种分离、培养及接种技术

8.8.1 实验目的

(1) 从环境(土壤、水体、活性污泥、垃圾、堆肥等)中分离、培养微生物,掌握一些常用微生物和纯化微生物的方法。

(2) 学会几种接种技术。

8.8.2 实验原理

在自然界中,微生物的种类很多,数量很大,为了获得单个菌体,首先必须把要分离的材料进行适当的稀释,按微生物生长所需要的条件,使其在平板上,由一个菌体繁殖成单个菌落,这样就能从中挑选出所需要的纯种。由于细菌、放线菌和霉菌所要求的营养条件不同,利用不同的培养基制成平板进行分离,然后从菌落形态上的差异,可以把细菌、放线菌和霉菌三大类群区分,并可计算出其数量,分别接种到试管斜面上,然后,在平板上反复进行分离培养,最后可获得纯种。

8.8.3 实验器材

各种玻璃器皿、培养基、稀释水、活性污泥、土壤或湖水一瓶、接种针、接种环、酒精灯、恒温培养箱。

8.8.4 实验步骤

1. 划线法

(1) 倒平板 将融化并冷至 50 ℃的细菌培养基倾倒 15~20 mL 于无菌培养皿中,立即放在桌上轻轻转动使之均匀。冷后成平板。

(2) 划线 在火焰旁,左手拿平板,右手拿接种环,取一环菌液(原污水),在平板上划线。划线完毕后盖上皿盖,倒置于 37 ℃恒温箱中培养 48 h 后观察结果。

2. 稀释平板分离法

(1) 取样。

(2) 稀释水样。

以无菌操作按 10 倍稀释法用无菌吸量管和无菌水将 10^{-3} 的水样稀释至 10^{-4}、10^{-5}、10^{-6}。

(3) 平板制作。

将三套无菌培养皿编号,将上述三种浓度的水样各吸 0.5 mL 于相应的培养皿中。加热融化培养基,待其冷至约 45 ℃时以无菌操作倾注 10~15 mL 入培养皿中,马上将培养皿平放桌上轻轻转动使之混合均匀,冷却后成平板。倒置,于 37 ℃培养 48 h 后观察结果。

3. 斜面接种技术

(1) 将试管先贴上标签,注明菌名、日期和姓名,然后将菌种斜面和欲接种斜面试管架在左手虎口之上,用食指和中指夹住试管,大拇指按在两管中央,菌种管口在外方,斜面稍

朝上。

（2）先将棉塞（或塑料帽、硅胶泡沫塞）用右手扭转松动，以利于接种时拔出。

（3）右手拿接种环末端，使其垂直于火焰中，烧红灭菌。

（4）用右手小指、无名指和手掌拔掉棉塞。

（5）用火焰灼烧管口，烧时应不断转动试管口，使试管口沾染的少量杂菌得以烧死。

（6）将烧过的接种环伸入菌种管内，先将环接触没有长菌的培养基部分，使其冷却，以免烫死被接种的菌体，然后轻轻接触菌体，取出少许，慢慢将接种环抽出试管。

（7）迅速将接种环在火焰旁伸进欲接种试管，在培养基上轻轻划蛇形线，划线时要由底部到顶部，由下而上，但不要把培养基划破，也不要使菌种污染管壁。

（8）用火焰灼烧试管口，并在火焰旁塞上棉塞，塞棉塞时，不要用试管去迎棉塞，以免试管在运动时污染杂菌。

（9）放回接种环前，将环在火焰上再次烧红灭菌。放下接种环后，再腾出手将棉塞塞紧。

4. 液体接种（由斜面培养基接入液体培养内）

（1）操作方法与前相同，但要使试管向上略斜，以免培养液流出。

（2）将取有菌种的接种环送入液体培养基时，要使环在液体表面与管壁接触的部分轻轻摩擦，接种后塞棉塞（或硅胶泡沫塞），将试管在手掌中轻轻拍打，使菌体在培养基中分散开，放置于 37 ℃温箱内培养。

5. 穿刺接种

将取有菌种的接种针，自固体培养基的中心刺入，直到管底，但不可刺穿，然后原路拔出，塞棉塞（或硅胶泡沫塞），37 ℃培养。

8.8.5　思考与讨论

（1）分离活性污泥为什么要稀释？

（2）用一根无菌移液管接种几种浓度的水样时，应从哪个浓度开始，为什么？

附录 8-1　不同稀释度的选择及报告方法

（1）选择平均菌落数在 30～300 之间者进行计算。

① 若只有一个稀释度的平均菌落数符合此范围，则将该菌落数乘以稀释倍数报告之（见附表 8.1 实例 1）。

② 若有两个稀释度，其生长的菌落数在 30～300 之间，则视两者之比值来决定：若其比值小于 2，应报告两者的平均数（见附表 8.1 实例 2）；若比值大于 2，则报告其中稀释度较小的菌落数（见附表 8.1 实例 3）。若等于 2，亦报告其中稀释度较小的菌落数（见附表 8.1 实例 4）。

附表 8.1　稀释度选择及菌落总数报告方式

实例	不同稀释度的平均菌落数			两个稀释度菌落数之比	菌落总数（CFU/mL）	报告方式（CFU/mL）
	10^{-1}	10^{-2}	10^{-3}			
1	1365	164	20	—	16400	16000 或 1.6×10^4
2	2760	295	46	1.6	37750	38000 或 3.8×10^4
3	2890	271	60	2.2	27100	27000 或 2.7×10^4
4	150	30	8	2	1500	1500 或 1.5×10^3
5	多不可计	1650	513		513000	513000 或 5.3×10^5
6	27	11	5	—	270	270 或 2.7×10^2
7	多不可计	305	12	—	30500	31000 或 3.1×10^4

若所有稀释度的平均菌落数均大于 300，则应按稀释度最高的平均菌落数乘以稀释倍数报告之（见附表 8.1 实例 5）。

若所有稀释度的平均菌落数均小于 30，则应按稀释度最低的平均菌落数乘以稀释倍数报告之（见附表 8.1 实例 6）。

若所有稀释度的平均菌落数不在 30～300 之间，则应以最接近 30 或 300 的平均菌落数乘以稀释倍数报告之（见附表 8.1 实例 7）。

（2）若所有稀释度的平板上均无菌落生长，则以"未检出"报告之。

如果所有平板上都菌落密布，不要用"多不可计"报告，而应在稀释度最大的平板上，任意数其中 2 个平板每 1 cm² 的菌落数，除以 2 求出每平方厘米内的平均菌落总数，乘以皿底面积 63.6 cm²，再乘以其稀释倍数报告之。

菌落计数的报告：菌落数在 100 以内时，按实有数报告；大于 100 时，采用 2 位有效数字报告，在 2 位有效数字后面的数值，以四舍五入法计算；为了缩短后面的零数，也可以用 10 的指数来报告。

附录 8-2　大肠菌群检数表

附表 8.2　大肠菌群检数表 接种水样总量 300 mL(100 mL 2 份,10 mL 10 份)

10 mL 水量的阳性管数	100 mL 水量的阳性管数		
	0	1	2
	每升水样中大肠菌群数		
0	<3	4	11
1	3	8	18
2	7	13	27
3	11	18	38
4	14	24	52
5	18	30	70
6	22	36	92
7	27	43	120
8	31	51	161
9	36	60	230
10	40	69	>230

附表 8.3　肠菌群检数表 接种水样总量 111.1 mL(100 mL、10 mL、1 mL、0.1 mL 各 1 份)

接种水样量/mL				每升水样中大肠菌群数
100	10	1	0.1	
−	−	−	−	<9
−	−	−	+	9
−	−	+	−	9
−	+	−	−	9.5
−	−	+	+	18
−	+	−	+	19
−	+	+	−	22
+	−	−	−	23
−	+	+	+	28
+	−	−	+	92
+	−	+	−	94
+	−	+	+	180
+	+	−	−	230
+	+	−	+	960
+	+	+	−	2380
+	+	+	+	>2380

注:"＋"表示大肠菌群存在,"－"表示大肠菌群不存在。

附表 8.4　肠菌群检数表 接种水样总量 11.11 mL(10 mL、1 mL、0.1 mL、0.01 mL 各 1 份)

接种水样量/mL				每升水样中大肠菌群数
10	1	0.1	0.01	
−	−	−	−	<90
−	−	−	+	90
−	−	+	−	90
−	+	−	−	95
−	−	+	+	180
−	+	−	+	190
−	+	+	−	220
+	−	−	−	230
−	+	+	+	280
+	−	−	+	920
+	−	+	−	940
+	−	+	+	1800
+	+	−	−	2300
+	+	−	+	9600
+	+	+	−	23800
+	+	+	+	>23800

注:"＋"表示大肠菌群存在,"－"表示大肠菌群不存在。

第9章 水质工程学实验

水质工程学实验是水处理教学的重要组成部分,是培养给水排水工程和环境工程技术人员的必修课程。

水质工程学实验的教学重点是水处理工艺,在实验中理论与实践相结合,从中了解水处理工艺原理、工艺运行全过程以及处理后的效果。

水质工程学实验的教学目的与任务是通过对实验的观察、分析,加深对水处理基本概念、现象、规律与基本原理的理解;掌握一般水处理的实验技能和仪器、设备的使用方法,具有一定的解决实验技术问题的能力;学会设计实验方案和组织实验的方法;学会对实验数据进行测定、分析与处理,从而得出切合实际的结论;培养实事求是的科学态度和工作作风。

9.1 混凝实验

9.1.1 实验目的

(1) 观察混凝现象,加深对混凝机理的理解,了解混凝实验的影响因素。

(2) 观察矾花的形成过程及混凝效果。

(3) 通过本实验,确定某水样混凝剂的最佳投药量。

9.1.2 实验原理

混凝所处理的对象,主要是水中悬浮物和胶体杂质。混凝过程的完善程度对后续处理,如沉淀、过滤影响很大,所以它是水处理工艺中十分重要的环节。天然水中存在大量胶体颗粒,是使水产生浑浊的一个重要原因,胶体颗粒靠自然沉淀是不能除去的。

水中的胶体颗粒,主要是带负电的黏土颗粒。胶粒间的静电斥力、胶粒的布朗运动及胶粒表面的水化作用,使得胶粒具有分散稳定性,三者中以静电斥力影响最大。向水中投加混凝剂能提供大量的正离子,压缩胶团的扩散层,使 ξ 电位降低,静电斥力减小。此时,布朗运动由稳定因素转为不稳定因素,也有利于胶粒的吸附凝聚。水化膜中的水分子与胶粒有固定联系,具有弹性和较高的黏度,把这些水分子排挤出去需要克服特殊的阻力,阻碍胶粒直接接触。有些水化膜的存在决定于双电层状态,投加混凝剂降低 ξ 电位,有可能使水化作用减弱。混凝剂水解后形成的高分子物质或直接加入水中的高分子物质一般具有链状结构,在胶粒与胶粒间起吸附架桥作用,即使 ξ 电位没有降低或降低不多,胶粒不能互相接触,但通过高分子链状物吸附胶粒,也能形成絮凝体。

消除或降低胶体颗粒稳定因素的过程叫做脱稳。脱稳后的胶粒,在一定的水力条件下,形成较大的絮凝体,俗称矾花。直径较大且较密实的矾花容易下沉,自投加混凝剂至形成矾花的过程叫混凝。

9.1.3　实验器材

(1) 无级调速六联搅拌机1台(见图9.1)。

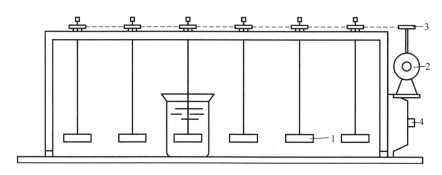

图 9.1　六联搅拌机示意图

1—搅拌叶片;2—变速电动机;3—传动装置;4—控制装置

(2) 1000 mL 烧杯 6 个。

(3) 200 mL 烧杯 8 个。

(4) 100 mL 注射器 1 个,移取沉淀水上清液用。

(5) 100 mL 洗耳球 1 个,配合移液管移药用。

(6) 1 mL 移液管 1 根。

(7) 5 mL 移液管 1 根。

(8) 10 mL 移液管 1 根。

(9) 温度计 1 支,测水温用。

(10) 秒表 1 块,计时用。

(11) 1000 mL 量筒 1 个,量原水体积用。

(12) 1%浓度硫酸铝溶液(或其他混凝剂溶液)1 瓶。

(13) 酸度计 1 台。

(14) 浊度仪 1 台。

9.1.4　实验步骤

(1) 测原水水温、浑浊度及 pH 值。

(2) 用 1000 mL 量筒量取 6 个水样至 6 个 1000 mL 烧杯中。

(3) 设最小投药量和最大投药量,利用均分法确定实验中其他 4 个水样的混凝剂投加量。

(4) 将 6 个水样置于搅拌机中,开动机器,调整转速,中速运转数分钟,同时将计算好的投药量,用移液管分别移取至加药试管中。加药试管中药液少时,可掺入蒸馏水,以减小药液残留在试管上产生的误差。

(5) 启动搅拌机,快速搅拌(约 300 r/min),待转速稳定后,将药液加入水样中,同时开始计时,快速搅拌 30 s。

(6) 30 s 后,迅速将搅拌机调至中速搅拌(约 120 r/min),然后用少量(数毫升)蒸馏水冲洗加药管,并将这些水加到水样烧杯中,中速搅拌 5 min。

(7) 5 min 后,迅速将搅拌机转速调至慢速搅拌(约 80 r/min),慢速搅拌 10 min。

(8) 搅拌过程中,注意观察并记录矾花的形成过程、外观、大小、密实程度等,并记入表 9.1 中。

(9) 搅拌过程完成后,停机,将水样杯取出,放置一旁静沉 15 min,并观察记录矾花的沉淀过程,并记入表 9.1 中。

(10) 静沉 15 min 后,用 100 mL 注射器分别吸取水样杯中的上清液约 100 mL(以够测浊度、pH 值即可),置于 6 个洗净的 200 mL 烧杯中,测浊度及 pH 值并记入表 9.2 中。

(11) 比较实验结果。根据 6 个水样所分别测得的剩余浊度,以及水样混凝沉淀时所观察到的现象,对最佳投药量的所在区间做出判断。缩小实验范围(加药量范围)重新设定第 Ⅱ 组实验的最大和最小投药量值 a 和 b,重复上述实验。

9.1.5　实验结果

表 9.1　混凝搅拌观察记录

实 验 组 号	水样编号	矾花形成及沉淀过程的描述	小　　　结
Ⅰ	1		
	2		
	3		
	4		
	5		
	6		

表 9.2　实验数据记录表

实验组号	混凝剂名称:		原水浑浊度:		原水温度/℃:		原水 pH 值:	
Ⅰ	水样编号	1	2	3	4	5	6
	投药量　　mL						
	剩余浊度 mg/mL						
	沉淀后的 pH 值						

成果整理:

以投药量为横坐标,以剩余浊度为纵坐标,绘制投药量-剩余浊度曲线,从曲线上可求得不大于某一剩余浊度的最佳投药量值。

9.1.6　思考与讨论

(1) 根据实验结果以及实验中所观察到的现象,简述影响混凝效果的几个主要因素。

(2) 为什么投药量最大,混凝效果不一定好?

（3）参考本实验写出测定最佳 pH 值的实验过程。

注意事项如下。

（1）电源电压应稳定，如有条件，电源上宜设置稳压装置。

（2）取水样时，所取水样要搅拌均匀，要一次量取以尽量减小所取水样浓度上的偏差。

（3）移取烧杯中沉淀之后的上清液时，不要将沉淀下去的矾花搅起。

9.2 颗粒自由沉淀实验

9.2.1 实验目的

（1）加深对自由沉淀特点、基本概念及沉淀规律的理解。

（2）掌握颗粒自由沉淀实验的方法，并能对实验数据进行分析、整理、计算和绘制颗粒自由沉淀曲线。

9.2.2 实验原理

颗粒自由沉淀实验是研究浓度较稀时的单颗粒沉淀规律的方法。一般通过沉淀柱静沉实验，来获取颗粒沉淀曲线。它不仅具有理论指导意义，而且也是给水排水处理工程中沉砂池设计的重要依据。

颗粒的自由沉淀指的是颗粒在沉淀过程中，颗粒之间不互相干扰、碰撞，呈单颗粒状态，各自独立的沉淀过程。自由沉淀有两个含义：一是颗粒沉淀过程中不受器壁干扰影响；二是颗粒沉降时不受其他颗粒的影响。当颗粒与器壁的距离大于 $50d$（d 为颗粒的直径）时就不受器壁的干扰。当污泥浓度小于 5000 mg/L 时就可假设颗粒之间不会产生干扰。

颗粒在沉砂池中的沉淀以及低浓度污水在初沉池中的沉降过程均是自由沉淀。自由沉淀过程可以由斯托克斯（Stokes）公式进行描述，即

$$u = \frac{\rho_g - \rho}{18\mu} g d^2 \tag{9.1}$$

式中： u——颗粒的沉淀速度；

ρ_g——颗粒的密度；

ρ——液体的密度；

μ——液体的黏滞系数；

g——重力加速度；

d——颗粒的直径。

但由于水中颗粒的复杂性，公式中的一些参数（如粒径、密度等）很难确定。因而对沉淀的效果、特性的研究，通常要通过沉淀实验来实现。实验可以在沉淀柱中进行，方法如下。

取一定直径、一定高度的沉淀柱，在沉淀柱中下部设有取样口，将已知悬浮物浓度 C_0 的水样注入沉淀柱，取样口上水深（即取样口与液面间的高度）为 h_0，在搅拌均匀后开始沉淀实验，并开始计时，经沉淀时间 $t_1,t_2,\cdots,t_i$，从取样口取一定体积水样，分别记下取样口高度 h，分析各水样的悬浮物浓度 $C_1,C_2,\cdots,C_i$，从而颗粒的去除百分率为

$$\eta = \frac{C_0 - C_i}{C_0} \times 100\%\tag{9.2}$$

式中：　η——颗粒被去除百分率；

　　　　C_0——原水悬浮物浓度，mg/L；

　　　　C_i——t_i 时刻悬浮物质量浓度，mg/L。

　　悬浮物颗粒剩余百分率为

$$P = \frac{C_i}{C_0} \times 100\%\tag{9.3}$$

式中：　C_0——原水悬浮物浓度，mg/L；

　　　　C_i——t_i 时刻悬浮物质量浓度，mg/L；

　　　　P——悬浮物颗粒剩余百分数。

　　沉淀速度为

$$u = \frac{h_0 \times 10}{t_i \times 60}\tag{9.4}$$

式中：　u——沉淀速度，mm/s；

　　　　h_0——取样口高度，cm；

　　　　t_i——沉淀时间，min。

　　用以上方法进行实验要注意几点问题。

　　(1) 每从管中取一次水样，管中水面就要下降一定高度，所以在求沉淀速度时要按实际取样口的上水深来计算，为了尽量减小由此产生的误差，使数据更可靠，应尽量选用较大断面面积的沉淀柱。

　　(2) 实际上，在经过 t_i 时间后，距取样口 h 高水深内颗粒沉到取样口下的，应有两部分，即：① $u \geqslant u_0 = \dfrac{h}{t_i}$ 的这部分颗粒，经时间 t_i 后将全部被去除，而 h 高水深内不再包含这部分颗粒；② 除此之外，$u < u_0 = \dfrac{h}{t_i}$ 的那部分颗粒也会有一部分经时间 t_i 后沉淀到取样口以下，这是因为 $u < u_0$ 的这一部分颗粒并不都在水面上，而是均匀分布在高度为 h 的水深内，因此，只要它们沉淀到取样口以下所用的时间小于或等于具有 u_0 沉速颗粒所用的时间，在 t_i 时间内它们就可以被去除。但是以上实验方法并未包含 $u < u_0$ 那一部分颗粒中被去除的部分，所以存在一定的误差。

　　(3) 从取样口取出水样测得的悬浮物浓度 $C_1, C_2, \cdots, C_i$ 等，只表示取样口断面处原水经沉淀时间 $t_1, t_2, \cdots, t_i$ 后的悬浮固体浓度，而不代表整个 h 水深中经相应沉淀时间后的悬浮固体浓度。

9.2.3　实验器材

　　(1) 颗粒自由沉淀装置(包括沉淀柱、储水箱、水泵、空气压缩机，见图 9.2)。

　　(2) 计量水深用标尺，计时用秒表。

　　(3) 悬浮物定量分析所需设备有万分之一天平、带盖称量瓶、干燥皿、恒温烘箱、抽滤装置、定量滤纸。

　　(4) 玻璃烧杯、移液管、玻璃棒、磁盘等。

　　(5) 水样(可选用生产污水、工业废水或人工配置水样)。

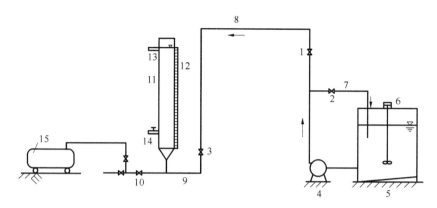

图 9.2　颗粒自由沉淀静沉实验装置

1、3—配水管上阀门；2—水泵循环管上阀门；4—水泵；5—水池；6—搅拌机；7—循环管；8—配水管；
9—进水管；10—放空管阀门；11—沉淀柱；12—标尺；13—溢流管；14—取样管；15—空压机

9.2.4　实验步骤

（1）将实验用水倒入水池内，开启循环管路阀门 2，用泵循环或机械搅拌装置搅拌，待池内水质均匀后，从池内取样，测定悬浮物浓度，记为 C_0 值。

（2）开启阀门 1、3，关闭循环阀门 2，水经配水管进入沉淀柱内，当水上升到溢流口并流出后，关闭阀门 3，停泵。

（3）向沉淀柱内通入压缩空气，将水搅拌均匀。

（4）记录时间，颗粒自由沉淀实验开始，每隔 1 min、5 min、10 min、15 min、20 min、40 min、60 min、120 min，由取样口取出水样，在每次取样后记录沉淀柱内的液面高度 h。

（5）观察悬浮颗粒沉淀特点、现象。

（6）测定水样悬浮物含量（取平行样）。

（7）记录实验原始数据，填入表 9.3 中。

表 9.3　颗粒自由沉淀实验记录

静沉时间 /min	称量 瓶号	称量瓶+ 滤纸/g	取样 体积/mL	瓶子+SS重 /g	水样+SS重 /g	悬浮物浓度 /(mg/L)	取样口高度 /cm
0							
1							
5							
10							
15							
20							
40							
60							
120							

9.2.5　实验结果

（1）计算悬浮物去除率 η、剩余率 P、沉淀速度 u，并将数据填入表 9.4 中。

表 9.4　剩余率及沉淀速度数据

静沉时间/min	悬浮物去除率 $\eta/(\%)$	悬浮物剩余率 $P/(\%)$	沉淀速度 $u/(mm/s)$
1			
5			
10			
15			
20			
40			
60			
120			

(2) 绘制 η-t(去除率-沉淀时间)、η-u(去除率-沉淀速度)、P-u(剩余率-沉淀速度)曲线。

9.2.6　思考与讨论

(1) 自由沉淀中颗粒沉速与絮凝沉淀中颗粒沉速有什么区别？

(2) 绘制自由沉淀曲线的方法及意义？

注意事项如下。

(1) 向沉淀柱注水时,速度要适中,既要尽快完成注水,以防水样中的较重颗粒沉淀,又要避免速度过快造成柱内水体紊动,影响沉淀效果。

(2) 取样时应先排出取样管中的积水再取样,每次取 $300\sim400$ mL 水样。

(3) 测定悬浮物时,因颗粒较重,从烧杯取样要边搅拌边吸取,以保证两平行水样的均匀性。贴于移液管壁上的细小颗粒一定要用蒸馏水洗净。

9.3　过滤及反冲洗实验

9.3.1　实验目的

(1) 了解模型及设备的组成与构造。

(2) 观察过滤及反冲洗现象,进一步了解过滤及反冲洗原理。

(3) 掌握实验的操作方法。

(4) 掌握滤池工作中主要技术参数的测定方法。

9.3.2　实验原理

过滤及反冲洗实验装置由进水箱、流量计、过滤柱等部分组成(见图 9.3)。

水的过滤是根据地下水通过底层过滤形成清洁井水的原理而构造的处理浑浊水的方法。在处理过程中,过滤一般是指以石英砂等颗粒状滤料层截留水中悬浮杂质,从而使水达到澄清的工艺过程。过滤是水中悬浮颗粒与滤料颗粒间黏附作用的结果。黏附作用主要取决于滤料和水中颗粒的表面物理化学性质,当水中颗粒迁移到滤料表面上时,在范德华引力

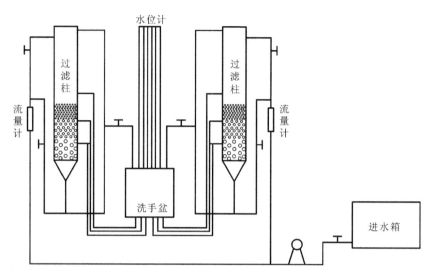

图 9.3　过滤及反冲洗实验装置示意图

和静电斥力以及某些化学键和特殊化学吸附力的作用下，它们被黏附到滤料颗粒表面上。此外，某些絮凝颗粒的架桥作用也同时存在。过滤的原理主要是悬浮颗粒与滤料颗粒经过迁移和黏附两个过程来去除水中的杂质。

在过滤过程中，随着过滤时间的增加，滤层中悬浮颗粒的数量也会不断增加，这就必然会导致过滤过程水力条件的改变。当滤料粒径、形状、滤层级配和厚度以及水位已定时，如果孔隙率减小，则在水头损失不变的情况下，将引起滤速减小。反之，在滤速保持不变时，将引起水头损失增加。就整个滤层而言，鉴于上层滤料截污量多，越往下层截污量越小，因此水头损失增值也由上而下逐渐减小。此外，影响过滤的因素还包括水质、水温、滤速、滤料尺寸、滤料级配，以及悬浮物的表面性质、尺寸和强度等。

过滤时，随着滤层中杂质截流量的增加，当水头损失增至一定程度时，滤池会产生水量锐减或滤后水质不符合要求的情况，此时滤池必须停止过滤进行反冲洗。反冲洗的目的是清除滤层中的污物，使滤池恢复过滤能力。滤池中的冲洗通常采用自下而上的水流进行反冲洗。反冲洗时滤料层膨胀起来，截留与滤层中的污物在滤层孔隙间水流剪力和滤料颗粒碰撞摩擦的作用下从滤料颗粒表面脱离下来，然后被冲洗水流带出滤池。反冲洗效果主要取决于滤层孔隙水流剪力。该剪力既与冲洗流速有关，又与滤层膨胀程度有关。冲洗流速小，水流剪力小；冲洗流速大，滤层膨胀程度大，滤层孔隙中的水流剪力又会降低，因此应控制冲洗流速。反冲洗的效果通常由滤层膨胀率 e 来控制，即

$$e = \frac{L - L_0}{L} \tag{9.5}$$

式中：　L——滤层膨胀后的厚度，cm；

　　　　L_0——滤层膨胀前的厚度，cm。

9.3.3　实验器材

（1）过滤及反冲洗实验装置 1 套。

（2）酸度计 1 台。

（3）浊度仪 1 台。

（4）200 mL 烧杯 2 个，取水样用。

（5）200 mL 量筒 1 个，投加混凝剂用。

（6）混凝剂一瓶。

（7）温度计 1 个。

（8）秒表 1 块。

（9）2 m 钢卷尺 1 个。

9.3.4　实验步骤

（1）对照工艺图，了解实验装置及构造，测量并记录原始数据，填入表 9.5 中。

表 9.5　原始数据记录表

滤 柱 编 号	滤柱直径/mm	滤柱面积/m^2	滤柱高度/m	滤 料 名 称	滤料厚度/m

（2）对滤层进行一次反冲洗，冲洗强度逐渐加大至 12～15 L/(s•m^2)，持续几分钟，以便去除滤层中的气泡。

（3）配置原水，使其浊度在 20～40 之间，测量原水浊度和水温。以最佳投药量将混凝剂投入原水箱中，并充分搅拌。

（4）通入浑浊水开始过滤实验，打开初滤水排水阀门，排掉初滤水。以 8 m/h 滤速开始过滤并计时，在 1 min、3 min、5 min、10 min、20 min、30 min 时测出水浊度。加大滤速至 16 m/h，并测量加大滤速后的 10 min、20 min、30 min 时的出水浊度。将数据填入表 9.6 中。

表 9.6　过滤过程记录

混凝剂：			原水温度：		
滤速/(m/h)	流量/(L/h)	投药量/(mg/L)	过滤历时/min	进水浊度	出水浊度
8			1		
			3		
			5		
			10		
			20		
			30		
16			10		
			20		
			30		

（5）滤柱停止过滤做滤层膨胀率与反冲洗强度关系实验。打开反冲洗水泵，调整膨胀度 e＝20％、40％、80％时，测出反冲洗强度值 q，并将数据填入表 9.7 中。测量每个反冲洗强

度时,应连续测 3 次,取平均值计算。

表 9.7　反冲洗过程记录

反冲洗水温/℃：　　　　滤层面积 F/m²：　　　　滤层厚度/cm：

实验次数	滤层膨胀率/(%)	滤层膨胀后厚度/cm	反冲洗流量 Q/(L/h)	反冲洗强度/(L/s·m²)	$q_{平均}$
1					
2	20				
3					
1					
2	40				
3					
1					
2	80				
3					

(6) 滤柱停止反冲洗做滤速与清洁滤层水头损失的关系实验。通入清水,测不同滤速(4 m/h、6 m/h、8 m/h、10 m/h、12 m/h、14 m/h、16 m/h)时滤层顶部的测压管水位和滤层底部附近的测压管水位。将数据填入表 9.8 中。停止过滤,结束实验。

表 9.8　滤速与清洁滤层水头损失数据

滤速/(m/h)	流量/(L/h)	清洁滤层顶部测压管水位/cm	清洁滤层底部测压管水位/cm	清洁滤层水头损失/cm
4				
6				
8				
10				
12				
14				
16				

9.3.5　实验结果

(1) 根据表 9.6 实验数据,绘制出滤池工作水质曲线(即出水浊度与过滤历时关系曲线)。

(2) 根据表 9.7 实验数据,绘制冲洗强度与膨胀率关系曲线。

(3) 根据表 9.8 实验数据,绘制滤速与清洁滤层水头损失关系曲线。

9.3.6　思考与讨论

(1) 滤层内有空气泡时对过滤和反冲洗有何影响?

(2) 反冲洗强度为何不宜过大?

注意事项如下。

(1) 反冲洗时不要使进水阀门开启度过大,应缓慢打开,以防滤料冲出柱外。

(2) 在过滤实验前,滤层中应保持一定水位,以免过滤时测压管中积有空气。

(3) 反冲洗时,为了准确测量出滤层厚度,一定要在滤层面稳定后再测量,并在每一个反冲洗流量下连续测量 3 次。

9.4　活性炭吸附实验

9.4.1　实验目的

(1) 了解粉状活性炭吸附特点。

(2) 掌握吸附等温线的测定方法。

9.4.2　实验原理

活性炭吸附是目前国内外应用比较多的一种水处理手段。由于活性炭对水中大部分污染物都有较好的吸附作用,因此活性炭吸附应用于水处理时往往具有出水水质稳定,适用于处理多种污水的优点。活性炭吸附常用来处理某些工业污水,在特殊情况下也用于给水处理。

活性炭吸附就是利用活性炭的固体表面对水中一种或多种物质的吸附作用,以达到净化水质的目的的方法。活性炭的吸附作用产生于两个方面:一是物理吸附,指的是活性炭表面的分子受到不平衡力的作用,而使其他分子吸附于其表面上;二是化学吸附,指的是活性炭与被吸附物质之间的化学作用。活性炭的吸附是上述两种吸附综合作用的结果。活性炭在溶液中的吸附和解析过程处于动态平衡称为活性炭吸附平衡,此时被吸附物质在溶液中的浓度称为平衡浓度。活性炭的吸附能力以吸附量 q 表示,即

$$q = \frac{V(C_0 - C)}{M} \tag{9.6}$$

式中:　q —— 活性炭吸附量,即单位质量的吸附剂所吸附的物质质量,g/g;

　　　　V —— 污水体积,L;

　　　　C_0、C —— 吸附前原水中溶质浓度和吸附平衡时水中溶质浓度,g/L;

　　　　M —— 活性炭投加量,g。

在温度一定的条件下,活性炭吸附量 q 与被吸附物质的平衡浓度 C 之间的关系曲线称为吸附等温线。在水处理工艺中,通常用费兰德利希经验式表达,即

$$q = K \cdot C^{\frac{1}{n}} \tag{9.7}$$

式中:　q —— 活性炭吸附量,即单位质量的吸附剂所吸附的物质量,g/g;

　　　　C —— 吸附平衡时水中溶质浓度,g/L;

　　　　K、n —— 与溶液的温度、pH 值、吸附剂和被吸附物质的性质有关的常数。

K、n 值求法:通过间歇式活性炭吸附实验测得 q、C 相应值,将上式取对数后变换为

$$\lg q = \lg K + \frac{1}{n}\lg C \qquad (9.8)$$

将 q、C 相应值绘在对数坐标纸上,所得直线斜率为 $\frac{1}{n}$,截距为 K。

9.4.3 实验器材

(1) 振荡器 1 台;

(2) 500 mL 三角烧瓶 5 个;

(3) 烘箱 1 台;

(4) 酸度计 1 台;

(5) 温度计 1 台;

(6) COD 测定分析装置、玻璃器皿、漏斗、定量滤纸等;

(7) 活性炭。

9.4.4 实验步骤

(1) 将活性炭在蒸馏水中浸泡 24 h,然后在 105 ℃烘箱内烘 24 h,再将烘干的活性炭研碎成能通过 200 目筛子的粉状炭。

(2) 将预制污水用滤布过滤,去除悬浮杂质,测定该污水的 COD、pH 值。

(3) 在 5 个 500 mL 三角烧瓶中分别投加 100 mg、200 mg、300 mg、400 mg、500 mg 粉状活性炭。

(4) 在每个三角烧瓶中加入同体积的过滤后污水,使每个烧瓶中的 COD(mg/L)与活性炭浓度(mg/L)的比值在 0.5~5.0 之间。

(5) 测定水温,将上述 5 个三角烧瓶放置于振荡器上振荡,当达到吸附平衡时即可停止振荡(振荡时间一般为 30 min 以上)。

(6) 过滤各三角烧瓶中的污水,测定其剩余 COD 值。将数据填入表 9.9 中。

表 9.9 活性炭间歇吸附实验记录

序号	原水样			吸附平衡后水样		污水体积/mL	活性炭投加量/mg	COD 去除率/(%)
	COD/(mg/L)	pH 值	水温/(℃)	COD/(mg/L)	pH 值			
1								
2								
3								
4								
5								

9.4.5 实验结果

(1) 以 $\lg \dfrac{C_0 - C}{M}$ 为纵坐标,$\lg C$ 为横坐标绘出费兰德利希吸附等温线,该线的截距为

$\lg K$,斜率为$\dfrac{1}{n}$。

(2) 求出 K、n 值,代入费兰德利希吸附等温线公式,则

$$q = K \cdot C^{\frac{1}{n}} \tag{9.9}$$

9.4.6　思考与讨论

(1) 吸附等温线有什么现实意义?

(2) 从影响活性炭吸附的因素分析,作吸附等温线时为何用粉状活性炭而不用粒状活性炭?

注意事项如下。

间歇吸附实验所求得的参数 q,如果出现负值,则说明活性炭明显吸附了溶剂,此时应调换活性炭或原水样。

9.5　树脂总交换容量和工作交换容量的测定实验

9.5.1　实验目的

(1) 理解离子交换基本理论及特性。

(2) 熟悉离子交换树脂的类型,并掌握树脂的鉴别方法。

(3) 熟悉离子交换树脂总交换容量和工作交换容量的测定方法。

9.5.2　实验原理

离子交换可以算是一类特殊的固体吸附过程,它是由离子交换剂在电解质溶液中进行的。一般的离子交换树脂是一种不溶于水的固体颗粒状物质,是人工合成的有机高分子电解质凝胶,其骨架是由高分子电解质和横键交联物质组成的不规则的空间网状物,上面结合着相当数量的活性离子交换基因,它能够从电解质溶液中吸附某种阳离子或者阴离子,而把本身所含的另一种相同电性符号的离子等量地交换,释放到溶液中去。这就是离子交换树脂所具有的特性。离子交换树脂按照所交换离子的种类可分为阳离子交换树脂和阴离子交换树脂共两种。

离子交换树脂按照其离子基因的性质可分为如下几种。

① 阳离子交换树脂,呈酸性,常分为强酸型和弱酸型。离子交换过程可用化学反应式表示,即

强酸性

$$R\!-\!SO_3H + NaCl \rightleftharpoons R\!-\!SO_3Na + HCl$$
$$R(\!-\!SO_3Na)_2 + Ca(HCO_3)_2 \rightleftharpoons R(\!-\!SO_3)_2Ca + 2NaHCO_3$$
$$R(\!-\!SO_3)_2Ca + 2NaCl \rightleftharpoons R(\!-\!SO_3Na)_2 + CaCl$$

弱酸性

$$R\!-\!COOH + NaHCO_3 + NaCl \rightleftharpoons R\!-\!COONa + H_2CO_3$$

② 阴离子交换树脂,呈碱性,可以分为强碱型和弱碱型。离子交换过程可用化学反应式表示,即

强碱性

$$R-NOH+H_2SiO_3 \rightleftharpoons R-NHSiO_3+H_2O$$

弱碱性

$$R-NHOH+HCl \rightleftharpoons R-NHCl+H_2O$$

根据以上反应式,我们把离子交换树脂看成某种特殊的固体高价电解质,有助于理解其基本特性规律和交换作用机理。

离子交换是一种可逆过程,上述反应都可以逆向进行。实际进行的方向视具体条件而定。离子交换树脂的交换能力有一定的限度,称为离子交换容量。离子交换容量又分为总离子交换容量和工作交换容量。

总离子交换容量(E_t)是指单位质量或单位体积树脂内的 H^+ 的物质的量,是树脂主要性能之一,它对交换柱的工况有很大影响,是工业给水设计、科研、运行操作的基本参数。所以出厂树脂的质量,是根据总交换容量决定的。

工作交换容量(E_{op})是指树脂在不同条件下,所占总交换容量 E_t 中能利用的部分。一般占总交换容量 60%～70%。工作交换容量是设计运行的主要参数,它能直接反映出是否正常运行。

所以,在本实验中我们针对离子交换树脂做三方面内容的测定,即离子交换树脂类型鉴定、强酸性阳树脂总离子交换容量 E_t 的测定、强酸性阳树脂工作交换容量 E_{op} 的测定。

9.5.3 实验器材

(1) 250 mL、1000 mL 三角烧瓶各 1 个。

(2) 1000 mL 容量瓶 1 个。

(3) 25 mL 碱式滴定管 1 支、25 mL 酸式滴定管 1 支。

(4) 滴定台 1 套。

(5) 20 mL、25 mL、50 mL 移液管各 1 支。

(6) 20 mL 量筒 1 个。

(7) 8～12 mm 玻璃漏斗 1 个。

(8) 1000 mL 烧杯 1 个。

(9) 1000 mL 烧杯 1 个。

(10) 50 mL、1000 mL 细口瓶各 1 个。

(11) 30 mL 试管 12 支。

(12) 培养皿、药匙、纱布、药棉、滤纸、试管架等。

(13) 阴、阳树脂。

(14) 实验试剂:10% $CuSO_4$、1 mol/L HCl、5 mol/L NH_4OH、0.5 mol/L $CaCl$、0.5 mol/L NaOH、1 mol/L NaOH、0.05 mol/L EDTA 标准溶液、0.05 mol/L pH=10 缓冲溶液、铬黑 T 指示剂、0.1%甲基红指示剂、0.1%酚酞指示剂、广泛 pH 试纸。

9.5.4 实验步骤

1. 离子交换树脂的鉴定

1) 阳树脂与阴树脂的分辨

取 2 支试管(编号 1♯,2♯)分别取阳树脂和阴树脂各 2～3 mL 放于试管中,弃掉树脂上附着的水,向 2 支试管中各加 1 mol/L HCl 试剂 15 mL,摇动 1~2 min 后弃掉上清液,重复操作 2~3 次,用清水洗 2~3 次。再向 2 支试管中加入 10% CuSO₄ 试剂 5 mL,摇动 1~2 min 后弃掉上清液,重复操作 2~3 次,用清水洗 2~3 次。最后对 2 支试管进行比色,将颜色变化记录在表 9.10 中。浅绿色为阳树脂。

2) 强酸性阳树脂和弱酸性阳树脂的分辨

经过第一步处理后,向变为浅绿色的阳树脂试管中加入 5 mol/L NH₄OH 溶液 2 mL,摇动 1~2 min 后弃掉上清液,重复操作 2~3 次,用清水洗 2~3 次。如树脂颜色加深为深蓝色,则为强酸性阳离子交换树脂。如树脂颜色不变,则为弱酸性阳离子交换树脂。将颜色变化记录在表 9.10 中。

3) 强碱性阴树脂和弱碱性阴树脂的分辨

经过第一步处理后,向树脂不变色的试管中加入 1 mol/L NaOH 溶液 5 mL,摇动 1 min 后弃掉上清液,重复操作 2~3 次,用清水洗 2~3 次。继续加入 0.1%酚酞指示剂 5 滴,摇动 1~2 min,经洗涤后若树脂呈粉红色,则为强碱性阴树脂。将颜色变化记录在表 9.10 中。

4) 弱碱性阴树脂和非离子交换树脂的分辨

如果步骤 3)中鉴定的树脂不变色,则继续加入 1 mol/L HCl 溶液 5 mL,摇动 1~2 min 后弃掉上清液,重复操作 2~3 次,用清水洗 2~3 次。再加入 0.1%甲基红指示剂 3~5 滴,摇动 2~3 min,洗涤后比色,若树脂呈红色则为弱碱性阴树脂;若树脂不变色,则为非离子交换树脂。将颜色变化记录在表 9.10 中。

表 9.10　四种离子交换树脂及非离子交换树脂鉴别记录

离子交换树脂的名称	离子交换树脂的颜色变化
强酸性阳树脂	
弱酸性阳树脂	
强碱性阴树脂	
弱碱性阴树脂	
非离子交换树脂	

2. 强酸性阳树脂总交换容量的测定

(1) 精确称量干燥强酸性阳树脂 5 g,放于漏斗滤纸内,将漏斗插在 1000 mL 的三角烧瓶内。加水浸湿阳树脂。

(2) 用 1mol/L HCl 溶液 600 mL,缓慢倒入漏斗内进行过滤(或动态交换),使全部树脂都转化成 H 型的树脂。

(3) 用纯水清洗树脂及滤纸,并用 pH 试纸经常检验滤液酸度,直到滤下液呈中性(pH=7)为止。

(4) 将漏斗移到另一个用清水洗过的 1000 mL 容量瓶内。

(5) 用 0.5 mol/L CaCl 溶液 600~800 mL,缓慢加入漏斗内进行过滤交换,将全部置换到滤下液中,并用 pH 试纸经常检验滤液酸度,直到滤下液呈中性(pH=7)为止。

(6) 加纯水至 1000 mL,充分混合即可。

(7) 用三角烧杯量取 50 mL 上述混合液,以酚酞为指示剂,用 0.5 mol/L 溶液进行中和滴定,重复滴定 3～5 次取平均值,并记录所用碱溶液的体积 V,将数据填入表 9.11 中。

表 9.11　强酸性阳树脂总交换容量测定数据

阳树脂质量干重/g	第一次用量	第二次用量	第三次用量	平 均 值

3.强酸性阳树脂工作交换容量的测定

实验装置为有机玻璃管过滤柱,下部以石棉网为垫层,上部装有厚度为 h 的树脂工作层,此树脂为新树脂。

(1) 在交换柱内装入一定量纯水,然后将新树脂装入柱内达到 h 高度,要求称量准确。

(2) 加入清水,调整旋钮,使树脂层上保持一定水深 h,并使液面基本保持不变,使滤速 $v = v_0$,调好速度后,不能再动旋钮。

(3) 换用原水(硬度为 H_0)继续过滤,通过滤速计算,以原水开始流出时刻计时为 T_0,每隔 5 min 测定一次出水硬度值,将数据填入表 9.12 中。

表 9.12　强酸性阳树脂工作交换容量测定数据

过滤时间 T_i/min								
流量 Q_i/(mL・min^{-1})								
滴定液刻度	末/mL							
	始/mL							
EDTA 用量/mL								
软化水硬度/(mg・mol/L)								

(4) 实验时一边过滤一边测定出水硬度,直到发现软化水硬度开始有变,$\Delta H \geqslant 0.03$ mg・mol/L 时,记下 T_i、Q_i 值。每隔 10 min 测定一次出水硬度,实验测定到进、出水硬度相等时为止。

9.5.5　实验结果

1.强酸性阳树脂的总交换容量的计算

$$E_t = \frac{V_1 C_1 \times 1000}{W} \tag{9.10}$$

式中：　E_t——强酸性阳干树脂的总交换容量,mol/g;

V_1——0.5mol/L NaOH 用量,mL;

C_1——0.5mol/L NaOH 溶液浓度;

W——树脂质量干重,g。

2.强酸性阳树脂的工作交换容量的计算

$$E_{op} = \frac{(H_0 - \Delta H) Q_i T_i}{W} \tag{9.11}$$

式中：　E_{op}——强酸性阳树脂的工作交换容量,mg・mol/L;

H_0——原水硬度,mg・mol/L;

ΔH——软化水残余硬度,一般小于 0.03,mg・mol/L;

Q_i——软化水流量,mL/min;

T_i——软化水流时间,min;

W——湿树脂体积,mL。

9.5.6　思考与讨论

(1) 离子交换树脂有什么特性?

(2) 为什么要检测离子交换树脂的总交换容量和工作交换容量?

9.6　污泥沉降比和污泥指数的测定与分析实验

9.6.1　实验目的

(1) 通过实验加深对活性污泥活性的理解。

(2) 掌握污泥吸附性能、污泥沉降比、污泥指数的实验测定及计算方法。

9.6.2　实验原理

活性污泥是活性污泥法污水处理系统中的主体作用物质,活性污泥性能的优劣,对活性污泥处理系统的净化效果起着决定性的影响,所以只有曝气池中的活性污泥具有很高的活性才能有效地降解水中的有机污染物,达到净化水体的目的。通常活性好的活性污泥从外观上看呈黄褐色絮绒颗粒状,因此常称作"生物絮凝体"。它主要是由栖息在活性污泥上的大量微生物聚集而成的,性能优良的活性污泥具有很强的吸附性能和凝聚沉淀性能,常常通过测定污泥吸附或沉淀性能来判断污泥活性。

1. 污泥吸附性能

由于活性污泥具有很大表面积,活性强的污泥(通常活性污泥上的微生物处于内源呼吸期)与污水接触时,就会在较短时间内将污水中呈悬浮和胶体状的有机污染物凝聚吸附在自身表面,从而去除有机污染物,这就是所谓的"初期吸附去除",在此阶段污水中 COD 含量会急剧下降,但接下来 COD 含量又略有升高,这是吸附在活性污泥表面的部分非溶解性有机物在水解酶的作用下,水解成溶解性小分子重新回到污水中造成的。此时活性污泥微生物进入营养过剩的"壮龄"阶段,微生物处于分散状态,这也进一步促使 COD 值上升。但随着活性污泥净化反应的不断进行,有机物不断被降解,COD 值又缓慢下降。整个过程如图 9.4 所示。

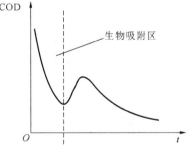

图 9.4　活性污泥吸附曲线

2. 活性污泥的沉降性能

良好的沉降性能是发育正常的活性污泥所具备的特性之一。在二沉池中,只有污泥沉降性能好、浓缩性好的混合液,才能顺利地进行泥水分离,使活性污泥处理系统运行正常,保证出水水质;反之,泥水难于分离,不能降低回流污泥的浓度,甚至出现污泥膨胀现象,导致污泥流失,出水水质降低。因此影响二沉池运行的主要因素就是活性污泥的沉降性能。

从运行良好的曝气池中取出混合液置于量筒中,可以观察到污泥的沉降过程。开始时泥、水处于均匀的混合状态，静置一段时间后，可以看到，污泥颗粒开始絮凝沉淀，并出现泥、水分界面，在界面以上出现清水区。随着时间的推移，泥、水界面不断下移，界面以下的整个泥层以整体运动的形式缓慢下沉，我们通常称这种沉淀为成层沉淀或区域沉淀。与此同时，量筒底部的泥层随着界面的下沉，颗粒之间的距离逐渐缩小，泥层逐渐变浓，上、下层污泥颗粒终于相接，上层污泥颗粒挤压下层污泥颗粒，使泥层浓缩，这个过程称为污泥压缩沉淀。一般情况下，发育良好的活性污泥经过 30 min 的沉淀后，就可以完成絮凝沉淀和成层沉淀进入压缩沉淀。

通常情况下，我们用以下两个指标来评价活性污泥的沉降性能。

（1）污泥沉降比（SV）。

污泥沉降比又称为 30 min 沉降率。它是指混合液在量筒中静置 30 min 后所形成的沉淀污泥的容积占原混合液容积的百分率，以百分数表示。

（2）污泥指数（SVI）。

污泥指数也称为污泥容积指数。它是指曝气池出口处的混合液经过 30 min 静沉淀后每克干污泥所形成的沉淀污泥所占有的容积，单位为 mL/g。SVI 为

$$\text{SVI} = \frac{1\text{ L 混合液 30 min 静沉淀形成活性污泥容积（mL）}}{1\text{ L 混合液中悬浮固体干重（g）}} = \frac{\text{SV} \times 10}{\text{MLSS}} \quad (9.12)$$

式中：　SV——污泥沉降比，%；

　　　　MLSS——污泥干重，g/L。

9.6.3　实验器材

（1）活性污泥性能实验装置（见图 9.5）。

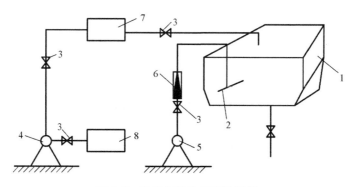

图 9.5　活性污泥性能实验装置

1—曝气池；2—空气扩散管；3—阀门；4—水泵；5—空压机；6—转子流量计；7—高位水箱；8—低位水箱

（2）烘箱 1 台。

（3）秒表、100 mL 量筒、1000 mL 烧杯、滤纸、漏斗、250 mL 三角烧瓶、移液管、称量瓶、干燥器等。

（4）悬浮物测定仪。

（5）COD 测定仪。

9.6.4　实验步骤

（1）将活性污泥浓缩脱水后去除上清液。

（2）取一定量的活性污泥放入大烧杯中，用待测水样搅拌均匀倒入曝气池中，并向曝气

池中注入待测水样,使混合液悬浮物浓度在 2000~3000 mg/L,混合液体积为 4~5 L。同时测定待测水样 COD 值。

(3) 打开空压机调整进气量(使有机污染物与活性污泥絮体充分接触),开始向混合液曝气并计时,在 0.5 min、1.0 min、1.5 min、2.0 min、3.0 min、5.0 min、10 min、20 min、40 min、70 min 时刻分别取出 100 mL 混合液。

(4) 将上述所取水样过滤,取滤液测 COD 值。将数据填入表 9.13 中。

表 9.13　水样 COD 值

时间/min	0	0.5	1.0	1.5	2.0	3.0	5.0	10	20	40	70
COD/(mg/L)											

(5) 另取出 100 mL 混合液注入 100 mL 量筒内,开始计时,观察沉淀过程,在 1 min、3 min、5 min、10 min、15 min、20 min、30 min 时刻分别记录污泥容积。并将 30 min 静沉淀后的污泥和上清液用定量滤纸过滤,测量污泥浓度。将数据填入表 9.14 中。

表 9.14　沉降性能实验数据

时间/min	1	3	5	10	15	20	30
量筒内污泥所占体积/mL							
MLSS/(g/L)							
SV/(%)							

9.6.5　实验结果

(1) 以 COD 值为纵坐标,以时间为横坐标绘制活性污泥吸附曲线。
(2) 测定污泥沉降比 SV。
(3) 计算活性污泥指数 SVI。
(4) 以污泥指数为纵坐标,以时间为横坐标,绘制污泥指数随时间变化而变化的曲线。

9.6.6　思考与讨论

(1) 分析影响活性污泥性能的因素。
(2) 发育良好的活性污泥具有哪些特征?
(3) 污泥指数与污泥沉降比的区别与联系有哪些?
(4) 分析活性良好的污泥沉淀过程有何特征。

9.7　鼓风曝气系统中的充氧实验

9.7.1　实验目的

(1) 掌握氧转移的机理及影响因素。
(2) 掌握图解法求曝气设备氧总转移系数 K_{La} 值的方法。
(3) 掌握曝气设备充氧性能指标 E_A、E_p 的计算方法。

9.7.2　实验原理

曝气是活性污泥系统的一个重要环节,它的作用主要有两方面:一是向反应器内充氧,保证活性污泥微生物生化作用所需的氧;二是使反应器中活性污泥与污水充分混合,保证微生物、有机物、溶解氧(即气、水、氧)的充分混合。

曝气就是人为地通过一些设备,加速氧向水中传递的一种过程。目前常用的曝气方法主要有三种:鼓风曝气、机械曝气和鼓风机械曝气。氧的转移机理符合双膜理论,其内容是:在气液两相接触界面两侧存在着气膜和液膜,它们处于层流状态,气体分子从气相主体以分子扩散的方式经过气膜和液膜进入液相主体,氧转移的动力为气膜中的氧分压梯度和液膜中的氧浓度梯度,传递的阻力存在于气膜和液膜中,且主要存在于液膜中,如图9.6所示。

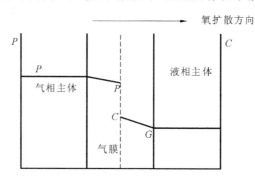

图 9.6　双膜理论模型

影响氧转移的因素主要有温度、污水性质、氧分压、水的紊流程度、气液之间的接触时间和面积等。

氧转移的基本方程式为

$$\frac{dC}{dt} = K_{La}(C_s - C) \tag{9.13}$$

$$K_{La} - D_L \cdot A / X_f \cdot V \tag{9.14}$$

式中：　$\dfrac{dC}{dt}$——液相主体中氧转移速度;

C_s——曝气柱饱和溶解氧浓度,mg/L;

C——液相主体中溶解氧浓度,mg/L;

K_{La}——氧总转移系数,L/min;

D_L——氧分子在液膜中的扩散系数;

A——气液两相接触面积,m^2;

X_f——液膜厚度,m;

V——曝气液体容积,L。

由于液膜厚度及两相接触界面面积很难确定,因而用氧总转移系数代替。氧总转移系数与温度、水紊动性、气液接触面面积有关。它指的是在单位传质动力下,单位时间内向单位曝气液体中充入的氧量,它是反映氧转移速度的重要指标。

将氧转移的基本方程式积分,整理得到曝气设备氧总转移系数为

$$K_{La} = \frac{2.303}{t} \ln \frac{C_s - C_0}{C_s - C_t} \tag{9.15}$$

式中：　C_s——曝气柱内饱和溶解氧浓度，mg/L；

　　　　C_0——曝气初始时，曝气柱内溶解氧浓度，mg/L；

　　　　C_t——t 时刻曝气柱内溶解氧浓度，mg/L；

　　　　t——曝气时间，min；

　　　　K_{La}——氧总转移系数，L/min。

上式整理得

$$\ln \frac{C_s - C_0}{C_s - C_t} = \frac{K_{La}}{2.303}t \tag{9.16}$$

由上式可见，以 $\ln \dfrac{C_s - C_0}{C_s - C_t}$ 为横坐标，t 为纵坐标，绘制直线，通过图解法求得直线斜率可以确定 K_{La} 值。

本实验采用间歇非稳态法，即实验过程中不进水也不出水的清水实验法对充氧性能进行测定。实验可以在曝气柱内进行。首先向曝气柱内注入清水，将待曝气之水用脱氧剂脱氧到零后开始曝气，然后每隔一定时间取水样测定溶解氧值，从而确定 K_{La} 值。

9.7.3　实验器材

(1) 曝气充氧装置，直径 120 mm，高 2.0 m（见图 9.7）。

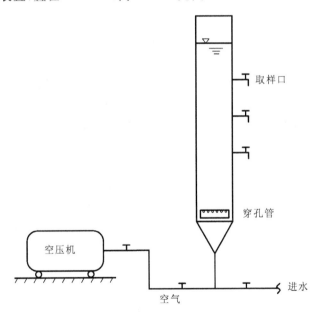

图 9.7　曝气充氧装置示意图

(2) 台式溶解氧测定仪。

(3) 分析天平、秒表、温度计。

(4) 250 mL 溶解氧瓶 15 个。

(5) 脱氧剂（无水亚硫酸钠）、催化剂（0.1mg/L 氯化钴）。

9.7.4　实验步骤

(1) 向曝气柱中注入清水至 18 cm 高，取水样测定水中溶解氧含量，并根据溶解氧浓度公式确定水中溶解氧量，即

$$G = C \cdot V \qquad (9.17)$$

$$V = \frac{\pi}{4}d^2 H \qquad (9.18)$$

式中： G——水中溶解氧含量，mg；

C——水中溶解氧浓度，mg/L；

V——曝气柱水体积，L；

d——曝气柱直径，dm；

H——曝气柱水深，dm。

（2）计算脱氧剂用量，化学反应式为

$$2Na_2SO_3 + O_2 \xrightarrow{COCl_2} 2Na_2SO_4 \qquad (9.19)$$

由方程式得

$$\frac{O_2}{2Na_2SO_4} = \frac{32}{258} = \frac{1}{8}$$

故亚硫酸钠用量为

$$g = (1.1 \sim 1.5)G \times 8 \qquad (9.20)$$

式中： $1.1 \sim 1.5$——安全系数，通常取 1.5；

G——水中溶解氧含量，mg。

（3）计算催化剂用量。所用催化剂浓度为 0.1 mg/L，即加入催化剂量为 $0.1V$。

（4）将所称得脱氧剂用温水化开，与催化剂一同加入曝气柱中，充分混合后，反应10 min 左右，测溶解氧浓度。

（5）待溶解氧即将为零时，打开空压机向曝气柱内充氧，同时开始计时，在 1 min、2 min、3 min、4 min、5 min、7 min、9 min、11 min、13 min、15 min、18 min、21 min、25 min…… 时刻分别取水样测定溶解氧值，直至水中溶解氧值不再增长（即达到饱和）为止，并查表确定 实验温度下饱和溶解氧值。在实验过程中记录空压机空气流量、气温、水温等值，将实验数 据填入表 9.15 中。

表 9.15 曝气充氧实验数据

供气量/(m³/h)：		气温/℃：	水温/℃：
C_0/(mg/L)：		C_s/(mg/L)：	
溶解氧瓶号	时间 t/min	溶解氧浓度/(mg/L)	$\ln\dfrac{C_s - C_0}{C_s - C_t}$
1	1		
2	2		
3	3		
4	4		
5	5		
6	7		
7	9		
8	11		
9	13		
10	15		
11	18		
12	21		
13	25		

9.7.5　实验结果

(1) 根据实验数据,以 $\ln\dfrac{C_s-C_0}{C_s-C_t}$ 为横坐标,t 为纵坐标,绘制直线,通过图解法求得直线斜率,即可以确定 K_{La} 值。

(2) 计算在 1.03×10^5 Pa,20 ℃时,清水的氧的总转移系数 $K_{La(20)}$。经验公式为

$$K_{La(20)} = \frac{K_{La(20)}}{1.024(T-20)} \tag{9.21}$$

式中：　$K_{La(20)}$——标准状况下清水氧的总转移系数;

　　　　T——水的温度,℃。

(3) 计算标准状况下转移到溶液中的总氧量 R_0,公式为

$$R_0 = K_{La(20)}(C_s-C_0)V \tag{9.22}$$

式中：　R_0——标准状况下转移到溶液中的总氧量,mg/h;

　　　　C_s——标准状况下溶解氧浓度,mg/L,$C_s=9.17$ mg/L;

　　　　C_0——曝气初始时,曝气柱内溶解氧浓度,mg/L;

　　　　V——曝气水体积,L。

(4) 计算标准状况下氧利用率 E_A,公式为

$$E_A = \frac{R_0}{S}\times100\% \tag{9.23}$$

式中：　R_0——标准状况下转移到溶液中的总氧量,g/h;

　　　　S——标准状况下(20 ℃)供氧量,g/h。

$$S = 0.21\times1.43G_{s(20)} \tag{9.24}$$

式中：　0.21——氧在空气中所占比率;

　　　　1.43——氧的密度,kg/m³;

　　　　$G_{s(20)}$——标准状况下(20 ℃)供气量(m³/h)。

$$G_{s(20)} = \frac{G_s}{\dfrac{P_0 T}{PT_0}} \tag{9.25}$$

式中：　$G_{s(20)}$——标准状况下(20 ℃)供气量,m³/h;

　　　　G_s——气体实际流量,m³/h;

　　　　P_0——标准状况下绝对压强,Pa;

　　　　T_0——标准状况下热力学温度,K,常取(273+20)K;

　　　　P——实际工作绝对压强,Pa;

　　　　T——实际工作热力学温度,K,其值为(273+t)K。

(5) 计算动力效率 E_p,所谓动力效率,是指每消耗一度电能时转移到溶液中的氧量。它是一个具有经济价值的指标,实际工程中动力效率的高低将影响污水处理厂的运行费用。计算公式为

$$E_p = \frac{R_0}{N} \tag{9.26}$$

式中：　E_p——动力效率;

　　　　R_0——标准状况下转移到溶液中的总氧量,kg/h;

N——空压机理论功率 E_p 不计管路损失，不计空气压缩机效率，只计算曝气充氧所耗有用功，kW。

$$N = \frac{LG_s}{75\eta} \times 0.736 \tag{9.27}$$

式中：　L——将 $1\ m^3$ 空气由 $1.013 \times 10^5\ Pa$ 提升到工作压强所消耗的功

$$L = 34400\left[\left(\frac{P_2}{1.013 \times 10^5}\right)^{0.29} - 1\right] \tag{9.28}$$

式中：　P_2——曝气柱内的绝对大气压，Pa；

　　　　η——压缩机效率，计算理论值 $\eta = 1$；

　　　　G_s——气体实际流量，m^3/h。

整理得

$$N = 338\left[\left(\frac{P_2}{1.013 \times 10^5}\right)^{0.29} - 1\right]G_s \tag{9.29}$$

9.7.6　思考与讨论

(1) 简述曝气在活性污泥生物处理法中的作用。

(2) 简述曝气充氧原理及其影响因素。

(3) 分析曝气的种类及各自特点。

(4) 氧总转移系数 K_{La} 的意义是什么？

9.8　加压溶气气浮的运行与控制实验

9.8.1　实验目的

(1) 理解气浮的原理及影响因素。

(2) 掌握回流式加压溶气气浮装置的运行与控制方法。

9.8.2　实验原理

气浮是固液分离或液液分离的一种技术。它是指人为采取某种方式产生大量的微小气泡，气泡与水中的一些杂质微粒相吸附形成相对密度比水轻的气浮体，气浮体在水浮力的作用下，上浮到水面而形成浮渣，进而达到杂质与水分离的目的的技术。气浮法处理工艺的建立主要根据水中杂质颗粒的性质确定，水中的杂质有些是亲水性的（极性的），而有一些是疏水性的（非极性的）。亲水性的杂质不易被气泡吸附，即使能够吸附形成气浮体也不牢固；而疏水性的杂质易被气泡吸附，能够形成牢固而稳定的气粒气浮体。

影响气浮处理效果的主要因素有以下几点。

(1) 气泡的尺寸及气泡的均匀程度。

(2) 气泡的稳定性。

(3) 界面电现象。

(4) 影响气浮处理的干扰物质。

　　气浮处理工艺可分为电解气浮法、散气气浮法和溶气气浮法。其中,溶气气浮法可分为溶气真空气浮法和加压溶气气浮法。加压溶气气浮法是目前应用最广泛的气浮工艺,有三种基本流程:全溶气流程、部分溶气流程和回流加压溶气流程。加压溶气气浮法指的是使空气在加压条件下溶解在水中,在常压条件下将水中过饱和的空气以微小气泡的形式释放出来形成气浮的方法。回流加压溶气气浮装置由以下几部分组成。

　　(1) 空气供给及空气饱和设备　　其作用是在一定的压力下,将供给的空气溶于水中,以提供污水处理所需的溶气水。

　　(2) 溶气水减压释放设备　　其作用是将压力溶气水减压迅速使溶于水中的空气以微小气泡的形式释放出来。

　　(3) 气浮池　　其作用是使释放的微小气泡与污水充分接触,并形成气浮体,完成水与杂质的分离过程。

　　(4) 处理水回流装置　　其作用是将部分处理水回流至回流水箱,供溶气罐使用。

9.8.3　实验器材

　　(1) 加压溶气气浮装置。
　　(2) 空压机、水泵、搅拌器。
　　(3) 转子流量计、止回阀、减压阀。
　　(4) 高位配水水箱、回流水箱。
　　(5) 人工配置水样、混凝剂。

9.8.4　实验步骤

　　(1) 向回流水箱及气浮池中注入清水至有效水深的 90% 左右。

　　(2) 将待处理污水加入高位配水水箱,根据污水水质,适量加入混凝剂,打开搅拌器将水样搅拌均匀。

　　(3) 打开空压机向溶气罐内通入压缩空气,直至压力表指数达到 0.3 MPa 左右为止。

　　(4) 打开水泵,向溶气罐内送入压力水,在 0.3～0.4 MPa 压力下将气体溶于水中,形成溶气水,此时进水流量可控制在 2～4 L/min 之内,进气量可控制在 0.1～0.2 L/min 之内。

　　(5) 待溶气罐中液面上升至溶气罐上部时,缓慢打开溶气罐底部的出水阀门,调整出水量,使之与溶气罐压力水进水量相对应。

　　(6) 经加压溶气的水在气浮池中释放并形成大量微小气泡,打开污水进水阀门,污水进水量可控制在 4～6 L/min 之内。

　　(7) 浮渣由排渣管排入排水管,处理水可排至排水管或部分回流至回流水箱。

　　(8) 停止实验装置的工作,实验结束。

9.8.5　实验结果

　　根据对实验装置的操作及实验现象的观察,绘制出加压溶气气浮实验装置图,要求装置图组成完整,结构详细,标注清楚,比例适中,能够体现出回流加压溶气气浮系统的工艺流程。

9.8.6　思考与讨论

（1）简述气浮法的含义及原理。

（2）简述回流加压溶气气浮装置的组成及各部分作用。

注意事项如下。

（1）实验过程中，应随时观察加压溶气气浮装置的工作状态，保证溶气罐正常工作压力，防止溶气罐出水量过大出现空罐，防止气浮池进水量过大向外溢水。

（2）实验装置开始工作时，应先进水后进气。

（3）实验装置停止工作时，应先停气、放气，再停泵。

第 10 章　工程测量实习

实习教学是测量教学的重要组成部分,除验证课堂理论外,是巩固和深化所学课本知识,也是培养学生动手能力的重要环节,并且是使学生具备严谨的科学态度和一丝不苟的工作作风的重要方法。地形图测绘和建筑物的测设可增强学生的实际操作技能,提高应用地形图能力,为解决实际工程中的有关问题打下良好的基础。要求学生在三周的实习时间内,熟练掌握常用测量仪器的使用方法,熟悉全站仪、GPS 全球定位系统的基本原理和操作。能够独立进行地形图的测绘,掌握控制测量的测量方法和内业计算。熟悉施工测量的过程,了解测设的方法。

10.1　测量实习的组织

10.1.1　实习内容和实习方式

1. 实习内容

实习工作按小组进行,每组 4～5 人,每个小组完成以下任务。

① 每组在测区内根据地形条件选 5～6 个控制点,布设成导线形式。

② 进行控制测量。

③ 将外业观测数据整理计算求出各控制点的坐标和高程。

④ 在图纸上展绘控制点。

⑤ 测绘图幅为 $250 \times 500 \ mm^2$,比例尺为 1∶500 的地形图一张。

⑥ 对所测地形图进行清绘、整饰和拼接。

⑦ 在所测绘的地形图上设计一建筑物,并标定出该建筑物特征点的高程和坐标。

⑧ 测设该建筑物的高程和平面坐标。

2. 实习方式

在城市范围内进行野外地形图测绘。

10.1.2　主要环节与时间分配

实习总时间为 2～3 周,实际有效天数 10～15 天。具体时间分配如表 10.1 所示。

表 10.1　实习计划表

时　　间	实　习　环　节	地　　点
0.5 d	实习动员、准备仪器、检验仪器、学习规范	教室
2～4 d	控制测量(选点、测角、量距、高程测量)	野外

时　间	实习环节	地　点
0.5 d	坐标、高程计算、展绘控制点	室内
3～5 d	地形图测绘	野外
1 d	地形图清绘、整饰和拼接、写实习报告	室内
1 d	全站仪、GPS 全球定位仪参观介绍	教学楼
1～2 d	建筑施工测量	建筑工地
1 d	机动	
合计 10～15 d		

10.1.3　实习组织

实习前由教研室组织相关教师研究编写实习计划，并报教务处审批。实习期间的组织工作应由指导教师全面负责，每班除主讲教师外，还应配备一位指导教师，共同担任实习期间的指导工作。

实习工作按小组进行，每组 5～6 人，选组长 1 人，负责组内实习分工和仪器管理。

10.2　测量实习实施

10.2.1　实习的仪器和工具

经纬仪 1 台，水准仪 1 台，平板仪 1 台，钢尺 1 盘，皮尺 1 盘，水准尺 2 根，尺垫 2 个，花杆 2 根，测杆 1 组，记录板 1 块，背包 1 个，比例尺 1 支，量角器 1 个，三角板 1 副，手斧 1 把，木桩若干，测伞 1 把，红油漆 1 瓶，绘图纸 1 张，有关记录手簿，计算纸，大铁夹，计算器，橡皮及铅笔等。

10.2.2　大比例尺地形图的测绘

本项实习包括：布设平面和高程控制网，测定图根控制点，进行碎部测量，测绘地形特征点，并依比例尺和图式符号进行描绘，最后拼接整饰成地形图。

1. 平面控制测量

在测区实地踏勘，进行布网选点。平坦地区一般布设闭合导线，丘陵地区通常布设单三角网、大地四边形、中点多边形等三角网，对于带状地形可布设附合导线或线形网。对于建筑物比较多的地方可设置不多于 3 个点的支导线。

1) 踏勘选点

每组在指定测区进行踏勘，了解测区地形条件，根据测区范围及测图要求确定布网方案进行选点。点的密度应能均匀地覆盖整个测区，便于碎部测量。控制点应选在土质坚实、便于保存标志和安置仪器的地方，相邻导线点间应通视良好，便于测角量距，边长为 60～

100 m。布设三角网(锁)时,三角形内角应大于 30°。如果测区内有已知点,所选图根控制点应包括已知点。点位选定之后,立即打桩,桩顶钉一小钉或画一十字作为标志,并编写桩号。

对于 1∶500 地形图,图根点的选点个数一般为 1.5 个/10000 m² 为宜。

2) 水平角观测

用测回法观测导线内角一测回,要求上、下半测回角值之差不得大于±40″。附合、闭合导线角度闭合差不得大于±40$\sqrt{n}$,n 为导线观测角个数。三角网用全圆方向观测法,三角形角度闭合差的限差为±60″。

3) 边长测量

用检定过的钢尺往、返丈量导线各边边长,其相对误差不得大于 1/3000,特殊困难地区限差可放宽为 1/1000。三角网至少测量一条基线边,采取精密量距的方法,基线全长相对误差不得大于 1/10000。

条件允许的话可以采用全站仪测量边长。

4) 连测

为了使控制点的坐标纳入本校或本地区的统一坐标系统,尽量与测区内外已知高级控制点进行连测。对于独立测区,可用罗盘仪测定控制网一边的磁方位角,并假定一点的坐标作为起算数据。如果学校已经布置高级控制点,各小组的图根网应和高级控制网连测。

5) 平面坐标计算

首先校核外业观测数据,在观测成果合格的情况下,进行闭合差调整,然后由起算数据推算各控制点的平面坐标。计算方法可根据布网形式查阅教材有关章节。计算中角度取至秒,边长和坐标值取至厘米。

2. 高程控制测量

在踏勘的同时布设高程控制网,高程控制点可设在平面控制点上,网内应包括高级水准点,采用四等水准测量的方法和精度进行观测。布网形式可为附合路线、闭合路线或结点网。图根点的高程,平坦地区采用等外水准测量,丘陵地区采用三角高程测量。

1) 水准测量

等外水准测量,用 DS3 型水准仪沿路线设站单程施测,可采用双面尺法或变动仪器高法进行观测,视线长度小于 100 m,同测站两次高差的差数不大于 6 mm,路线容许高差闭合差为

$$\pm 40\sqrt{L} \ \text{mm} \quad \text{或} \quad \pm 12\sqrt{n} \ \text{mm}$$

式中：　L——路线长度的公里;

　　　　n——测站数。

2) 三角高程测量

用 DJ6 型经纬仪中丝法观测竖直角一测回,每边对向观测,仪器高和视线高量至 0.5 cm,同一边往、返测高差之差不得超过 4D(cm),其中 D 为以百米为单位的边长;路线高差闭合差的限差为

$$\pm 4 \sum D/\sqrt{n} \ \text{cm}$$

式中：　n——边数。

3) 高程计算

对路线闭合差进行调整后,由已知点高程推算各图根点高程。观测和计算取至毫米,最

后成果取至厘米。

3. 碎部测量

首先进行测图前的准备工作,在各图根点设站测定碎部点,同时描绘地物与地貌。

1) 测图前准备

准备选择较好的图纸,用对角线法(或坐标格网尺法)绘制坐标格网,格网边长 10 cm,并进行检查,展绘控制点。最后用比例尺量出各控制点之间的距离,实地水平距离与图上距离之差不得大于 0.3 mm,否则,应检查展点是否有误。

2) 测地形图

测图比例尺为 1:500,等高距采用 1 m,平坦地区也可采用高程注记法。测图方法可选用经纬仪测绘法、光电测距仪测绘法、经纬仪与小平板仪联合测绘法。

设站时平板仪对中偏差应小于 25 mm。以较远点作为定向点并在测图过程中随时检查,再依其他图根点作定向检查时,该点在图上偏差应小于 0.3 mm。

经纬仪测绘法测图时,对中偏差应小于 5 mm,归零差应小于 4′,对另一图根点高程检测的偏差应小于基本等高距的 1/5。

跑尺选点方法可由近及远,再由远及近,顺时针方向行进。所有地物和地貌特征点都应立尺。

地形点间距为 30 m 左右,地物点间距为 15 m 左右,视距长度一般不超过 80 m。高程注记至分米,记在测点右侧或下方,字头朝北。所有地物地貌应在现场绘制完成,按地形图图式标注绘制。

3) 地形图的拼接、检查和整饰

(1) 拼接   每幅地形图应测出图框外 0.5~1.0 cm,与相邻图幅接边时的容许误差为:主要地物不应大于 1.2 mm,次要地物不应大于 1.6 mm;对丘陵地区或山区的等高线不应超过 1~1.5 根。如果该项实习属无图拼接,则可不进行此项工作。

(2) 检查   自检是保证测图质量的重要环节,当一幅地形图测完后,每个实习小组必须对地形图进行严格自检。首先进行图面检查,查看图面上接边是否正确、连线是否矛盾、符号是否正确、名称注记有无遗漏、等高线与高程点有无矛盾。发现问题应记下,便于野外检查时核对。野外检查时应对照地形图全面核对,查看图上地物形状与位置是否与实地一致,地物是否遗漏,注记是否正确齐全,等高线的形状、走向是否正确,若发现问题,应设站检查或补测。

(3) 整饰   整饰则是对图上所测绘的地物、地貌、控制点、坐标格网、图廓及其内外的注记,按地形图图式所规定的符号和规格进行描绘,提供一张完美的铅笔原图,要求图面整洁,线条清晰,质量合格。

整饰顺序:首先绘内图廓及坐标格网交叉点(格网顶点绘长 1 cm 的交叉线,图廓线上则绘 5 mm 的短线);再绘控制点、地形点符号及高程注记,独立地物和居民地,各种道路、线路,水系,植被,等高线及各种地貌符号,最后绘外图廓并填写图廓外注记。

10.3 地形图的应用

根据各个学校各个专业要求不同,以下各项可在测量实习中选择实施。

10.3.1　建筑物设计、计算土方量

测图结束后,每组在自绘地形图上进行设计。

(1) 在图上布设民用建筑物一幢,并注出四周外墙轴线交点的设计坐标及室内地坪标高。

(2) 为了测设建筑物的平面位置,需要在图上平行于建筑物的主要轴线布设一条三点一字形的建筑基线,用图解法求出其中一点的坐标,另外两点的坐标根据设计距离和坐标方位角推算出来。

(3) 在自绘的地形图或另外选定的地形图上绘纵断面图一张,要求水平距离比例尺与地形图比例尺相同,高程比例尺可放大 5～10 倍。

(4) 在自绘的地形图或另外选定的地形图上进行场地平整,要求按土方平衡的原则分别算出图上某一格网(10 cm×10 cm)内填、挖土方工程量。

10.3.2　建筑物测设

1. 测设建筑基线

(1) 根据建筑基线 A、O、B 三点的设计坐标和控制点坐标算出所需要的测设数据,并绘制测设图。

(2) 安置经纬仪于控制点上,根据选定的测设点位的方法将 A、O、B 三点标定于地面上。

(3) 检查:在 O 点安置仪器,观测 $\angle AOB$,与 $180°$ 之差不得超过 $±24''$,再丈量 AO 及 OB 的距离,与设计值之差的相对误差不得大于 $1/10000$,否则,应进行改正。

2. 测设民用建筑物

(1) 根据已测设的建筑基线以及基线与欲测设的建筑物之间的相互关系,即可采用直角坐标法将建筑物外墙轴线的交点测设到地面上。

(2) 检查:建筑物的边长相对误差不得低于 $1/5000$,角度误差不得大于 $±1'$,否则,应改正。

10.3.3　管道纵、横断面测量

1. 管道中线测量

(1) 在地面选定总长为 200～400 m 的 A、B、C 三点,各打一木桩作为管道的起点、转向点和终点。

(2) 从点 A(桩号为 0+000)开始,沿中线每隔 20 m 打一里程桩,各里程桩的桩号分别为 0+020,0+040,…,并在沿线坡度变化较大及有重要地物的地方增加里程。

(3) 在点 B 用测回法观测转向角一测回,盘左、盘右测得的角度之差不得超过 $±40''$。

2. 纵断面水准测量

(1) 将水准仪安置于已知高程点 A 与转向点 B 之间进行水准测量,用高差法求出点 B 的高程,再用仪高法计算出各中间点的高程。

(2) 搬站后,同法测定点 C 高程及 B、C 两点之间中间点的高程,最后附合到另一已知高程点(或闭合于点 A),高差闭合差不得超过 $±40\sqrt{L}$ mm。

3. 横断面水准测量

横断面水准测量可与纵断面水准测量同时进行,分别记录。

（1）将欲测横断面的中线桩的桩号、高程和该站对中线桩的后视读数与算得的视线高程均转记于横断面测量手簿中的相应栏内。

（2）量出横断面上地形变化点至中线桩的距离并注明该点在中线桩左、右的位置。

（3）用纵断面水准测量时的水平视线分别读取横断面上各点水准尺上的中间视线读数，用视线高程减去各点中间视线读数得横断面上的各点高程。

4. 纵、横断面图的绘制

在方格纸上绘制纵、横断面图。纵断面图的比例尺为：水平距离比例为 1∶1000，高程比例为 1∶100；横断面图的水平距离和高程比例均为 1∶1000。

10.3.4 考查

测量实习是一门独立的考查课程，学生的实习成绩由以下几方面考查评定。

（1）学生实习中的表现，即测量知识的掌握程度，实际作业技术的熟练程度，分析问题和解决问题的能力。

（2）学生考勤情况。

（3）小组提交的图纸、成果资料的质量和准确程度。

（4）对仪器工具爱护的情况。

（5）每位同学上交的实习报告，等等。

10.3.5 编写实习报告

1. 报告的名头

＿＿＿＿＿＿＿＿＿＿大比例尺地形图测绘实习报告

班级＿＿＿＿＿＿＿＿学号＿＿＿＿＿＿＿＿组别＿＿＿＿＿＿＿＿

姓名＿＿＿＿＿＿＿＿日期＿＿＿＿＿＿＿＿

2. 报告的内容

（1）介绍实习地点的行政区划、位置、自然地理概况、实习目的、实习时间等。

（2）介绍所使用的仪器工具。

（3）简述实习过程和实习步骤。

（4）结合实习过程写出你的实习心得体会。

（5）提出自己的见解或认为需要解决的问题。

（6）结束语。

要求实习报告的内容简明扼要，叙述有条理，问题的论述要有事实、有分析，结论明确。文字与有关图件一致。

3. 提交的表格图纸

（1）坐标计算表一份。

（2）测绘完成的地形图一份。

（3）测量放样计算书一份。

参 考 文 献

[1] 苏达根.土木工程材料[M].2版.北京:高等教育出版社,2008.

[2] 鹏改非.土木工程材料[M].2版.武汉:华中科技大学出版社,2013.

[3] 曹明莉.建筑材料实验[M].北京:化学工业出版社,2013.

[4] 李琛琛.建筑 CAD 基础与应用[M].北京:机械工业出版社,2010.

[5] 晏孝才.AutoCAD 实训教程[M].北京:中国电力出版社,2008.

[6] 李社生.建筑制图与识图[M].北京:科学出版社,2010.

[7] 吴俊奇,李燕城.水处理实验技术[M].北京:中国建筑工业出版社,2009.

[8] 孙丽欣.水处理工程应用实验[M].哈尔滨:哈尔滨工业大学出版社,2002.

[9] 艾翠玲,邵享文.水质工程实验技术[M].北京:化学工业出版社,2011.

[10] 中华人民共和国住房和城乡建设部.JGJ 55—2011 普通混凝土配合比设计规程[S].北京:中国建筑工业出版社,2011.

[11] 国家技术监督局.GB/T 208—1994 水泥密度测定方法[S].北京:中国标准出版社,1995.

[12] 国家质量监督检验检疫总局,中国国家标准化管理委员会.GB/T 1346—2011 水泥标准稠度用水量、凝结时间、安定性检验方法[S].北京:中国标准出版社,2012.

[13] 国家质量技术监督局.GB/T 17671—1999 水泥胶砂强度检验方法(ISO 法)[S].北京:中国标准出版社,1999.

[14] 国家质量监督检验检疫总局,中国国家标准化管理委员会.GB/T 14684—2011 建筑用砂[S].北京:中国标准出版社,2012.

[15] 国家质量监督检验检疫总局,中国国家标准化管理委员会.GB/T 14685—2011 建筑用卵石、碎石[S].北京:中国标准出版社,2012.

[16] 中华人民共和国建设部.GB/T 50080—2002 普通混凝土拌合物性能试验方法标准[S].北京:中国建筑工业出版社,2003.

[17] 中华人民共和国建设部,国家质量监督检验检疫总局.GB/T 50081—2002 普通混凝土力学性能试验方法标准[S].北京:中国建筑工业出版社,2003.

[18] 中华人民共和国交通运输部.JTG E20—2011 公路工程沥青及沥青混合料试验规程[S].北京:人民交通出版社,2011.

[19] 国家质量技术监督局,中华人民共和国建设部.GB/T 50123—1999 土工试验方法标准[S].北京:中国计划出版社,1999.

[20] 沈萍,陈向东.微生物学实验[M].4 版.北京:高等教育出版社,2007.

[21] 岳建平,陈伟清.土木工程测量[M].2 版.武汉:武汉理工大学出版社,2010.

［22］　何东坡,刘旭春.测量学［M］.北京:科学出版社,2009.

［23］　覃辉,马德富,熊友谊.测量学［M］.北京:中国建筑工业出版社,2007.

［24］　朱爱民,郭宗河.土木工程测量［M］.北京:机械工业出版社,2005.

［25］　巩晓东,白会人.测量员［M］.2版.武汉:华中科技大学出版社,2015.

［26］　中华人民共和国建设部,国家质量监督检验检疫总局.GB 50026—2007　工程测量规范［S］.北京:中国计划出版社,2008.

［27］　中华人民共和国建设部.CJJ 8—1999　城市测量规范［S］.北京:中国建筑工业出版社,1999.

［28］　国家测绘局标准化研究所.GB 7929—1987　地形图图式［S］.北京:测绘出版社,1987.

［29］　过静君,饶云刚.土木工程测量［M］.4版.武汉:武汉理工大学出版社,2011.

［30］　测绘词典编辑委员会.测绘词典［M］.上海:上海辞书出版社,1981.

［31］　合肥工业大学,等.测量学［M］.4版.北京:中国建筑工业出版社,1995.

［32］　白会人.土木工程测量［M］.武汉:华中科技大学出版社,2007.

［33］　孙家齐,陈新民.工程地质［M］.3版.武汉:武汉理工大学出版社,2007.

［34］　陈洪江.土木工程地质［M］.北京:中国建材工业出版社,2005.

［35］　天津大学,等.水利工程地质［M］.北京:水利电力出版社,1979.

［36］　于林平.土木工程地质［M］.北京:机械工业出版社,2013.

［37］　杨太生.地基与基础［M］.北京:中国建筑工业出版社,2004.

［38］　史如平,等.土木工程地质学［M］.南昌:江西高校出版社,1994.

［39］　齐丽云,徐秀华.工程地质［M］.3版.北京:人民交通出版社,2009.

［40］　顾夏声,胡洪营,文湘华,等.水处理生物学［M］.4版.北京:中国建筑工业出版社,2006.